在线社会网络的用户行为建模与分析

郭　强　刘建国　著

科　学　出　版　社
北　京

内 容 简 介

本书介绍在线社会网络及其研究进展，旨在反映在线社会网络系统下的用户行为规律。全书共分九章。第1章介绍在线社会网络的背景及基础知识。第2章引入超网络的概念与模型。第3章介绍在线社会网络的用户行为模式，并进行实证分析举例。第4章介绍网络中的节点重要性度量。第5章详细介绍推荐算法的基础知识。第6章介绍协同过滤推荐算法。第7章介绍基于网络结构的推荐算法。第8章介绍基于内容的推荐算法。第9章介绍混合推荐算法。每章都包含复杂系统科学研究中心在该领域的相关研究工作及发表在SCI期刊论文中的部分成果。

本书可供有志于探索在线社会网络的有关研究人员以及高等院校有关专业的研究生、本科生阅读，也可为从事智能电子商务、复杂性科学、科学知识图谱分析、知识管理、超网络模型构建与分析、推荐算法、传播动力学、时序行为模式分析以及大数据分析相关领域的教学、科研人员提供参考。

图书在版编目（CIP）数据

在线社会网络的用户行为建模与分析/郭强，刘建国著. —北京：科学出版社，2017.5

ISBN 978-7-03-052667-0

Ⅰ.①在… Ⅱ.①郭…②刘… Ⅲ.①互联网络–研究 Ⅳ.①TP393.4

中国版本图书馆CIP数据核字（2017）第098588号

责任编辑：王腾飞 / 责任校对：张 膠
责任印制：赵 博 / 封面设计：许 瑞

科学出版社出版
北京东黄城根北街16号
邮政编码：100717
http://www.sciencep.com
北京科印技术咨询服务有限公司数码印刷分部印刷
科学出版社发行 各地新华书店经销
*
2017年5月第 一 版 开本：720×1000 1/16
2025年4月第八次印刷 印张：17 1/4
字数：348 000

定价：159.00 元

（如有印装质量问题，我社负责调换）

前　　言

时至今日，科技的迅速发展极大地方便了人们的生活，甚至改变了人们的生活方式。自20世纪90年代到21世纪初，在线社会系统经历了诞生和发展，如今呈现一片繁华景象。忙碌的社会、快节奏的生活，让人们已分配不出足够的时间去维系传统的社会交际。在这样的情况下，在线社会系统应运而生，将现实中人与人的交互成功地转向虚拟的网络，不但节省了成本，更衍生出了诸如Facebook、微博这样各具特色的交互平台。本书的目的在于向广大读者介绍并分析在该系统下人类的行为规律，希望能给广大读者在研究的道路上以抛砖引玉的作用。

网络已经成为描述形形色色复杂系统最重要的工具之一，被广泛地用于交通、通信、社交、医学和生物等诸多领域。在线社会系统亦是一个个复杂的网络，拥有自身的体系和规律，本书的任务就是寻找蛛丝马迹，归纳分析，透过现象挖掘本质。大家所熟悉的在线社会系统无非两大类。一类是像国外的Facebook、Twitter以及国内的人人网这样的社交网络，旨在交友互动以及分享轶事趣闻。二是如Amazon、京东商城这样的电子商务在线系统，电子购物已成为时下最流行的购物方式之一。那么在这样的在线网络中，每个人最多能与多少人保持亲密的联系？怎样的电子商务系统能够最快最好地给顾客推荐想要的产品？这些都是本书即将要解答的问题。

本书共分九章。为了能让读者更清晰地理解在线社会系统，本书按照背景、建模、实证研究和算法这样的编排顺序来分配章节。第1章，不仅介绍基本概念，更希望让读者对在线社会系统有一个宏观的认识，主要介绍在线社会系统自发展以来的背景知识。包括在线社会网络和个性化推荐系统两大领域。第2章，向大家介绍超网络的概念，并建立模型。超网络还只是一个概念，对超网络的边界也没有明确的规定。大多数超网络都可以看做一类特殊的复杂网络。这种复杂性主要表现在属性上，而非表现在规模上。对超网络的研究首先要考虑的问题，是探索并发现实际生活中的一些网络由于哪些特征才需要而且可以把它们看做超网络问题，以及怎样建立概念模型、结构模型乃至于数学模型。而在该章，构建的是基于知识传播的科研合作超网络模型，并介绍其应用。第3章，以实证分析为主，根据采集来的数据，分析包括电子商务网站中用户的兴趣，社交网络上用户的行为规律以及结构特征和社会影响对用户选择行为的影响。第4章，向大家介绍的是节点重要性的度量。在一个网络中，识别重要节点具有特殊意义。如社交网络中，它往往代表的是具有强影响力的人；而在个性化推荐系统中，它往往代表着用户最感兴趣的产品。当然不同的度量方式会得到不同的结果，也适用于不同的网络。该章先总结前人已经研究出的度量方法，而后又根据我们的实验分析得到几种新方法，进一步完善节点重要性度量的理论结构。第 5～9 章，详细介绍个性化推荐系统的相关知识。第 5 章先为大家普及基本概念，包括常用数据集和评价指标等，并主要介绍推荐算法中常用到的二部分网络的知识。个性化推荐算法可分为四大类：协同过滤推荐算法、基于网络结构的推荐算法、基于内容的推荐算法和混合推荐算法。因此，第 6～9 章，每一章介绍一类推荐算法。值得一提的是，这四类算法关系密切，很多时候并没有很明确的界限区分它们，这里只是按照作者的理解划分，以期帮助读者更深入地理解。

本书不是一本教科书，预期的目的是给相关领域或者对此领域感兴趣的研究者一个系统的梳理和总结。或许读起来枯燥乏味，但作者依然希望其中的某个章节能够带给您新的灵感和启发，为整个体系的完善贡献出自己的一份力量。

这里需要感谢上海理工大学复杂系统研究中心的各位老师同学，本书所有提及的研究成果皆出自研究中心的实验小组。尤其要提出的是，第 4 章和第 6 章分别出自杨光勇和任卓明的研究，他们的独立研究，自成一个章节，为本书的完整性作出了巨大贡献。此外还要感谢冷瑞、石珂瑞、李洋、周继平、胡兆龙、邵凤、李旭东、侯磊、张一璐和宋文君，正是他们辛勤的努力和刻苦的研究，才有了构思本书的想法，并顺利出版成书。研究的脚步不会停止，在线社会系统这个领域也期待着更多的有志之士贡献力量，并一步步完善。

虽然已经尽力做到字字斟酌句句推敲，但由于作者水平有限，书中难免存在不妥之处，恳请广大读者批评指正。

目　　录

前言
第 1 章　在线社会系统……1
1.1　在线社会网络……1
1.1.1　社交网络中的基本概念……2
1.1.2　社交网络的理论基础……3
1.1.3　社交网络的国内外发展状况……6
1.1.4　社交网络的优势和劣势……7
1.2　个性化推荐系统的蓬勃发展……8
1.2.1　产生背景……8
1.2.2　个性化推荐系统的应用发展……10
1.2.3　研究意义……19
参考文献……22
第 2 章　超网络模型的构建及其应用……25
2.1　超网络相关研究……25
2.1.1　超网络的基本概念……25
2.1.2　超网络的研究概述……25
2.1.3　超网络研究存在的问题……27
2.2　知识传播相关研究……28
2.2.1　知识的基本概念……28
2.2.2　知识传播的研究概述……31
2.2.3　知识传播研究存在的问题……32
2.3　科研合作超网络模型的建立与分析……32
2.3.1　已有的两种超网络演化模型……32
2.3.2　LWH 超网络模型的建立……35
2.3.3　LWH 超网络拓扑特性的分析……36
2.4　科研合作超网络上的知识传播研究……44
2.4.1　知识传播模型……44
2.4.2　知识传播模型的参数设置及评价指标……47
2.4.3　结果分析……48

2.5 科研合作超网络上的知识创造研究 …… 51
2.5.1 知识创造超网络模型的建立 …… 52
2.5.2 数值模拟 …… 55
2.6 小结 …… 59
参考文献 …… 60
第 3 章 用户行为模式分析 …… 65
3.1 用户行为在个性化推荐算法中的重要地位 …… 65
3.2 用户行为模式分析 …… 65
3.2.1 基于集聚系数的度量方法 …… 66
3.2.2 基于信息熵度量用户兴趣的多样性 …… 70
3.2.3 在线打分的记忆效应 …… 75
3.3 微博中基于用户结构的信息传播分析 …… 81
3.3.1 微博网络的相关机制 …… 81
3.3.2 突发事件的信息传播分析 …… 82
3.4 Facebook 中个人中心网络的统计特性分析 …… 87
3.4.1 模型的建立 …… 88
3.4.2 数据描述 …… 90
3.4.3 实证统计 …… 91
3.4.4 随机模型的运用 …… 94
3.5 社会影响对用户选择行为的影响 …… 96
3.5.1 社会影响与用户偏好网络模型建立及其结构特性 …… 96
3.5.2 网络数据分析 …… 103
3.5.3 数值模拟 …… 107
参考文献 …… 110
第 4 章 网络中的节点重要性度量 …… 113
4.1 网络中节点重要性排序的研究进展 …… 113
4.1.1 基于网络结构的节点重要性排序方法 …… 114
4.1.2 基于传播动力学的节点重要性排序方法 …… 124
4.2 复杂网络中最小 *k*-核节点的传播能力分析 …… 125
4.2.1 理论基础与方法 …… 126
4.2.2 数值仿真与结果分析 …… 128
4.3 基于 *k*-核与距离的节点传播影响力排序方法研究 …… 131
4.3.1 基于 *k*-核与距离的节点传播影响力排序度量方法 …… 132
4.3.2 实验数据及相关参数 …… 132

4.3.3 数值仿真与结果分析……133
4.4 基于度与集聚系数的网络节点重要性度量方法研究……137
4.4.1 理论基础与方法……138
4.4.2 实例验证……141
参考文献……143
第 5 章 个性化推荐系统的相关理论概念……148
5.1 二部分网络……148
5.2 个性化推荐算法……152
5.2.1 基于协同过滤算法的推荐系统……152
5.2.2 基于内容的推荐系统……152
5.2.3 基于网络结构的推荐系统……153
5.2.4 基于混合推荐算法的推荐系统……153
5.2.5 其他推荐算法……153
5.3 常用数据集……154
5.3.1 MovieLens 数据集……154
5.3.2 Netflix 数据集……155
5.3.3 Delicious 数据集……155
5.3.4 Amazon 数据集……155
5.4 评价指标……157
5.4.1 推荐的准确度……158
5.4.2 被推荐产品的流行性……159
5.4.3 推荐产品的多样性……159
5.4.4 分类准确度、准确率与召回率……160
5.4.5 F 度量……160
5.4.6 新颖性……161
5.5 相似性……161
5.5.1 基于打分的相似性……161
5.5.2 结构相似性……162
5.6 小结……165
参考文献……167
第 6 章 协同过滤推荐系统的算法研究……170
6.1 协同过滤推荐算法……170
6.1.1 基于用户的协同过滤推荐算法……170
6.1.2 基于产品的协同过滤推荐算法……172

6.2 用户关联网络对协同过滤推荐算法的影响研究 …… 174
6.2.1 用户关联网络简介 …… 174
6.2.2 用户关联网络统计属性 …… 175
6.2.3 基于用户关联网络的协同过滤推荐算法 …… 178
6.3 考虑负相关性信息的协同过滤推荐算法研究 …… 180
6.3.1 算法介绍 …… 181
6.3.2 实验结果分析 …… 182
6.4 集聚系数对协同过滤推荐算法的影响研究 …… 185
6.4.1 产品集聚系数对协同过滤推荐算法的影响研究 …… 185
6.4.2 用户集聚系数对协同过滤推荐算法的影响研究 …… 186
6.4.3 数值结果分析 …… 187
6.5 基于 Sigmoid 权重相似度的协同过滤推荐算法 …… 190
6.5.1 基于 Sigmoid 权重相似度的协同过滤推荐算法 …… 190
6.5.2 实验过程及结果分析 …… 193
参考文献 …… 195
第 7 章 基于网络结构的推荐算法研究 …… 197
7.1 基于热传导的推荐算法 …… 197
7.2 二部分图中局部信息对热传导推荐算法的影响研究 …… 198
7.2.1 HC 数值模拟结果 …… 199
7.2.2 改进的 HC 数值模拟结果 …… 200
7.3 基于物质扩散过程的推荐算法 …… 202
7.4 基于物质扩散过程的协同过滤推荐算法 …… 204
7.4.1 基于物质扩散过程的二阶协同过滤推荐算法 …… 205
7.4.2 算法的数值实验结果 …… 205
7.5 考虑用户喜好的物质扩散推荐算法 …… 207
7.6 产品之间的高阶相关性对基于网络结构推荐算法的影响 …… 209
7.6.1 基于网络结构的推荐算法 …… 210
7.6.2 通过去除重复性的改进的算法 …… 211
7.6.3 实验数据结果 …… 213
7.7 有向相似性对协同过滤推荐系统的影响 …… 215
7.7.1 用户相似性的方向性对 CF 算法的影响 …… 216
7.7.2 基于最大相似性的 CF 算法 …… 218
7.7.3 数值结果分析 …… 219
7.8 二阶有向相似性对协同过滤推荐算法的影响 …… 225

7.8.1 改进的算法……228
7.8.2 实验结果分析……229
7.9 时间窗口对热传导推荐模型的影响研究……233
7.9.1 基于局部信息的用户相似性指标……233
7.9.2 实证结果分析……234
7.10 考虑负面评价的个性化推荐算法研究……239
7.10.1 基于物质扩散模型……239
7.10.2 基于热传导模型……245
7.11 一种改进的混合推荐算法研究……250
7.11.1 模型与方法……250
7.11.2 实证结果分析……251
参考文献……254
第 8 章 基于内容的推荐算法研究……256
参考文献……259
第 9 章 混合推荐算法研究……260
参考文献……261

第 1 章　在线社会系统

1.1　在线社会网络

在线社会网络（online social network，OSN），是一个可以在一定程度上延伸现实生活关系的平台，人们可以在这个平台上分享兴趣爱好、活动。它最早出现在 2003 年的美国，进而风行全世界。市场研究机构 eMarketer 在 2013 年 11 月公布的数据显示，全世界约有 16.1 亿人每个月至少使用一次在线社会网络。其中，全球最大的社交网站 Facebook 在全球活跃用户的普及率可以达到 51%。预计到 2017 年，各社交网站（Twitter、Facebook、MySpace、Friendster、Google+等）的总用户数将超过 23.33 亿。此组数据显示，2013 年全世界有 22.8%的人每月至少使用一次社交网络。而到 2017 年，全球人口总数预计会超过 74 亿，届时全球将会有超过 30%的人使用在线社会网络。

随着 Web 2.0 的迅速发展，在线社会网络越来越受到人们的广泛关注，人们的生活、交流以及获取信息的方式也发生了巨大的变化。尤其是近几年微博、微信等社交工具的迅速崛起，即时通信工具、社交网站等在线社会网络已经成为人们不可或缺的沟通工具。随着网络化进程的加快，人们越来越倾向于把日常生活转移到网络上来。与现实世界相比，在线社会网络的沟通不受时间和空间的限制，用户与他们的家人、朋友、同事，甚至陌生人都可以随时随地保持联系。如今信息的更新越来越及时，也越来越高效和便捷，这使得人们可以随时随地将自己的所见所闻发布到网上，虚拟社交与现实世界之间的交叉性越来越强[1]。

近年来，微博和博客成为人们发布新闻、获取信息、分享感受的主要平台之一。在线社会网络在信息传达上的及时、高效和便捷等特性，使其在社会生活、政治、疾病预防等方面发挥了极大的作用。例如，2011 年 8 月，美国弗吉尼亚州发生地震后，在传统媒体报道这一突发事件前，大量消息已经在 Facebook、Twitter 等社交网站上广为传播，这显示了新型媒体在信息传播速度方面的优势。与此同时，社交网络的发展也引起了一系列的疑问，如新型社交网站的整体结构如何？这些网站在提供给用户更便捷、更低成本的交互服务的同时，是否提高了人们的社交能力，是否能够超越人类大脑皮层的能力限制？抑或是与计算器相类似，仅仅提高了简单计算的速度，并没有提高人类对于数学的认知能力，当今的数字网络是否也仅仅是降低了人们互相沟通与联系的成本，并没有提高社交能力的生理限制？

互联网的不断发展使网络上的服务越来越贴近人们的生活，人们的生活也变得更便捷和低成本。与传统媒介相比，在线社会网络信息更新的及时、高效和便捷等特性，使其在信息发布、意见收集、信息交流、突发事件预测、预防疾病传播、事件定位、寻找新兴话题和广告营销等诸多方面起着举足轻重的作用。但与此同时，网络上也存在着流言肆虐、隐私泄露等问题，这严重影响人们的正常生活。如何正确利用在线社会网络的优势来规避风险成为在线社会网络研究的重要目标之一。而对社交网络的拓扑结构和用户的行为模式的研究可以让我们更深入地认识用户的行为与心理状态。此外，对人类朋友圈上限值的研究也具有重要的理论价值和现实意义。

作为在线社会网络最重要的两种形式，微博和 Facebook 等社交网络服务（SNS）网站对于人们的生活、工作尤其重要。而由于其固有的特性，微博和 Facebook 侧重于人们生活的不同方面，微博注重信息的传播，Facebook 则注重朋友间的交互，所以可以将微博看做获取信息的平台，而将 Facebook 看做交友的平台。

1.1.1 社交网络中的基本概念

社交网络是由一个或多个行动者和他们之间的一种或多种关系组成。而在线社会网络，是指人和人之间通过朋友、血缘、兴趣、爱好等关系建立起来的社交网络平台，包括 Facebook、Twitter、MySpace、人人网、开心网等。根据哈佛大学心理学教授 Milgram 在 1967 年创立的六度分隔理论，即“你和任何一个陌生人之间所间隔的人不会超过六个”，也就是说，最多通过六个人你就能够认识任何一个陌生人。按照六度分隔理论，以认识朋友的朋友为基础，可以不断扩大自己的交际圈，最终整个社会形成一个巨大的网络。这种基于社会网络关系思想的网站就是在线社会网络。这种网络平台致力于其用户关系的建立和维护。在网络中，用户可将个人信息展示在“个人主页”上，内容包括文字、图片以及视频等，其他用户可浏览该用户的信息，同时该用户也可以浏览其他用户的信息，用户之间还可以通过评论、提及、转发等功能实现交流互动以及信息共享。与其他大多数网站不同，在线社会网络的内容都是用户自己生成的。众多的在线社会网站只是为用户提供服务的一个平台。比较著名的某些社交网站如图 1-1 所示。

图 1-1　比较著名的社交网站

目前关于社交网络还没有统一的定义，本书在已有研究的基础上，尝试给出社交网络的描述性定义。社交网络是一个有边界的系统，其中：①系统的主体是公开或半公开个人信息的用户；②用户能创建和维护与其他用户之间的朋友关系及个人发布的内容信息，如日志、照片等；③用户通过链接可以浏览其他用户的主页和分享的信息，并进行转发和评论。

一般来讲，社交网络具有几个基础性的关键概念，包括行动者、关系、二元图、三元图、群等。

（1）行动者。行动者是指组成社交网络的社会实体，包括团体中的个人、企业的部门、城市服务机构或世界体系中的民族、国家。在网络分析中，每个社会实体都可以被刻画成一个节点。

（2）关系。关系是指行动者之间的联系。行动者通过社会联系彼此连接，联系的范围和类型非常广泛，而其特征就是建立了一对行动者之间的连接，如甲对乙进行评价、共同参加一项活动、上级对下级的领导等。在网络分析中，每对行动者之间的联系通常被刻画成两个节点之间的连边，而联系的强弱则通过边的权重来表示。

（3）二元图。在最基础的层次，一个连接或关系建立了两个行动者之间的联系。这个联系在本质上是从属于这两个行动者的，而不是仅仅从属于某一个行动者。二元是由一对行动者和他们之间的联系构成。二元分析关注成对关系的属性，注意联系是否互惠，多重关系的某些类型是否同时出现等。

（4）三元图。许多社交网络的分析方法和分析模型关注的是三元图——三个行动者子集和他们之间的联系。其中最受大家关注的是三元图是否可传递（例如，若行动者 a 喜欢行动者 b，行动者 b 喜欢行动者 c，是否行动者 a 也喜欢行动者 c）和是否是平衡的（例如，若行动者 a 和 b 彼此喜欢，则他们对第三个行动者 c 的态度是相似的，而若行动者 a 和 b 相互不喜欢，则他们对第三个行动者 c 的态度是不同的）。

（5）群。二元图是成对的行动者及其联系，三元图是三个一组的行动者及其联系，则行动者群可定义为任意集合的行动者和他们之间的联系。

1.1.2　社交网络的理论基础

六度分隔理论，也称“小世界”理论，具有高集聚系数和短平均路径的特性。如前所述，社交网络理论来源于六度分隔理论，即任意两个人之间可以通过不多于六个中间人而建立联系。它要表达的观点为，任何两个素不相识的人都可以通过一定的渠道产生必然联系，完全没有关系的两个人是不存在的。

这个理论最早是由美国著名社会心理学家 Milgram 于 20 世纪 60 年代提出的。后来，Milgram 设计的信件传递实验证明了这一理论的正确性，随机发送的 160

个信件大多都在经过五、六个步骤后到达了目标人手里。

强连接和弱连接。六度分隔理论肯定了人们之间联系的普遍性，但没有区别这种联系的关系强弱。人们会在生活中认识数以百计的人，其中既有经常联系的亲密的亲人、同事、朋友，也有对于我们无足轻重的只是认识的人。人们和不同的人的联系方法和强度是不同的，而六度分隔理论却将这些联系看做无差别的，没有强弱之分。因而在实际运用中，对连接强度进行加权有时是很必要的。

贝肯数。贝肯数是由六度分隔理论演变而来的。贝肯只是一个普通演员，在电影中从来都不是主角，但是他在很多电影中与众多影视明星合作过，人们将当时贝肯要与其他影视明星之间产生连接所需要的中间人数量称为贝肯数。这一数字说明，一个人要成为网络的中心，他不一定非要成为一个大人物，一个经常出现的小人物也可以非常接近网络中心。

邓巴数。邓巴数（Dunbar number）[2]是英国牛津大学人类学家邓巴于 1992 年提出的，指的是可以和特定人物保持亲密关系的最多人数，一般范围为 100～230，通常人们使用 150。邓巴数也称“150 定律”，即一个社群能够保持稳定联系的规模大约为 150 人，超过这个数，人们相互间的互动和影响会迅速降低，这是由人的大脑皮层容量决定的。此处限定的人际关系是指某个人知道其他人是谁并且了解那些人之间的关系。支持者认为，人数多于邓巴数的团队，需要更加苛刻的法律、规章、制度来保持其稳定性和凝聚力。

动物学家通过对灵长类动物的研究发现，社群规模大小受到其大脑皮层容量的限制，即大脑皮层容量的大小限制了其能维持稳定联系的人数的上限。动物学家认为在一个特定物种与其社群规模大小之间存在一个系数，而该系数可由该物种的大脑皮层容量大小来计算。

1992，牛津大学人类学家邓巴根据从灵长类动物界观测到的相关系数来预测人类社群的大小，从而提出了邓巴数理论，即“150 定律”，意味着人类社群规模一般为 150 人左右，这是一个人类个体能够和其他人维持稳定联系的理论上的上限值。一个人类社群规模一旦超过这个数字，群组内成员就不能进行有效的沟通和协调，社群结构会变得松散。

1992 年，邓巴开始研究英国人寄圣诞卡的习惯。在邓巴作研究的那个年代，社交网络尚未诞生，他希望找到一个办法衡量人们的社交关系。邓巴不仅想知道研究对象认识的人数，更对每个个体真正在乎的人数感兴趣。他发现，可以通过研究圣诞贺卡来探寻这种情感关联。要送出贺卡，前提是你首先必须知道收贺卡人的邮寄地址，然后去买贺卡、买邮票，再写上几句祝福的话，最后寄出去。这一系列活动都属于一种投资，需要人花费时间、金钱来完成，而大多数人是不会愿意为一个无关紧要的人这样费心费力的。

邓巴研究发现，人们把约 25%的贺卡寄给了自己的亲人，近 67%寄给了朋友，约 8%寄给了同事。不过，其中最重要的研究发现是这样的一个数字：对于一个人寄出的全部贺卡，收到贺卡的家庭的人数之和的平均数为 153.5 人，即 150 人左右，这一数字与邓巴数理论非常吻合。

在邓巴看来，其原因很简单，人不能超出生理条件的限制而实现无限的可能，例如，人不能在地球上像鸟儿一样飞翔，五秒内跳不了一百下，人耳听不到频率低于 20Hz 的次声波和超过 20000 Hz 的超声波。大多数人最多只能与 150 左右的人建立具有实际意义的联系，不同个体之间可能会有所不同，但不会比 150 多出太多。然而，这一规律也不完全绝对，因为既有不善交际、内向自闭的人，也有善于交际、开朗的公众人物。但总体来讲，一个群体的规模一旦超过 150 人，成员内部之间的关系就会开始淡化。尽管现在的文明程度较以前有了很大的提高，但人类的社交能力并没有获得大的提升。邓巴说道："150 个人似乎是我们能够建立稳定社交关系人数的上限，而在这种社交关系中，我们不仅仅是了解他们是谁，而且也了解他们与我们自己之间的关系。"

根据邓巴的研究，人类的社会结构表现为图 1-2 所示的同心圆模型：5 人左右的亲密接触圈；12～15 人的同情圈，在此范围内若有人去世，其他人会非常悲伤；50 人左右组成群落，共同生产、活动；150 人左右称为氏族，他们可能具有相同的信仰或习俗；500 人左右组成部落，他们使用相同的语言（这里的"语言"只指一些经常交流的人之间约定俗成的词语和概念）；5000 人左右为大群落，他们通常具备共同文化。参照此模型，当交际范围超过 150 人时，个体之间的交流、影响就会明显降低，只能靠共同的语言来维系；而当人数上升到 5000 人左右时，维系此社会结构则只能依靠共同的文化。一个人能够维系的稳定人际关系处于 100 到 230 之间，通常人们认为是 150。这里的人际关系是指某个人知道其他人是谁并且了解那些人之间的关系。

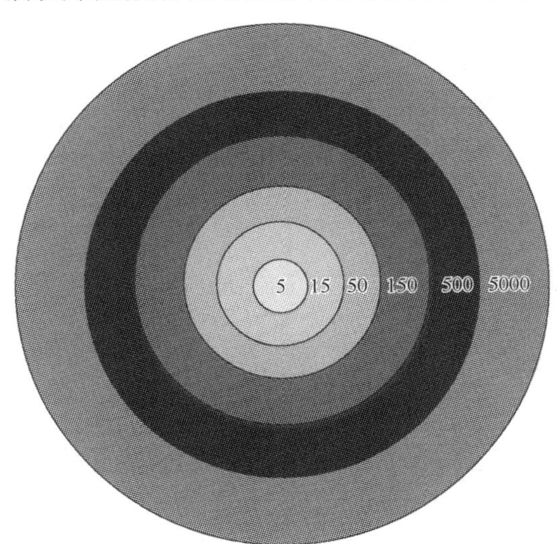

图 1-2　邓巴数理论同心圆模型

图论。对于一个网络，可以从多个方面对其进行观察，而最实用的一个方面就是将其看做由线和点组成的图。图论思想被广泛应用于社交网络分析中。图论为标记和表示社会结构提供了许多词汇，而且图论中的数学运算和观念的运用对于社交网络的许多属性的量化和测量起到了不可估量的作用。例如，度量用户网络结构的度、网络密度、连通分量等指标都来源于图论。

图论来源于著名的哥尼斯堡七桥问题。在普莱格尔河上，七座桥将河中的两个小岛与两边的河岸连接起来，问题要求从小岛或河岸出发，不重复地通过每座桥一次，最后再回到起点。很多人尝试解决这个问题，但都没有成功。而欧拉通过将小岛和陆地都抽象化成一个点，每座桥抽象化成一条边，从而得到一个“图”，如图 1-3 所示，将图（a）抽象成图（b）。欧拉证明了这个图是无解的，并且提出了欧拉路径和欧拉回路问题，这就是第一个图论问题。

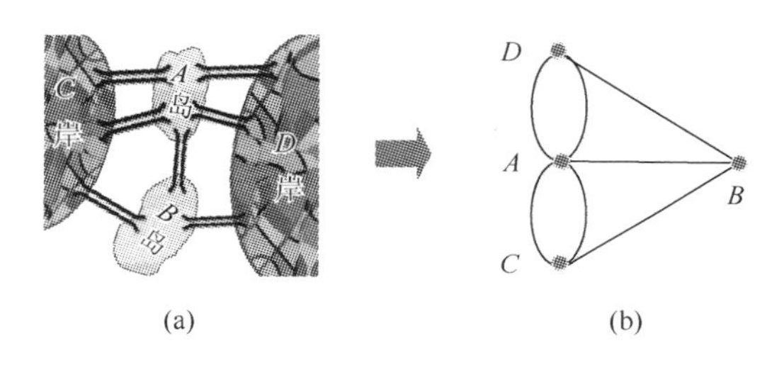

图 1-3　哥尼斯堡七桥问题

1.1.3　社交网络的国内外发展状况

社交网络源自网络社交，网络社交的起点是电子邮件，BBS 把网络社交推进了一步。随着网络社交的悄悄演进，便出现了社交网络。社交网络在人们的生活中扮演着重要的角色，它已成为人们生活的一部分，并对人们的信息获得、思考和生活产生不可低估的影响。

1995 年成立的 Classmates.com 被认为是第一个允许用户之间进行交流的网站，它可以帮助用户与已经失去联系的同学重新获得联系，然而，它不允许用户之间建立直接的联系，仅允许用户通过加入的学校来进行沟通。而后，1997 年建立的六度网站（six degrees.com）是第一个允许用户之间建立直接联系的真正的社交网站。

当越来越多的用户接触到互联网的时候，在线社会网络迅速流行起来。在 21 世纪初，出现了大量的交友的网站，其中最著名的是 Friender，还有同时期的其他相似网站，如 Cyworld 等。

2003 年，MySpace 成立，它允许用户订制自己的主页，受到了用户的欢迎，迅速成长为最大的在线社会网络。然而，在 2008 年 5 月，2004 年上线的 Facebook 取代 MySpace，成为全球最大的在线社会网站。直到现在，Facebook 仍然是全球最大的在线社会网站。

随着社交类网站的流行，许多其他类型的网站也开始具有社交性质，如视频分享网站 Flickr、YouTube、Zoomr，博客类网站 LiveJournal 和 Blogspot，专业网站 LinkedIn 和 Ryze，新闻门户网站 Digg 和 Reddit 等。

据 GlobalWebIndex 2013 年第一季度的“社会化平台季度更新”报告显示：根据活跃用户数渗透率排名，Facebook 为全球排名第一的社交网站，网民渗透率为 51%；Google+排名第二，为 26%；YouTube 排名第三，为 25%；Twitter 排名第四，为 22%，但新浪微博是增长速度最快的社交网站。具体社交网站排名如图 1-4 所示。

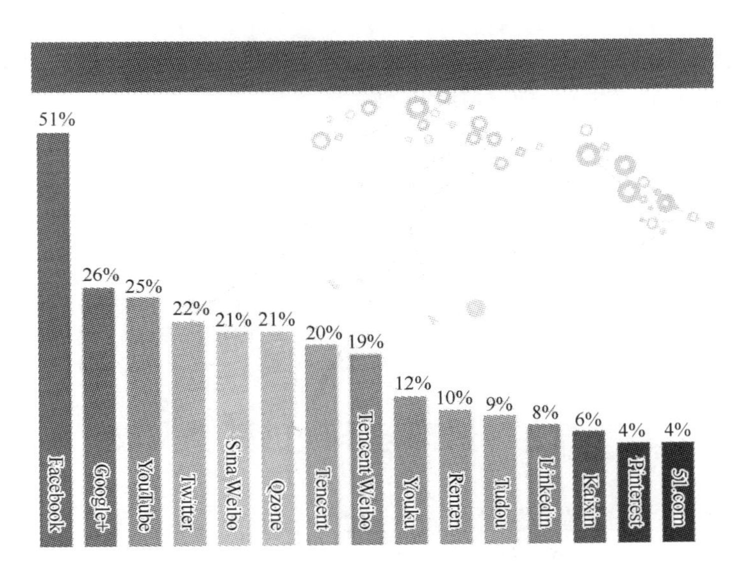

图 1-4　全球前 15 强社交媒体网站排名（根据活跃用户数渗透率排名）

1.1.4　社交网络的优势和劣势

在线社会网络的优势包括如下几点。

（1）通过在线社会网络，人们可以与朋友保持更加直接紧密的联系，其搜索用户的功能更能帮助用户寻找到之前失去联系的朋友甚至素未谋面的陌生人，大大拓宽了人们的交际范围。

（2）在线社会网络用户可随时随地将周边发生的事发表出来，通过朋友的转发可以迅速扩散开来，所以这对新闻的传播、流行话题的检测等多方面具有重要的价值。

（3）网络上存在众多因爱好相同而团结在一起的小群组，对于商家而言，根据群组的兴趣爱好定向投放广告更具有针对性。

在线社会网络的劣势包括如下几点。

（1）有的在线社会网站并不盈利，其商业模式受到业界的质疑，这也使得部分社交网站迅速破产。

（2）随着社交网络的普及，浏览这些网站占用了人们越来越多的工作时间，使得工作效率降低。

（3）人们过于依赖网上沟通，逃避现实，在现实中忽视了与家人、朋友的交流，沟通能力变差，网络上的社交活动并不能使人们在真实生活中的社交能力增强。

（4）网络上的朋友信息并不完全是真实的，若缺乏对社交对象的正确认识，仅凭网络上的互动就轻信他人，很容易给自己造成损失，甚至发生危险。

（5）个人的信息安全与隐私保护问题还需要得到更多的重视，有效改善用户的隐私环境，才能让用户放心使用社交网络。

（6）网络上流传着大量未经核实甚至虚假的信息，对流言的甄别欠缺可行的措施，而虚假的消息更可能会引起社会恐慌甚至威胁国家安全。

在线社会网络是以人为主体，允许用户间建立联系并实现信息共享的一个网络平台，它的广泛使用对社会生活的各个方面都有着重要的影响。它的优势显而易见，而劣势也越来越凸显。我们要做的是通过对在线社会网络的研究，利用其优势，规避其劣势，使其为人类得到更好的发展而服务。

1.2　个性化推荐系统的蓬勃发展

当你想放松心情听首音乐的时候，是否曾被五花八门的歌名缭乱了双眼？当你工作一天之后，拖着疲惫的身躯，想找部电影看的时候，是否曾被“喜剧”“恐怖”“历史”“战争”……这些琳琅满目的标签弄得无法抉择？越来越多的人遇到类似的问题。科技的进步给人们带来方便的同时也带来了烦恼，然而，有困难的存在就会有解决问题的人，个性化推荐系统就是在时代的需求和众人的努力下应运而生。

1.2.1　产生背景

互联网的飞速发展与日益普及将人类社会带入了“信息时代”，此时，知识和信息在经济、科技、文化等各个领域都成为重要的资源，促使人们的生产、生活发展发生着重大的变革。一方面，互联网的发展深刻地影响了人类生活的方方面面，如足不出户就可以随心所欲地购买到自己想要的商品、搜索到自己需要的文件资料，这些经历都让人们深刻感受到互联网带来的惊喜；另一方面，不断增长的客户需求和供货能力促进了现代商业的全球性竞争，促使企业进入电子商务模式阶段。

互联网和信息技术的发展，虽然为人们的日常生活注入了新的活力，但是在带来海量信息资源的同时，也面临着信息超载的严峻挑战。人们逐渐从信息匮乏阶段步入信息超载的时代。数以千计的电影、成百上万的书籍、数十亿的网页，互联网提供的信息种类和数量纷繁复杂，信息增长的速度远快于人们能处理的速度，这就带来了大量的冗余信息。这些冗余信息对准确分析和正确选择有用信息产生了严重的干扰，进而使得用户在庞大的信息群中找到自己感兴趣的内容[3-6]变得越来越困难，经常在大量信息的环绕中泥足深陷。此时，无论信息消费者（如用户）还是信息生产者（如各种电子商务网站）都遇到了很大的挑战：对于用户来说，从大量的冗余信息中找到自己感兴趣的信息是一件非常困难的事情；而对于如电子商务网站的信息生产者，如何能够让自己的信息或产品脱颖而出，受到广大用户的关注和喜爱，也变成一件非常困难的事情。为此，如何快速、准确、高效地筛选过滤出最适宜的信息，以及提高信息的利用率正逐渐成为人们关注的焦点，同时也是一个全球性难题。

众所周知，为了解决上述信息超载的难题，已有很多学者和科学家提出了很多有用的解决方案，其中最具有代表性的解决方案就是分类目录和搜索引擎，这两种方案催生了互联网领域的两家著名公司——Yahoo 和 Google。Yahoo 公司凭借分类目录起家，现在比较著名的分类目录型网站还有国外的 DMOZ 以及国内的 Hao123 等。DMOZ 网站是一个著名的开放式分类目录（open directory project），之所以称为开放式分类目录，是因为 DMOZ 不同于一般分类目录网站利用内部工作人员进行编辑的模式，而是由来自世界各地的志愿者共同维护与建设的最大的全球目录社区。这些目录将著名的网站归类，从而方便用户根据类别来查找自己需要访问的网站。但是随着互联网规模的不断扩大，分类目录网站只能覆盖少量的热门网站，越来越难以满足用户的要求。因此，第一代信息过滤系统——搜索引擎出现了，它的使用是信息过滤研究中里程碑式的标志。通过在搜索引擎里输入要查询的关键字，搜索引擎运用相应的策略以及程序来搜集互联网上的信息，通过对信息的组织处理，就可以发现需要的信息。现在比较流行的搜索引擎有百度、Google 等。尽管搜索引擎因为使用简单、不需要存储用户信息而迅速流行，但是它需要用户主动提供准确的关键词来寻找信息。当用户无法找到准确描述与自己需求一致的关键词时，搜索引擎就无能为力了。并且这种信息过滤的方式只能呈现给所有用户一样的排序结果，并没有考虑用户的个人喜好和兴趣，也就是说个性化的需求并没有被满足，同时使得一般的用户无法获取网络中大量少人问津的“暗信息”。

在这种背景下，为了更有效地解决信息超载的问题，在信息过滤技术发展的基础上，个性化推荐系统应运而生。个性化推荐系统不需要用户提供明确的需求，而是通过分析用户的历史行为，建立用户与信息产品之间的二元关系，利用已有的选择过程或相似性关系挖掘每个用户潜在感兴趣的对象，主动给用户推荐能够满足他们兴趣和需求的信息。从根本上说，推荐就是代替用户评估他不了解的产品[7-11]，包括电影、音乐、书籍、网页，甚至美食、景点等。而一个高质量的推荐系统可以准确、高效地挖掘出用户潜在的消费倾向，把满足用户潜在需求的商品推荐给用户，为众多的用户提供个性化服务，改善用户体验。因此，从某种意义上说，个性化推荐系统和搜索引擎对于用户来说是两个互补的工具。搜索引擎满足了用户有明确目的时的主动查找需求，而个性化推荐系统能够在用户没有明确目标的时候帮助他们发现自己感兴趣的内容。

近十几年来，个性化推荐系统有了迅猛的发展，这主要来源于 Web 2.0 技术的成熟。自此，用户不再是被动的网页浏览者，而是成为主动的参与者[7]。迄今为止，个性化推荐系统被认为是过滤超载信息的最有效方式。

1.2.2　个性化推荐系统的应用发展

自从“推荐”这一概念被提出以来，推荐系统一直是电子商务、人类社会学以及网络经济学等领域的研究热点。国际学术界也开展了许多与推荐相关的研究活动，计算机协会（ACM）设立推荐系统年会（ACM RecSys），为推荐系统的研究提供了一个交流互动的重要平台，此外，Netflix 开出 100 万美元的竞赛奖金，奖励给能使其网站产品的推荐准确度提高 10%的参赛者。在国外，大多数的商务系统都采用个性化推荐算法，比较著名的个性化推荐实践研究主要包括如下几项。

（1）1995 年 3 月，在美国人工智能协会上，卡内基 • 梅隆大学的 Armstrong 等提出了 Web Watcher 个性化系统，与此同时，另一具有代表性的个性化推荐系统 LIRA 也由斯坦福大学推出。

（2）1995 年 8 月，麻省理工学院的 Lieberman 在国际人工智能联合大会（IJCAI）上提出了个性化导航智能体 Letizia。

（3）1996 年，Yahoo 公司推出了 MyYahoo！产品。

（4）1997 年，AT&T 实验室开发的基于协同过滤算法的个性化推荐系统 PHOAKS 和 Referral Web 问世。

（5）1999年，德国德累斯顿大学的Tanja Joerding实现了个性化电子商务的原型系统TELLIM。

（6）2000年，NFC研究院增加了搜索引擎的个性化推荐功能。

（7）2001年，为了方便商家开发电子商务网站，IBM公司在自己的电子商务平台WebSphere中增加了个性化功能。

（8）2003年，Google开创了AdWords营利模式，通过用户搜索的关键词来提供相关的广告。AdWords的点击率很高，是Google广告收入的主要来源。2007年3月开始，Google为AdWords添加了个性化元素，对用户一段时间内的搜索历史进行记录和分析，据此了解用户的喜好和需求，从而更为精确地推送相关的广告内容。

（9）2007年，Yahoo推出了SmartAds广告方案。Yahoo掌握了海量的用户信息，如用户的性别、年龄、收入水平、地理位置以及生活方式等，再加上用户搜索、浏览行为的记录，使得Yahoo可以为用户呈现个性化的横幅广告。

（10）2009年，Overstock（美国著名的网上零售商）开始运用ChoiceStream公司制作的个性化横幅广告方案，在一些高流量的网站上投放产品广告。Overstock在运行这项方案的初期就取得了惊人的成果，公司称："广告的点击率是以前的两倍，伴随而来的销售增长也高达20%～30%。"

（11）2009年7月，国内首个推荐系统科研团队北京百分点信息科技有限公司成立，该团队专注于推荐引擎技术与解决方案，在数据平台上汇集了国内外百余家知名电子商务网站与资讯类网站，并通过这些B2C网站每天为数以千万计的消费者提供实时智能的商品推荐。

（12）2011年9月，百度世界大会上，李彦宏将推荐引擎与云计算、搜索引擎并列为未来互联网的重要战略规划以及发展方向。百度新首页将逐步实现个性化，智能地推荐出用户喜欢的网站和经常使用的APP。

此外还有电子商务领域的Amazon书籍推荐系统、Netflix电影推荐系统以及Googlenews的个性化新闻推荐系统。个性化推荐系统举例如表1-1和图1-5所示。

表1-1　个性化推荐系统举例

网站	推荐内容
Amazon	书
Facebook	朋友
MovieLens	电影
Nanocrowd	电影
Findory	新闻
Digg	新闻
Zite	新闻

续表

网站	推荐内容
Netflix	DVD
Careerbuilder	工作
Monster	工作
Pandora	音乐
Mufin	音乐
StumbleUpon	网页

图 1-5 使用个性化推荐的著名企业

当前，个性化推荐系统已成为信息检索和信息过滤领域的研究热点，受到了众多研究机构和学者的关注，而且已经有大量推荐系统在实际中得到应用。个性化推荐系统和推荐引擎的区别在于个性化推荐系统需要依赖用户的行为数据，因此一般都是作为一个应用存在于不同的网站之中。下面介绍不同领域中个性化推荐系统的应用。

1. 电子商务领域中个性化推荐的应用

电子商务网站是个性化推荐系统的一大应用领域。著名的电子商务网站 Amazon 是个性化推荐系统的积极应用者和推广者，被 RWW（读写网）称为“推荐系统之王”。Amazon 的推荐系统深入其各类产品中，其中最主要的应用有个性化商品推荐列表和相关商品的推荐列表。

下面主要介绍 Amazon 的个性化商品推荐列表，它拥有一个标准的个性化推荐系统的用户界面，包含以下几个组成部分。

（1）推荐结果的标题、缩略图以及其他内容属性。这些可以告诉用户系统给他们推荐的是什么。

（2）推荐结果的平均分。平均分反映了推荐结果的总体质量，也代表了大部分用户对此产品的看法。

（3）推荐理由。Amazon 根据用户的历史行为给用户推荐。因此，如果它给某用户推荐了一本金庸写的小说，大概原因是该用户曾经在 Amazon 上对武侠方面的书给出过表示喜欢的反馈。

个性化商品推荐列表采用了一种基于商品的推荐算法（item-based method），该算法向用户推荐那些和他们之前喜好相似的商品。除此之外，Amazon 还有另外一种个性化推荐列表，就是按照用户在 Facebook 中的好友关系，向用户推荐他们的好友在 Amazon 上喜欢的商品。

除了个性化商品推荐列表，Amazon 另一个重要的推荐应用就是相关商品推荐列表。当你在 Amazon 上购买一个商品时，在商品信息下面会有相关商品的展示。Amazon 有两种不同的相关商品列表，一种是购买了这个商品的用户经常购买的其他商品，另一种是浏览过这个商品的用户经常购买的其他商品。这两种相关商品推荐列表的区别就是使用了不同的用户行为计算物品的相关性。此外，相关商品推荐列表最重要的应用就是打包销售（cross selling）。当你购买某个商品的时候，Amazon 会告诉你其他用户在购买这个商品的同时会购买的其他商品，然后让你选择是否要同时购买这些商品。如果你点击了同时购买，Amazon 会把这几件商品"打包"，有时会提供一定的折扣。这种销售手段是推荐算法最重要的应用，目前被很多电子商务网站应用。

至于个性化推荐系统对于 Amazon 的意义，其首席执行官 Bezos 在接受采访时曾经说过，Amazon 相比于其他电子商务网站的最大优势就在于个性化推荐系统，该系统让每个用户都能拥有一个自己的在线商店，并且随时能在商店中找到自己感兴趣的商品。

2. 电影和视频网站中个性化推荐的应用

在电影和视频网站中，个性化推荐系统也是一种重要的应用。它能够帮助用户在浩如烟海的视频库中找到令他们感兴趣的视频。在该领域成功使用推荐系统的一家公司就是 Netflix。

Netflix 原先是一家 DVD 租赁网站，最近几年开始涉足在线视频业务。Netflix 非常重视个性化推荐技术，并且从 2006 年起开始举办著名的 Netflix Prize 推荐系统竞赛。该竞赛奖金额为 100 万美元，希望研究人员能够将 Netflix 的推荐算法的预测准确度提升 10%。2009 年，AT&T 的研究人员获得了最终的大奖。该竞赛对于推荐系统的发展起到了重要的推动作用：一方面该竞赛向学术界提供了一个实际系统中大规模用户行为的数据集；另一方面，3 年的竞赛中，参赛者提出了很多种推荐算法，均大大降低了推荐系统的预测误差。此外，该竞赛吸引了很多优秀的科研人员加入推荐系统的研究，大大提高了推荐系统在企业界和学术界的影响力。

Netflix 所采用的推荐算法和 Amazon 的推荐算法类似，也是基于商品的推荐算法，即向用户推荐与他们曾经喜欢的电影相似的电影。至于推荐系统所起的作用，Netflix 在宣传资料中宣称，有 60%的用户是通过其推荐系统找到自己感兴趣的电影和视频。

另外，YouTube 作为美国最大的视频网站，拥有大量用户上传的视频内容。由于视频数据库非常大，用户在 YouTube 中面临着严重的信息过载问题。为此，YouTube 在个性化推荐领域也进行了深入研究，尝试了很多算法。YouTube 研究人员最新的论文表示，YouTube 现在使用的也是基于产品的推荐算法。为了证明个性化推荐的有效性，YouTube 曾经做过一个实验，比较了个性化推荐的点击率和热门视频列表的点击率，实验结果表明，个性化推荐的点击率是热门视频点击率的两倍。

3. 音乐网络电台中个性化推荐的应用

个性化推荐的成功应用需要两个条件。第一是存在信息过载，如果用户可以很容易地从所有物品中找到喜欢的物品，就不需要个性化推荐了。第二是用户大部分时候没有特别明确的需求，如果用户有明确的需求，则可以直接通过搜索引擎找到感兴趣的物品。

在上述两个条件下，网络电台无疑是最适于个性化推荐的。首先，音乐很多，用户不可能听完所有的音乐再决定自己喜欢听什么，而且新的歌曲在以很快的速度增加，因此用户无疑面临着信息过载的问题。其次，人们享受音乐时，一般都是把音乐作为一种背景声音，很少有人必须听某首特定的歌。对于普通用户，听什么歌都可以，只要能够符合他们当时的心情就可以了。因此，音乐网络电台是非常适合采用个性化推荐技术的。

目前有很多知名的个性化音乐网络电台，国际上著名的有 Pandora 和 Last.fm，国内的代表则是豆瓣网络电台。这三个个性化网络电台背后的技术不太一样。从界面上看，这些个性化网络电台很类似，它们都不允许用户点歌，而是给用户几种反馈方式——喜欢、不喜欢和跳过。经过用户一定时间的反馈，电台就可以从用户的历史行为中获得用户的兴趣模型，从而提供给用户的播放列表就会越来越符合用户对歌曲的兴趣。

Pandora 背后的音乐推荐算法主要来自于一个称为音乐基因工程的项目。该项目起始于 2000 年 1 月 6 日，它的成员包括音乐家和对音乐有兴趣的研究人员。Pandora 的音乐推荐算法主要基于内容，其音乐家和研究人员亲自听了上万首来自不同歌手的歌，然后对歌曲的特性（如旋律、节奏、编曲和歌词等）进行标注，这些标注被称为“音乐的基因”。然后，根据专家标注的音乐的基因计算音乐的相似度，并向用户推荐同他之前喜欢的音乐在基因上相似的其他音乐。

Last.fm 于 2002 年在英国成立。Last.fm 记录了所有用户的听歌记录以及用户对于歌曲的反馈，在这一基础上计算出不同用户在歌曲喜好上的相似程度，从而向用户推荐和他有相似爱好的其他用户喜欢的歌曲。同时，Last.fm 也建立了一个社交网络，让用户能够和其他用户建立联系，同时用户可以向好友推荐自己喜欢的歌曲。和 Pandora 相比，Last.fm 没有使用专家标注，而是主要利用用户行为和评价计算歌曲的相似度。

音乐推荐是推荐系统里非常特殊的领域。2011 年的 RecSys 大会专门邀请了 Pandora 的研究人员对音乐推荐进行了演讲。演讲人总结了音乐推荐的如下特点。

（1）物品数很多，物品空间很大（这主要是相对于书和电影而言）。

（2）消费每首歌的代价很小。对于在线音乐，某些音乐甚至是免费的，不需要付费。

（3）物品种类丰富。音乐种类丰富，有很多的流派。

（4）听一首歌耗时很少。听一首音乐的时间成本很低，不太浪费用户的时间，而且用户大都把音乐作为背景声音，同时进行其他工作。

（5）物品重用率很高。每首歌会被听很多遍，这和其他物品不同，如用户不会反复看同一个电影，不会反复买同一本书。

（6）用户充满激情。一个用户会听很多首歌。

（7）上下文相关。用户的口味很受当时“上下文”的影响，这里的“上下文”主要包括用户当时的心情和所处情境。

（8）次序很重要。用户听音乐一般是按照一定的次序一首一首地听。

（9）很多播放列表资源。很多用户都会创建多个个人播放列表。

（10）不需要用户全神贯注。音乐不需要用户全神贯注地倾听，很多用户将音乐作为背景声音。

（11）高度社会化。用户听音乐的行为具有很强的社会化特性，如我们会和好友分享自己喜欢的音乐。

上面这些特点决定了音乐是一种非常适合用来推荐的物品。因此，尽管现在推荐系统大多是作为一种应用存在于网站中，如 Amazon 网站的商品推荐和 Netflix 的电影推荐，然而音乐推荐却可以独立支持个性化音乐推荐网站，如 Pandora、Last.fm 和豆瓣网络电台。

4. 社交网络

近年来，互联网最激动人心的产品莫过于以 Facebook 和 Twitter 为代表的社交网络应用。在社交网络中，好友们可以互相分享、传播信息。社交网络中的个性化推荐技术主要应用在以下三个方面：

（1）利用用户的社交网络信息对用户进行个性化的物品推荐；

（2）信息流的会话推荐（好友的各种分享，对分享进行评论）；

（3）给用户推荐好友。

Facebook 最宝贵的数据有两个：一个是用户之间的社交网络关系；另一个是用户的偏好信息。因此，Facebook 推出了一个推荐应用程序编程接口（API），称为 Instant Personalization。该工具根据用户好友喜欢的信息，给用户推荐他们的好友最喜欢的物品。很多网站都使用了 Facebook 的 API 来实现网站的个性化。

除了利用用户在社交网站的社交网络信息给用户推荐本站的各种物品，社交网站本身也会利用社交网络给用户推荐其他用户在社交网站的会话。此外，每个用户可以在 Facebook 网站上建立个性化主页，这样可以看到好友的各种分享，并且能对这些分享进行评论。每个分享和它的所有评论被称为一个会话，如何给这些会话排序是社交网站研究中的一个重要话题。为此，Facebook 开发了 EdgeRank 算法对这些会话排序，尽量使用户能够看到熟悉好友的最新会话。

5. 阅读中个性化推荐的应用

阅读文章是很多互联网用户每天都会做的事情。互联网上的阅读同样存在前面提出的需要个性化推荐的两个因素：首先，互联网上的文章非常多，用户面临信息过载的问题；其次，用户很多时候并没有必须看某篇具体文章的需求，他们只是想通过阅读特定领域的文章了解这些领域的动态。

目前互联网上的个性化阅读工具很多，国际知名的有 Google Reader，国内有鲜果网等。随着移动设备的流行，移动设备上针对个性化阅读的应用就更多了，其中具有代表性的有 Zite 和 Flipboard。

Google Reader 是一款流行的社会化阅读工具。它允许用户关注自己感兴趣的人，然后看到所关注用户分享的文章。和 Google Reader 不同，个性化阅读工具 Zite 则是利用手机用户对于文章的偏好信息。在每篇文章右侧，Zite 都允许用户给出喜欢或不喜欢的反馈，然后通过分析用户的反馈数据不停地更新用户的个性化文章列表。Zite 推出后获得了巨大的成功，后来被 CNN 收购。

另一家著名的新闻阅读网站 Digg 也在首页尝试了推荐系统。Digg 首先根据用户在 Digg 上浏览新闻的历史数据计算出用户之间的兴趣相似度，然后向用户推荐和他兴趣相似的用户喜欢的文章。根据 Digg 自己的统计，在使用推荐系统后，用户在 Digg 上的行为明显更加活跃，总人数提高了 40%，用户的好友数平均增加了 24%，评论数增加了 11%。

6. 基于位置的服务中个性化推荐的应用

随着无线电通信技术、互联网技术、全球定位技术的发展，将互联网与移动通信融合而形成的移动互联网使得用户可以在任何地点、任何时间都能够通过移动终端来获取各种信息服务，这就是基于位置的信息服务产生的背景[12,13]。

早期的基于移动位置服务（location-based services，LBS）系统主要用于在紧急情况下快速定位求助者的位置，以实施救援，如美国的 E911 系统和欧洲的 E112 系统。当前，LBS 已经广泛应用于军事、交通、物流、医疗、生活等领域。例如，用户逛街时可以利用手机查找附近有哪些感兴趣的商店；司机可以利用内置 GPS 功能的智能手机查找最近的加油站，也可制订行车线路；在大型博物馆内，游客可以借助一个能感知位置的语音导游器来欣赏对各个藏品的讲解[12]。

美国 Sprint PCS 和 Verizon 分别在 2001 年 10 月和 2001 年 12 月推出了基于 GPSONE 定位技术的业务，并且通过该技术来满足美国联邦通信委员会（Federal Communications Commission，FCC）对 E911 系统第二阶段的要求。GPSONE 定位技术是美国高通公司为基于位置业务开发的定位技术，采用客户机/服务器方式。它将无线辅助 AGPS 和高级前向链路 AFLT 三角定位法两种定位技术有机结合，实现高精度、高可用性和较高速度定位。在这两种定位技术均无法使用的环境中，GPSONE 会自动切换到 Cell ID 扇区定位方式，确保定位成功率。2001 年 12 月，日本的电信服务商 KDDI 公司推出第一个商业化位置服务。在 KDDI 的服务推出之前，日本知名的保安公司 SECOM 在 2001 年 4 月成功推出了第一个具备 GPSONE 技术能够实现追踪功能的设备。该设备也运行在 KDDI 公司的的网络中。这一高精度安全的保卫服务能在任何情况下准确定位呼叫个人、物体或车辆的位置；在韩国，KTF 电信公司于 2002 年 2 月利用 GPSONE 技术成为韩国首家在全国范围内通过移动通信网络向用户提供商用移动定位业务的公司。在国内，中国移动在 2002 年 11 月首次开通位置服务，如“移动梦网”品牌下面的业务“我在哪里”“你在哪里”“找朋友”等；2003 年，中国联通在其 CDMA 网上推出“定位之星”业务，用户可以以较快的速度下载地图和导航类的复杂服务。

基于位置的服务包含很多关键技术，包括定位、信息传输、位置索引等。位置服务逐渐成为移动运营商业务的新增长点，它是目前蓬勃发展的一种无线增值服务，是地理信息系统具体应用的典型和重要发展方向，有着良好的市场前景和发展空间。它通过定位以及查询索引技术，得到用户的位置信息，并将此信息提供给用户本人、通信系统或者其他请求得到该用户位置的机构或个人，以实现个性化服务。基于位置的服务从用途上可分为基于位置的公众安全服务[14]、基于位置的调度监控服务[15]、基于位置的计费服务[16,17]和基于位置的信息推荐服务[18,19]四类。科学家和工程师在基于位置的服务的技术以及应用方面已经做了大量的工作，也获得了许多成果，然而目前仍然存在部分亟待解决的问题，如隐私保护、开发新应用以及技术上的挑战等。随着无线通信技术和智能移动终端的快速发展，基于位置的服务在公众安全、交通、娱乐等诸多领域得到了广泛应用，它能够根据移动对象的位置信息提供个性化服务。基于位置的服务为移动用户展现了一个广阔的市场，其中蕴涵着巨大的商机。我们相信，随着移动用户的逐步增多，这一市场也将逐步发展壮大，而其中围绕与位置相关的移动服务的定位、信息传输、位置索引等技术也必将得到更深层次的研究。随着空间数据和信息可实时获取，通信技术突飞猛进，定位技术日趋精确，相信基于位置服务的应用也会越来越多。

7. 邮件系统中个性化推荐的应用

人们每天都会收到大量的邮件，有些邮件很重要（如工作任务分配的邮件），有些比较次要（如邀约周末打球的邮件），还有些是垃圾邮件。垃圾邮件可以通过垃圾邮件过滤器去除，这是一个专门的技术领域，这里就不再讨论了。在正常的邮件中，如果能够找到对用户最重要的邮件让用户优先浏览，无疑会大大提高用户的工作效率。

目前在文献中能够查到的第一个推荐系统 Tapestry 就是一个个性化邮件推荐系统，它通过分析用户阅读邮件的历史行为和习惯对新邮件重新排序，从而提高用户的工作效率。

Google 的研究人员在个性化推荐方面也进行了深入研究，于 2010 年推出了优先级收件箱功能。该产品通过分析用户对邮件的历史行为，找到用户感兴趣的邮件，展示在一个专门的收件箱里。用户每天可以先浏览这个邮箱里的邮件，再浏览其他邮件。

Google 的优先级收件箱的使用结果表明，该产品可以帮助用户节约 6%的时间。在如今这个时间就是金钱的年代，6%的节约无疑是非常可观的。

8. 广告推送中个性化推荐的应用

互联网公司的营利模式大多是基于广告的，而广告的 CPC（cost per click）、CPM（cost per mille，或者 cost per thousand；cost per impressions）直接决定了很多互联网公司的收入。网上广告收费最科学的办法是按照有多少人看到你的广告来收费。按访问人次收费已经成为网络广告的惯例。CPM（千人成本）指的是广告投放过程中，听到或者看到某广告的每一人平均分担到多少广告成本。传统媒介多采用这种计价方式。在网上做广告，CPM 取决于“印象”尺度，通常理解为一个人的眼睛在一段固定的时间内注视一个广告的次数。例如，一个广告横幅的单价是 1 元/CPM，意味着每一千个人次看到这个广告横幅就收 1 元。至于每 CPM 的收费究竟是多少，要根据主页的热门程度（即浏览人数）划分价格等级，采取固定费率。国际惯例是每 CPM 收费 5～200 美元不等。

目前，很多广告都是随机投放的，即每次用户来了，随机选择一个广告投放给他。这种投放的效率显然很低，如给男性投放珠宝、化妆品广告多半都是一种浪费。因此，很多公司都致力于广告定向投放（Ad targeting）的研究，即如何将广告投放给它的潜在客户群。广告定向投放目前已经成为了一门独立的学科——计算广告学，该学科和推荐系统在很多基础理论和方法上是相通的，如它们的目的都是联系用户和物品，而在个性化广告中广告就是物品。

个性化广告投放和狭义的个性化推荐的区别是，狭义的个性化推荐着重于帮助用户找到可能令他们感兴趣的物品，而广告推荐着重于帮助广告找到可能对它们感兴趣的用户，即狭义的个性化推荐是以用户为核心，而个性化广告投放是以广告为核心。目前的个性化广告投放技术主要分为以下三种。

（1）上下文广告。通过分析用户正在浏览的网页内容，投放和网页内容相关的广告，代表系统是 Google 的 AdSense。

（2）搜索广告。通过分析用户在当前会话中的搜索记录，判断用户的搜索目的，投放和用户目的相关的广告。

（3）个性化展示广告。我们经常在很多网站看到展示广告（就是那些大的横幅图片），他们通过分析用户的兴趣，对不同用户投放不同的展示广告。Yahoo 是这方面研究的代表。

广告的个性化定向投放是很多互联网公司的核心技术，很多公司都秘而不宣。不过，Yahoo 公司是个例外，它发表了大量个性化广告方面的论文。

在个性化广告方面最容易获得成功的无疑是 Facebook，因为它拥有大量的用户个人资料，通过分析可以很容易地获取用户的兴趣，让广告商选择自己希望对其投放广告的用户。

除了以上的介绍之外，还有 eBay，它目前是世界上最大的网上交易平台；以及 MovieLens，它是明尼苏达大学开发的研究型自动协同过滤推荐系统[20-25]，主要用于电影推荐等。可以看到，随着推荐系统理论和技术的成熟，推荐系统的应用领域已经涉及图书、CD、电影、新闻、电子产品、旅游、金融服务和其他许多产品及服务。随着个性化推荐系统重要价值的体现，很多不同研究领域的科研工作者都在积极提出各种高性能的个性化推荐算法，同时越来越多的以电子商务形式为代表的各类互联网公司都开始使用能为企业带来可观经济效益的推荐系统。

1.2.3　研究意义

互联网信息爆炸时代的快速到来，使得置身于信息海洋的人们对于个性化推荐产生了迫切的需求。个性化推荐研究直到 20 世纪 90 年代才被作为一个独立的概念提出来，人们的需求促使对于个性化推荐的理论研究如火如荼地开展着，许多学术论文、学术专著也是从无到有，从少到多不断涌现，同时各个不同学科的交流又将个性化推荐的研究推向了一个更高的顶峰。在实践中，最近的迅猛发展，来源于 Web2.0 技术的成熟。有了这个技术，用户不再是被动的网页浏览者，而是成为主动参与者。如 Amazon、eBay、YouTube 等，用户的数目也会非常巨大。准确、高效的推荐系统可以挖掘用户潜在的消费倾向，为众多的用户提供个性化服务。在日趋激烈的竞争环境下，个性化推荐系统已经不仅仅是一种商业营销手段，更重要的是可以增进用户的黏着性。个性化推荐系统已经给电子商务领域带来巨大的商业利益。如图 1-6 所示，上半部分为奇虎 360 网页导航内嵌的网页推荐和电影推荐，下半部分为 Amazon 图书的推荐，这些信息均是根据用户以往行为的记录，针对不同用户给出的个性化推荐，用户更加快捷方便地找到自己感兴趣的内容。另外，互联网这个巨大的信息资源库中存在的那些重要却少有人问津的信息也容易被湮没在茫茫信息海洋之中，这些信息在个性化推荐系统的帮助下也逐渐浮出水面。总之，随着互联网规模的不断扩大，信息的数量和种类不断快速增长，个性化推荐技术的研究和发展，在理论和应用层面都有重大的意义与价值。

图 1-6　个性化推荐在奇虎 360 主页和 Amazon 主页上的应用

20 世纪 90 年代，Resnick 等[26,27]给出推荐系统的概念后，推荐技术逐步发展为一个独立的研究领域，并且在信息技术几乎所有领域都得到发展和应用。

从理论上讲，个性化推荐系统是建立在海量数据挖掘基础上的一种高级智能平台[28,29]，它通过记录用户的网站使用足迹，挖掘用户的兴趣特点，向用户推荐其感兴趣的信息或商品，为用户提供完全个性化的决策支持和信息服务，满足用户的个性化需求，改善用户体验。信息推荐问题是信息挖掘与信息过滤这一重大科学问题的重要组成部分，同时它也是一个典型的交叉研究领域，涉及信息科学、物理学、管理科学、运筹学等多门学科[24,30-35]。近年来，复杂网络理论[36-40]得到了广泛的发展，真实世界中有很多系统可以用网络来描述，如互联网、社会关系网络、学术合作网络以及公共交通网络等。大量实证研究表明，现实中的网络既不是规则网络，也不是随机网络，而是具有小世界和无标度等统计特性的网络。复杂网络的研究成果大多数也表达了复杂网络的一些基本特性，对这些系统取得了实质性的研究进展[41,42]。例如，人们可以从科学家合作网很明显地看到不同科学领域的专家之间的联系，该网络的平均路径较小而群聚系数比较大，说明该网络的连通性较好、群聚性较强。这些网络与人们的生活实践息息相关，研究它们不仅可以促进新科学分支的发展，而且可能引起人类生活的重要变革。在个性化推荐系统研究中形成的用户-产品二部分网络，是研究个性化推荐，和用户在选择产品的交互过程中必不可少的，所以说复杂网络的基本理论是个性化推荐算法不断发展的一个基础和保障。

另外，个性化推荐系统的典型理论，如基于物质扩散的协同过滤算法[8]、基于热传导的协同过滤算法等，则是将个性化推荐系统的理念与物理学经典过程相结合逐渐形成的思路方法。

最后，所有的个性化推荐系统和算法均是基于大容量数据并在计算机上运行和计算的，所以信息科学的发展对促进个性化推荐系统的进一步发展具有重要的意义。

因此，个性化推荐的不断发展依赖于复杂网络、信息科学、物理学等学科的大力发展，同时，个性化推荐的发展也为这些学科带来了一个全新的研究领域，促进学科之间的交流与融合，因此，个性化推荐系统的研究具有重要的理论意义。

在实际应用方面，个性化推荐技术已经成为很多电子商务系统的核心技术，并创造了巨大的经济价值[43-45]。从普通用户角度来看，信息量每天都在快速地增长，很难在短时间内寻找到自己感兴趣的信息，这使用户对个性化服务产生了迫切的需求。而准确、高效的推荐系统可以挖掘用户潜在的消费倾向，为众多的用户提供个性化服务。

在互联网行业竞争日益激烈的环境中，个性化推荐服务将不仅仅是一种商业营销手段，更重要的是它可以提供给用户个性化的体验，促进与用户友好互动关系的建立，帮助网站运营者不断提高用户的满意度和忠诚度，逐步地建立起一种以推荐系统为中心，面向客户的服务体系，为网站的长久稳步发展护航。根据用户的浏览和购买记录，向用户主动提供其感兴趣的产品和信息，提升销售额，还可以培养用户充分使用推荐系统的习惯和意向。一般来说，个性化推荐系统可以为企业带来如下益处。

（1）将电子商务网站的浏览者转变为购买者：电子商务系统的访问者在浏览过程中经常并没有购买欲望，个性化推荐系统能够向用户推荐他们感兴趣的商品，从而促成购买过程。

（2）提高电子商务网站的交叉销售能力：个性化推荐系统在用户购买过程中向用户提供其他有价值的商品推荐，用户能够从系统提供的推荐列表中购买自己确实需要但在购买过程中没有想到的商品，从而有效提高电子商务系统的交叉销售能力。

（3）提高客户对电子商务网站的忠诚度：与传统的商务模式相比，电子商务系统使得用户拥有越来越多的选择，用户更换商家极其方便，只需要点击一两次鼠标就可以在不同的电子商务系统之间跳转。个性化推荐系统分析用户的购买习惯，根据用户需求向用户提供有价值的商品推荐。如果推荐系统的推荐质量很高，那么用户会对该推荐系统产生依赖。因此，个性化推荐系统不仅能够为用户提供个性化的推荐服务，而且能与用户建立长期稳定的关系，从而有效保留客户，提高客户的忠诚度，防止客户流失。

用户在网页上的操作行为无疑是对用户的兴趣爱好或者潜在需求意向最忠诚的反映，而推荐系统就是利用用户的操作信息挖掘用户的兴趣偏好和潜在需求，并且主动地把那些符合用户兴趣和需求的信息或者产品推荐给用户，帮助用户找到他们的真实所需，提高信息使用效率。个性化推荐系统已经在互联网市场各细分领域尤其是电子商务领域带来了巨大的商业利益，具有良好的发展和应用前景。

参考文献

[1] 成远. 社交网络考古[J]. IT 经理世界，2011，(8)：66-67.

[2] Dunbar R I M. Neocortex size as a constraint on group size in primates[J]. Journal of Human Evolution，1992，22（6）：469-493.

[3] Fang J Q，Wang X F，Zheng Z G，et al. New interdisciplinary science：Network science [J]. Progress in Physics，2007，27（3）：239-343.

[4] Adomavicius G，Tuzhilin A. Toward the next generation of recommender systems：A survey of the state-of-the-art and possible extensions[J]. IEEE Transactions on Knowledge and Data Engineering，2005，17（6）：734-749.

[5] Liu J G，Chen M Z Q，Chen J，et al. Recent advances in personal recommendation systems [J]. International Journal for Information & Systems Sciences，2009，5（2）：230-247.

[6] 刘建国，周涛，汪秉宏. 个性化推荐系统的研究进展[J]. 自然科学进展，2009，19（1）：1-15.

[7] Resnick P，Iacovou N，Suchak M，et al. GroupLens：An open architecture for collaborative filtering of netnews[C]// Proceedings of the 1994 ACM Conference on Computer Supported Cooperative Work. Chapel Hill：ACM，1994：175-186.

[8] Hill W，Stead L，Rosenstein M，et al. Recommending and evaluating choices in a virtual community of use[C]// Proceedings of the SIGCHI Conference on Human Factors in Computing Systems. Denver：ACM Press/Addison-Wesley Publishing Co.，1995：194-201.

[9] 梅田望夫. 网络巨变元年——你必须参加的大未来[M]. 台北：先觉出版社，2006.

[10] Adomavicius G，Tuzhilin A. Expert-driven validation of rule-based user models in personalization applications[J]. Data Mining and Knowledge Discovery，2001，5（1/2）：33-58.

[11] Adomavicius G，Tuzhilin A. Toward the next generation of recommender systems：A survey of the state-of-the-art and possible extensions[J]. IEEE Transactions on Knowledge and Data Engineering，2005，17（6）：734-749.

[12] 周傲英，杨彬，金澈清，等. 基于位置的服务：架构与进展[J]. 计算机学报，2011，34（7）：1155-1171.

[13] 马林兵，陈晓翔. LBS 服务中的位置感知计算体系研究[J]. 中山大学学报（自然科学版），2005，44（B06）：318-321.

[14] Krumm J，Harris S，Meyers B，et al. Multi-camera multi-person tracking for easyliving[C]// Visual Surveillance，2000. Proceedings. Third IEEE International Workshop on. IEEE，Dublin，2000：3-10.

[15] Orr R J，Abowd G D. The smart floor：A mechanism for natural user identification and tracking[C]// CHI'00 Extended Abstracts on Human Factors in Computing Systems. Hagne：ACM，2000：275-276.

[16] Priyantha N B，Chakraborty A，Balakrishnan H. The cricket location-support system[C]// Proceedings of the 6th Annual International Conference on Mobile Computing and Networking. Boston：ACM，2000：32-43.

[17] 赵俊刚，范世东. 移动增值业务 LBS 的设计与应用[J]. 交通与计算机，2003，21（4）：78-81.

[18] 王立才，孟祥武，张玉洁. 上下文感知推荐系统[J]. 软件学报，2012，23（1）：1-20.

[19] 刘韩，叶剑，朱珍民，等. LCESM：位置敏感的上下文事件订阅机制[J]. 计算机科学，2011，38（7）：80-84.

[20] Pennock D M，Horvitz E，Lawrence S，et al. Collaborative filtering by personality diagnosis：A hybrid memory-and model-based approach[C]// Proceedings of the Sixteenth Conference on Uncertainty in Artificial Intelligence. San Francisco：Morgan Kaufmann Publishers Inc.，2000：473-480.

[21] Billsus D，Pazzani M J. Learning collaborative information filters[C]//ICML. Madison，1998：46-54.

[22] Symeonidis P，Nanopoulos A，Papadopoulos A N，et al. Collaborative filtering：Fallacies and insights in measuring similarity[C]//Proceedings of the 17th European Conference on Machine Learning and 10th European Conference on Principles and the Practice of Knowledge Discovery in Databases Workshop on Web Mining. Berlin，2006：56-67.

[23] O'Mahony M P，Hurley N J，Silvestre G. Utility-based neighbourhood formation for efficient and robust collaborative filtering[C]// Proceedings of the 5th ACM Conference on Electronic Commerce. New York：ACM，2004：260-261.

[24] Konstan J A，Miller B N，Maltz D，et al. GroupLens：Applying collaborative filtering to usenet news[J]. Communications of the ACM，1997，40（3）：77-87.

[25] Popescul A，Pennock D M，Lawrence S. Probabilistic models for unified collaborative and content-based recommendation in sparse-data environments[C]// Proceedings of the Seventeenth Conference on Uncertainty in Artificial Intelligence. Seattle：Morgan Kaufmann Publishers Inc.，2001：437-444.

[26] Resnick P，Varian H R. Recommender systems[J]. Communications of the ACM，1997，40（3）：56-58.

[27] Belkin N J. Helping people find what they don't know[J]. Communications of the ACM，2000，43（8）：58-61.

[28] Adomavicius G，Tuzhilin A. Toward the next generation of recommender systems：A survey of the state-of-the-art and possible extensions[J]. IEEE Transactions on Knowledge and Data Engineering，2005，17（6）：734-749.

[29] Liu J G，Chen M，Chen J，et al. Recent advances in personal recommender systems[J]. International Journal of Information and Systems Sciences，2009，5（2）：230-247.

[30] Zhou T，Ren J，Medo M，et al. Bipartite network projection and personal recommendation[J]. Physical Review E，2007，76（4）：046115.

[31] Sun D，Zhou T，Liu J G，et al. Information filtering based on transferring similarity[J]. Physical Review E，2009，80（1）：017101.

[32] Herlocker J L，Konstan J A，Terveen L G，et al. Evaluating collaborative filtering recommender systems[J]. ACM Transactions on Information Systems，2004，22（1）：5-53.

[33] Balabanović M，Shoham Y. Fab：Content-based，collaborative recommendation[J]. Communications of the ACM，1997，40（3）：66-72.

[34] Pazzani M J. A framework for collaborative，content-based and demographic filtering[J]. Artificial Intelligence Review，1999，13（5/6）：393-408.

[35] Liu J G，Wang B H，Guo Q. Improved collaborative filtering algorithm via information transformation[J]. International Journal of Modern Physics C，2009，20（2）：285-293.

[36] 周涛，柏文洁，汪秉宏，等. 复杂网络研究概述[J]. 物理，2005，34（1）：31-36.

[37] Barabási A L，Jeong H，Néda Z，et al. Evolution of the social network of scientific collaborations[J]. Physica A：Statistical Mechanics and its Applications，2002，311（3）：590-614.

[38] Chen Y Z，Li N，He D R. A study on some urban bus transport networks[J]. Physica A：Statistical Mechanics and its Applications，2007，376：747-754.

[39] Barabási A L，Albert R，Jeong H. Scale-free characteristics of random networks：The topology of the world-wide web[J]. Physica A：Statistical Mechanics and its Applications，2000，281（1）：69-77.

[40] 吕金虎. 复杂网络的同步：理论，方法，应用与展望[J]. 力学进展，2008，38（6）：713-722.

[41] 方锦清，汪小帆，刘曾荣. 略论复杂性问题和非线性复杂网络系统的研究[J]. 科技导报，2004，（2）：9-12.

[42] 史定华. 网络——探索复杂性的新途径[J]. 系统工程学报，2005，20（2）：115-119.

[43] http：//www.netflix.com.

[44] http：//www.amazon.com.

[45] http：//www.facebook.com.

第 2 章　超网络模型的构建及其应用

2.1　超网络相关研究

2.1.1　超网络的基本概念

很早以前，在计算机系统、遗传学等领域，就有学者使用“超网络”一词来泛指节点众多，网络中含有网络的系统，尤其是互联网经常被认为是超网络。美国科学家 Nagurney 等[1]在处理交织的网络时，把高于而又超于现存网络（“above and beyond” existing networks）的网络称为“超网络”，“超网络”的含义开始明确。

超网络（hypernetworks）最初是图论的一个概念，可允许一个图中出现表征不同意义的两种以上的网络融合，它继承于“超图”的概念。“超图”概念最早是 Berge[2]于 1970 年提出的，第一次系统地建立了无向超图理论，用矩阵理论将超图应用于运筹学。超图与一般图的主要区别在于超图的边能连接两个以上的顶点，并且在一个图中允许出现表征不同意义的两种以上的关系，即存在不同种类的超边。在超图定义的基础上，Nagurney[3]提出了超网络的具体概念场景，即一种能够连接多标准的多层网络的复合网络称为超网络，并利用变分不等式来解决供应链网络中模型的优化决策问题。Nagurney 等将高于而又超于现存网络的多维网络称为超网络，其中的节点表示给定集合的网络，而边则表示在给定集合的网络间相互作用或特定映射关联。随着研究的深入和应用的推广，有关超网络的理论得到丰富和完善，王志平和王众托[4]认为超网络需要具备以下一种或几种特征：

（1）网络嵌套或包含着网络；

（2）多层特征，层内和层间都有不同的联系；

（3）多级别特征，同级和级间都有连接；

（4）多属性多准则，在系统中可同时考虑多种指标和评判标准来衡量网络的状态；

（5）集成性，超网络可以将不同类型的网络以及这些网络间的映射关系集成在一起，是系统集成的体现。

2.1.2　超网络的研究概述

目前，超网络只能说是一个概念。超网络本身还没有公认的定义，对于什么样的网络可以算做超网络还需要一个逐渐明确的过程。但是，随着社会经济生活的进一步网络化，各种网络相关问题层出不穷，人们逐步从不同的研究角度获得超网络的一些特征，并提出了一些合适的描述方法。目前对于超网络的研究主要从以下三个角度展开。

1. 基于变分不等式的超网络研究

变分不等式[5-8]是研究偏微分方程、最佳控制和其他领域的一个研究工具。基于变分不等式的超网络研究主要是用变分不等式来解决网络平衡模型的优化问题：首先将多分层、多标准的超网络平衡模型转化为优化问题，然后用进化变分不等式来解决这个优化问题。Nagurney 等将多分层、多标准的超网络应用在供应链网络上[9-13]，这些模型描述了供应链中不同决策者的独立行为以及决策者之间相互影响的竞争行为，进而得到了供应链系统达到均衡的条件，确定了供应链中所涉及的交易的价格与数量。Daniele[14]将多分层的超网络应用到具有中介的金融网络上。Nagurney 等[15]建立了一个多阶段、多标准的弹性需求的交通网络平衡模型。2005 年，Nagurney 等[16]考虑了交易过程中存在的风险和不确定性因素，进而重新构建并分析了多标准的供应链超网络的动态模型。2006 年，Hammond 和 Beullens 综合了供应链网络均衡模型[17]及回收超网络模型[18]，构建了一个由生产商和需求市场组成的闭环供应链超网络模型[19]。王志平等[20]建立了一个由 m 个公司和 n 个网站构成的网络广告资源分配的超网络模型，模型中不仅采用点击量、转化量，而且还采用显示概率作为展示量的权值来说明广告效果，提出了一个变分不等式算法，用来揭示网络广告资源分配的网络结构。

2. 基于系统科学的超网络研究

系统科学关注系统的要素、要素和要素之间的关系以及由此构成的系统整体性。因此，基于系统科学的超网络研究方法能从局部到整体对超网络进行研究。包括：超网络中网络之间关系的研究，利用网络与外界之间的关系对网络进行研究，以及系统整体性能的研究。比较典型的代表是知识管理超网络模型[21-23]和信息传播超网络模型[24-26]。超网络模型可表示为 $G=(V,E)$，其中 $V(G)=\{ke_1,ke_2,\cdots,ke_n\}$ 表示节点的集合，n 表示节点的个数；$E(G)=\{r_{12},r_{13},\cdots,r_{(n-1)n}\mid r_{ij}=(ke_i,ke_j)\}$ 为边的集合，其中 r_{ij} 表示节点间的关系，若 $r_{ij}=1$，则表示 ke_i 和 ke_j 之间存在关系。超网络的构建过程，就是将各局部网络中的元素映射成 $G=(V,E)$ 的过程，也就是分别把整个系统中多种类型的网络内容映射成网络模型中的 $V(G)$ 和 $E(G)$ 的过程。

3. 与超图有关的超网络研究

超图（hypergraph）被认为是超网络的拓扑结构[27,28]。利用超图理论来解决各类网络问题，也是当前超网络的研究方法之一。定义复杂网络 N，该网络可以拓扑生成两个以上等级的图。假设网络 N 划分为 m 个通过一些节点互联的子网络 $N_\lambda(\lambda=1,2,\cdots,m)$，用超图理论描述如下。

假设$V=\{v_1,v_2,v_3,\cdots,v_n\}$为有限集合，若：

（1）$e_\lambda \neq \varnothing(\lambda=1,2\cdots,m)$；

（2）$\bigcup_{\lambda=1}^{m} e_\lambda = V$；

称二元关系$H=(E,V)$为一个超图。其中，V的元素$v_1,v_2,v_3\cdots,v_n$称为超图的顶点，$E=\{e_1,e_2,e_3,\cdots,e_m\}$是超图的边集合，其中集合$e_\lambda=\{v_{\lambda 1},v_{\lambda 2},v_{\lambda 3}\cdots,v_{\lambda i}\}(i=1,2,\cdots,m)$称为超图的边。

如图 2-1 所示，$V=\{v_1,v_2,v_3,v_4,v_5,v_6,v_7\}$，$E=\{e_1=\{v_1,v_2,v_7\}e_2=\{v_2,v_3,v_4,v_7\},$ $e_3=\{v_1,v_4,v_5,v_6,v_7,\},e_4=\{v_6\}\}$，根据超图的定义，$H=(E,V)$即为该网络的超图。

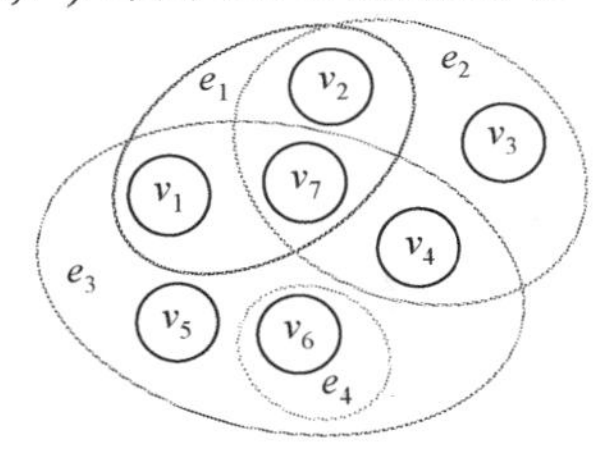

图 2-1　超图 H

超图理论在超网络的应用主要包括市场机遇挖掘[29]、知识表示[30]以及信息传播[31]等方面。近年来，基于超图理论的超网络研究主要集中于超网络特性的研究。Estrada 等[32]对于复杂超网络的子图中心度和聚集系数进行了研究；Ghoshal 等[28]针对随机三部超图及其应用进行了研究；Zlatić 等[33]定义和分析了基于三部超图模型的统计特性；Zhang 等[34]建立了一种基于用户背景知识和对象、标签双重优先连接机制的超图增长模型；Wang 等[35]和胡枫等[36]采用超边不断增长和全局优先连接机制构造了一种超网络动态演化模型，前者是每次增加相等的若干个节点连接现存超网络中的一个节点生成超边，后者是每次增加一个节点连接现存超网络中相等的若干个节点生成超边；Yang 等[37]也给出了一种超网络的动态演化模型，该模型采用了超边非均匀增长和局域世界优先连接机制，每次将新增加的一个节点和局域世界中已有的若干个节点结合生成超边，逐步生成非均匀超网络，通过理论解析和数值模拟得出由此种方式构建的超网络同时具有无标度特性与小世界特性。

2.1.3　超网络研究存在的问题

大多数超网络都可以看做一类特殊的复杂网络。这种复杂性主要表现在属性上，而不是表现在规模上。目前，超网络还只是一个概念，对超网络的边界也没有明确的规定。对超网络问题的研究首先要考虑的问题，是探索并发现实际生活中的一些网络由于哪些特征才需要而且可以把它们看做超网络问题，以及怎样建立概念模型、结构模型乃至于数学模型[4]。

目前对于超网络的研究主要集中在运用变分不等式对网络进行优化，运用超图理论分析超网络的结构特性，以及定义不同属性网络之间的关系等方面，但是对于超网络上的传播动力学、同步和动态控制，以及不同属性的网络间的衔接和融合等方面，都有待进一步的研究。

2.2 知识传播相关研究

2.2.1 知识的基本概念

1. 知识的含义

知识是推动人类社会发展的动力。但是当前国际上对“知识”尚没有统一的定义，不同学者存在着不同的看法。Sveiby 将知识定义为“行动的能力”[38]，Davenport 等对此定义作了补充，他认为知识是“可以辅助我们做出决策或采取行动的有很高价值的一种信息形态”[39]。从某个角度来说，知识是指以一切形式表现的人类正确的认识以及对已有的正确认识的合理运用与组合[40]。“正确认识”体现了知识的本质，知识是区别于谬误的；“合理运用与组合”是从实践层次提炼了知识的本质，应用于实践并在实践中发展。知识不断被创新和发展，拥有知识的人和组织能够解决更多的问题，并且在解决问题的过程中产生新的知识。

国内很多关于知识的文献，对知识的内涵采取了经济合作与发展组织（OECD）的“4W”表述，分别为事实知识（know-what）、原理性的知识（know-why）、技能性的知识（know-how）和人际性的知识（know-who）。事实知识，即知道是什么的记忆性的知识。原理性的知识，即知道为什么的理解性知识。技能性的知识，即知道怎样才能实现的实践性知识，需要长期摸索、体会和总结才能获得。人际性的知识，即知道寻求谁能解决问题的能力性知识[41]。

知识的“4W”型划分体现了一种对于知识的内涵的理解，其分类标准体现了对于知识的不同认识和应用知识的状况。从不同角度对于知识的分类常见的还有以下几种。

（1）按照知识的使用场合可以将其分为专用性知识和通用性知识。专用性知识是指专业性比较强的知识，适用于具有个性的行业，而精通专用知识的人在其行业具有较高的权威，但在行业外没有优势。通用性知识使用范围广，但使用知识的“门槛”相对较低，不产生竞争优势[42,43]。

（2）依照知识产权的归属可以将知识分为专有知识和非专有知识。专有知识权利人以公开知识产品为代价，国家承认权利人在一定时间和空间对于该知识具有独立占有的权利。因此，权利人对于知识产品享有的专利权，在现代社会的合法性地位是毋庸置疑的，国家、社会对知识产权在法律上加以确认，保证了知识所有者的合法权利的同时也为社会的知识积累提供了支持[44]。

（3）以知识的可应用范围和可传递性为标准将知识划分为：快速存取型（quick knowledge）、宽泛型（broad-based knowledge）、个化型（one-off knowledge）和复杂型（complex knowledge）[45]。

对于知识的划分情况，其他的研究文献尚有一些其他的观点。在所有关于知识的分类研究中，英国学者 Polanyi 所提出的显性知识和隐性知识的划分最为经典和权威，对于最近几十年关于知识方面的研究的影响最为深刻[46]。Polanyi 认为个人和组织中的知识有些是可形式化、可直接用正式、系统化的语言来记录、说明，这就是显性知识。在信息时代和网络时代，显性知识可以通过电子存储实现网络传播。而另一类的隐性知识不能用文字记述且难以用言语表达，是个体独特体验所形成的工作技能或技巧[47]。

2. 知识的特征

知识具有以下基本特征[48]。

（1）可存储性及载体多样性。知识在组织中是无形的，必须依存于一定载体，这些载体包括：文档、计算机系统或人等有形的物体。

（2）知识利用的无损耗性。知识利用的边际成本近乎于零，即知识在组织中几乎不存在排他性，在知识主体之间可以高度共享，同时不会影响共享者对知识价值的拥有。

（3）知识载体的可转换性。知识可以存在于各种不同的载体中，同时这些知识载体是可以转换的。例如，当人阅读文档上的知识，知识载体就从文档转换为人。

（4）可传递性。表现为知识载体之间知识的传递或者知识在不同载体之间的转换。

（5）知识的变异性。组织中不同类型、不同层次的知识发生融合，最终产生与新环境相适应的新知识，这些新知识将促进组织核心竞争力的形成。

（6）相对性。一项知识往往在特定的时期内有效（时效性），或在特定的环境下有效（环境依赖性），或对特定的对象有效（对象依赖性）等。

（7）知识的累积性。知识是可以不断累积的，因此知识量是可以增加的。

3. 知识的传播形式

知识主体主要分为三类：个体、团队以及组织。按照知识主体的不同，可以将知识传播的形式分为以下三类[49]。

（1）个体知识传播。个体知识传播既能传播显性知识，又能传播隐性知识，但隐性知识往往比显性知识具有更大的价值。员工个体是知识创新的基本单元，而创新的知识通常以隐性知识的形态存在。而从知识创新到对企业产生价值通常要经过个体知识传播，进而过渡到团队知识传播，最后到组织知识传播。经历这样一个过程后，个体创新的知识上升为组织知识。因此，个体知识传播是使组织知识得到创新和增值的基础环节。

（2）团队知识传播。团队知识传播分为正式团队知识传播和非正式团队知识传播，是在团队组织下的一种群体行为。

（3）组织知识传播。组织知识传播是以企业为主体的知识传播行为，是在确保企业知识安全的框架约束下和企业知识传播战略的导引下，在整个企业范围内进行的知识传播。

本节着重研究作为基础环节的个体间知识传播的情况。个体间的知识传播从结构来看主要有五种形式[50]：链式传播、星式传播、Y 式传播、环式传播以及全连通式传播。

（1）链式传播：形式上是一对一。在知识传播的过程中，每一个个体既扮演将知识传播给其他个体的角色，又扮演从其他个体吸收到知识的角色。例如，一些企业会为老员工安排新员工做徒弟，将老员工的知识和经验传播给新入职的员工。经过一段时间，之前做徒弟的新员工又将会成为下一批新入职员工的师傅。在新老更迭的过程中，每名员工都是知识的传播者，也是知识的吸收者。

（2）星式传播：形式上是一对多。在知识传播的过程中，一个传播知识的个体同时面对多个接受知识的个体。如学术报告论坛，作报告的个体向众多参与者传播他的知识。

（3）Y 式传播：传播过程中一部分表现出链式传播的特征，另一部分表现出星式传播的特征。两部分发生的前后顺序不同，则表现出不同特征的传播方式。传播过程若是从链式转为星式，一般描述的情境为某人有最新的科研成果，传递给各地代表不同单位的个体，再由这些个体传递给更多的人；传播过程从星式转为链式，则通常表示向上级汇报成果的过程。

（4）环式传播：类似于首尾相连的链式传播。处于环式传播中每一个个体在传播知识的同时也接受知识。

（5）全连通式传播：所有个体之间都可以建立联系。

知识传播网络的具体形式如图 2-2 所示。

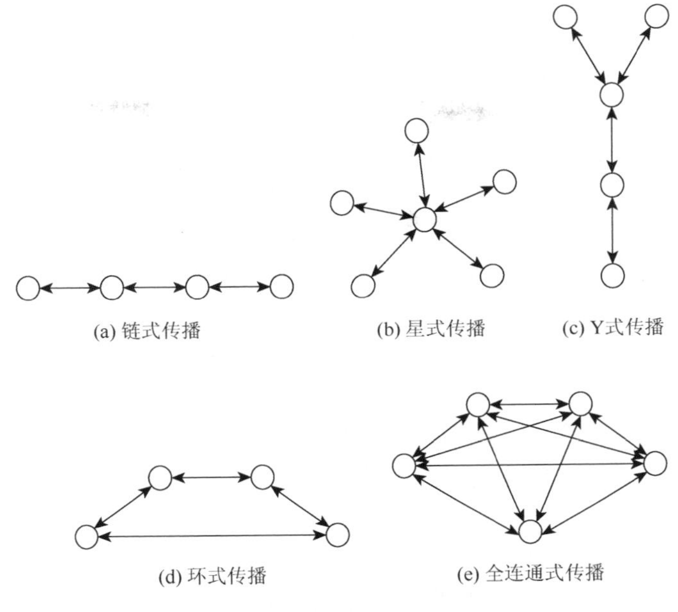

图 2-2　知识传播网络的几种形式

2.2.2　知识传播的研究概述

目前学术界对于知识传播的研究主要从三个视角展开，即传播学视角、企业知识管理视角、网络科学视角。本节将概述基于网络科学视角的知识传播研究。

近半个世纪以来，在企业组织中的知识传播与转移获得广泛的研究。这个研究领域早期通常被称为技术传播[51,52]与创新扩散[53-56]。近年来，随着知识管理给企业带来的效益日益增大，学者将研究重点逐渐转移到企业和组织内部的知识传播[57-62]。由于知识传播能力在组织获取知识的过程中发挥着重要的作用，因此知识传播或知识扩散在知识管理领域成为了一个研究热点[63]。

世纪之交国内外掀起了复杂网络研究的高潮[64-70]，复杂社会网络中的知识传播行为也成为了知识传播研究领域的一个研究热点。

在企业组织的背景下，已有大量的研究成果探索了知识在组织间网络[59,71-73]、组织内部网络[61,63,74,75]以及包含组织内部和外部的多级网络[76]中的传播行为。在这些研究中的关键问题是评价网络属性对于知识传播行为的影响。Hansen[74]研究了网络中的关系强度对于知识传播的影响，认为强关系能促进复杂知识的传播，而弱关系能促进简单知识的传播。Bala 和 Goyal[77]研究了核心-边缘网络（core-periphery network）中节点的邻居结构与知识传播之间的关系。Reagans 和 McEvily[61]强调了在非正式网络中节点的凝聚力和影响范围对于知识传播的影响。Singh[78]使用专利引文数据实证研究了人际关系对于知识传播的重要性，充分解释了知识传播的两种模式。

此外，还有大量的研究成果集中在网络的拓扑结构对于知识传播的影响。在早期的文献中，主要是研究知识在晶格网络中的传播[79,80]。近年来，针对网络拓扑结构及知识传播的研究日益丰富。Cowan 和 Jonard[72]提出了一种基于复杂网络的知识传播模型，研究包括规则网络、随机网络和小世界网络在内的网络拓扑结构与知识传播行为之间的关系，发现知识在小世界网络中传播的效率最高。Kim 和 Park[59]将知识创造与知识交换结合在一起，分析了知识在规则网络、随机网络和小世界网络中的传播行为，得到了与 Cowan 和 Jonard 相一致的结论，即知识在小世界网络结构中的传播效率最高。Delre 等[81]也研究了知识在小世界网络中的传播行为。除了小世界特性，无标度性也是复杂网络的一种重要拓扑特性。相应地，知识在无标度网络中的传播也得到了广泛的研究[82-85]。在这些学者中，Tang 等[85,86]认为无标度网络结构更有利于知识传播。Lin 和 Li[83]研究了知识在规则网络、随机网络、小世界网络和无标度网络中的传播行为，也得到了无标度结构更有利于知识传播的结论。Xuan 等[87]研究了知识连接结构的调整对于知识传播行为的影响。于洋等[88]将人员网络、知识网络和物质载体网络互连在一起，构建了一个知识传播超网络模型，利用知识传播深度和知识传播广度两个衡量指标定量分析了知识的传播趋势。

2.2.3 知识传播研究存在的问题

如前所述，随着网络规模的日益增大和网络属性以及连接的日益复杂，一般的网络图并不能完全刻画真实世界网络的特征。现实世界中的很多网络都表现出超网络的特征，因此，用超网络的理论对真实世界网络进行建模势在必行。目前对于网络中知识传播的研究大都是基于复杂网络的视角展开的。也就是说，现有关于复杂网络知识传播的研究成果主要是集中在节点成对交互的网络中的知识传播行为，对于超网络中的知识传播的研究还很少。

2.3 科研合作超网络模型的建立与分析

2.3.1 已有的两种超网络演化模型

用超网络的理论和方法来研究科研合作网络的文献还不是很多，已有文献主要是根据合作机制的差异，提出了两类超网络演化模型。超网络模型中的节点代表作者，超边代表合作论文。

1. 超网络的拓扑特性

在科研合作超网络中，人们比较关注的是：一篇论文有多少个合作作者，一个作者总共合作发表了多少篇论文，一篇论文中的合作作者总共发表了多少篇论文，以及科学家的影响力有多大，一篇论文的影响力有多大，等等。所以，需要考虑超网络如下几个拓扑特性。

1）节点度（node degree）

节点 i 的度定义为节点 i 连接的其他节点的数目，记为 k_i，类似于普通的复杂网络中节点的度的定义，每条超边中所有节点之间采用全连接方式。例如，在科研合作超网络中，节点的度表示与该科学家有过合作的其他科学家的数目。

2）节点超度（node hyperdegree）

节点 i 的超度定义为包含节点 i 的超边个数，记为 $d_H(i)$。在科研合作超网络中，节点的超度表示该作者合作发表的论文数目。

3）超边度（hyperedge degree）

超边度定义为超边所邻接的其他超边的数目，即与该超边存在公共节点（可为 1 个或若干个）的超边数，记为 d_{hd}。在科研合作超网络中，节点表示作者，超边表示论文，一篇论文由若干个作者合作，而这些作者可能又和其他作者（既可以是原论文中的作者，也可以是原论文之外的其他作者）合作写了论文。如果两条超边包含有共同的节点，那么这两条超边就算邻接。所以在科研合作超网络中，超边度表示这篇论文的作者（可以是 1 个或若干个）与其他作者合作的论文数。

4）集聚系数（clustering coefficient）

集聚系数是描述网络中节点聚集程度的参数。节点的局部集聚系数是它的相邻节点之间的连接数与它们所有可能存在的连接数之比。整个网络的集聚系数定义为所有节点的局部集聚系数的平均值。集聚系数越大，表明网络连接越紧密；集聚系数越小，表明网络连接越疏松。超网络的集聚系数表示的是一条超边与其他超边的重叠的程度。在超网络中，超边对应于投影网络中的节点，超边之间的公共节点对应于投影网络中的连边。于是，计算超网络的集聚系数可以转化为计算投影网络的集聚系数。

5）平均路径长度（average path length）

网络的平均路径长度定义为网络上任意两个节点间距离的平均值，而两个节点间的距离是连接它们的最短路径上的总边数。超网络中的平均路径长度定义为任意两条超边之间距离的平均值。在超网络中，超边对应于投影网络中的节点，超边之间的公共节点对应于投影网络中的连边，两条超边之间的距离对应于投影网络中两个节点间的距离。

2. WR 超网络

2010 年，Wang 等在 *European Physical Journal B* 上发表了一篇题为 *Evolving hypernetwork model* 的论文，文中提出了一种超网络模型（WR 超网络）的构建算法，如图 2-3 所示[35]。

（1）初始化：假设初始时超网络中有 m_0 个节点和包含这 m_0 个节点的一条超边。

（2）超边增长：每一时间步，增加 m 个节点和超网络中某一节点生成一条新的超边。

（3）超边优先连接：从超网络中选取某一节点 i 的概率 $\Pi(d_H(i))$ 等于节点 i 的超度 $d_H(i)$ 与超网络中已有节点的超度总和之比，即

$$\Pi(d_H(i)) = \frac{d_H(i)}{\sum_{j \in N} d_H(j)} \tag{2-1}$$

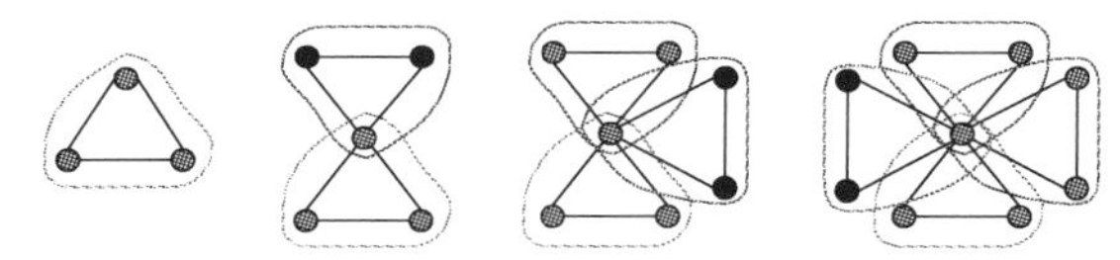

图 2-3　WR 超网络演化示意图

3. HZ 超网络

2013 年，胡枫等在《中国科学》上发表了一篇题为《一种超网络演化模型构建及特性分析》的论文，文中提出了一种超网络模型（HZ 超网络）的构建算法，如图 2-4 所示[36]。

（1）初始化：假设初始时超网络中有 m_0 个节点，以及包含这 m_0 个节点的一条超边。

（2）超边增长：在 t 时间内，每次增加一个新的节点，与 $m(m \leqslant m_0)$ 个已经存在的节点结合生成超边。

（3）超边优先连接：从已有的超网络的节点中按照概率优先选取 m 个节点，与新加入的节点结合生成超边。每次连接节点 i 的概率 $\Pi(d_H(i))$ 等于节点 i 的超度 $d_H(i)$ 与超网络中已有节点的超度总和之比，即

$$\Pi(d_H(i)) = \frac{d_H(i)}{\sum_{j \in N} d_H(j)} \tag{2-2}$$

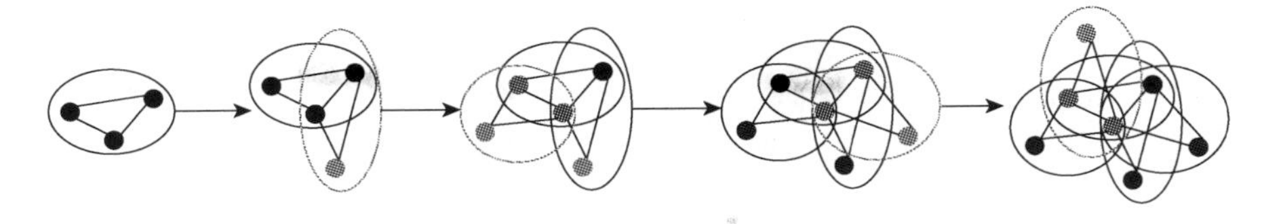

图 2-4　HZ 超网络演化示意图

4. 超网络模型评价

以上两种超网络模型的演化机制刻画了真实世界网络中合作行为的一般规律。它们之间的区别在于：WR 超网络模型在每个时间步将新增加的若干个节点和超网络中已有的一个节点结合生成超边；而 HZ 超网络模型在每个时间步将新增加的一个节点和超网络中已有的若干个节点结合生成超边。这反映了人们在现实生活中寻求合作者时比较普遍的两种现象。这两种模型的演化机制都捕捉了无标度网络形成的两个必不可少的生成机理，即增长性和择优性。每当有新的节点进入超网络时，它会从超网络中所有已存在的节点中进行选择，即它的“择优”是基于全局网络信息的。这种现象在现实生活中并不常见。

但是，这两种模型都忽略了现实生活中一个共同的现象——选择范围局域性[89]。一般情况下，新的节点进入网络时，它们只能获取一定范围内的信息，没有能力也没有可能完全了解整个网络的全局情况。因此，新增节点只占有和使用网络中的局部信息，在局部范围内进行择优选择。特别是在科研合作网络中，学者都有自己的研究领域和圈子，他们往往在自己的局域世界中寻找研究领域相似的科学家进行合作。

此外，在以上这两种超网络演化模型中，所有超边的大小都是相同的，即所有超边包含的节点数都相等。然而，在真实的科研合作超网络中，每篇论文的合作者数目不尽相同，因此演化模型中超边所包含的节点数也应该不尽相同。

2.3.2　LWH 超网络模型的建立

针对已有的两类超网络演化模型不能完全刻画真实的科研合作行为的现象，本节提出一个局域世界非均匀演化超网络模型（LWH 超网络模型），该模型引入了超边非均匀增长和局域世界优先连接机制。

设 $H=(V,E)$ 是超网络，$V=\{v_1,v_2,\cdots,v_N\}$ 是超网络的节点集，$E=\{E_1,E_2,\cdots,E_I\}$ 是超网络的超边集，其中 N 是节点数，I 是超边数，$E_j=(j=1,2,\cdots,I)$ 是 V 的一个非空子集。令 $r(H)=\max_j|E_j|$，$s(H)=\min_j|E_j|$；若 $r(H)=s(H)$，则 H 是一个均匀超网络；否则，H 是一个非均匀超网络[2,90]。设 $h=(V,\mathrm{e})$ 是在超网络演化机制下生成的复杂网络，节点集 $V=\{v_1,v_2,\cdots,v_N\}$ 和边集 $e=\{e_1,e_2\cdots,e_n\}$，其中 n 是边数。

LWH 超网络演化模型的构造算法如下。

（1）初始状态：假设初始时超网络中有 M_0 个节点和 E_0 条超边。

（2）局域世界的确定：每一时间步，从现有的超网络中随机选择 $M(M<M_0)$ 个节点作为新增节点的局域世界。

（3）超边非均匀增长：在 t 时间步，增加一个新的节点和局域世界中 m_t 个节点结合生成一条新的超边，其中 m_t 是服从均值为 m 的均匀分布，即 $\sum m_t = mt$ 。

（4）局域世界超边优先连接：从已有的局域世界中按照概率择优选取 m_t 个节点，与新加入的节点结合生成一条新超边。节点 i 被选取的概率 $\Pi_L(d_H(i))$ 等于节点 i 的超度 $d_H(i)$ 与局域世界中所有的节点 $j(j\in L)$ 的超度 $d_H(j)$ 总和之比，即

$$\Pi_L(d_H(i)) = \frac{M}{M_0+t}\frac{d_H(i)}{\sum_{j\in L} d_H(j)} \tag{2-3}$$

其中，L 表示局域世界中的节点集；节点 i 的超度 $d_H(i)$ 定义为连接节点 i 的超边数。

经过 t 时间步后，超网络中有 M_0+t 个节点和 E_0+t 条超边。图 2-5 显示了 $M_0=6$， $M=4$， $m_t=2$ 的 LWH 超网络动态演化过程。

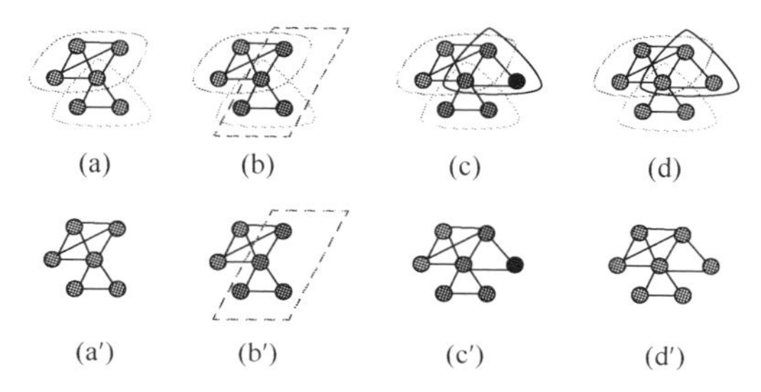

图 2-5　每一个时间步，LWH 超网络演化过程的示意图

初始状态时，超网络中有 $M_0=6$ 个节点，局域世界大小为 $M=4$ ，选取的节点数 $m_t=2$ 。图 2-5（a）表示初始时，超网络中包含有 6 个节点（浅灰色实心圆点所示）和 2 条超边（封闭曲线所示），且每条超边所包含的节点之间全连接。图 2-5（b）表示从已有的超网络中随机选取 4 个节点（深灰色实心圆点所示）作为新增节点的局域世界。图 2-5（c）表示一个新增节点（黑色实心圆点所示）和局域世界中的两个节点（深灰色实心圆点所示）结合生成一条新增的超边（黑色封闭曲线所示）。图 2-5（d）表示一个时间步演化后所生成的超网络。图 2-5（a′）～（d′）表示的是在 LWH 超网络演化机制下生成对应的复杂网络的过程。

2.3.3　LWH 超网络拓扑特性的分析

本节做了两组实验，分别研究局域世界规模 M 和选取节点数的均值 m 对于

LWH 超网络结构的统计特性的影响。第一组实验是研究初始条件 $M_0=160$，$E_0=158$，$m=2$ 时，局域世界规模 M 对于演化结果的影响。第二组实验是研究初始条件 $M_0=160$，$E_0=158$，$M=150$ 时，均值 m 对于演化结果的影响，其中局域世界规模 $M=150$ 是根据邓巴数理论确定的。邓巴数理论认为人类大脑允许人类拥有的稳定社交网络中的人数约为 150 人[91,92]。

1. 超度分布

节点 i 的超度定义为包含节点 i 的超边数目，记为 $d_H(i)$。在科研合作超网络中，节点代表作者，超边代表论文。于是，节点的超度表示该作者合作发表的论文数目。超度分布 $P(d_H)$ 表示随机选取一个节点的超度为 d_H 的概率，它是描述超网络结构特征的非常重要的统计量。根据超网络演化模型的构建算法，运用平均场理论[93]对其进行理论解析。

1）理论解析

LWH 超网络模型的生成过程可以分为两个阶段。第一个阶段是为局域世界演化过程生成一个初始超网络，该初始超网络中包含 M_0 个节点和 E_0 条超边。第二个阶段是超网络从 M_0 个节点和 E_0 条超边开始进行演化。在时间步 t 时，超网络中增加一个新节点和局域世界中的 m_t 个节点结合生成一条新超边。在第 t 个时间步，超网络中包含有 M_0+t 个节点和 E_0+t 条超边。从局域世界中选取 m_t 个节点时，节点 i 被选中的概率约为

$$m[\Pi_L d_H(i)][1-\Pi_L d_H(i)]^{m-1} \approx m\Pi_L d_H(i) \tag{2-4}$$

其中，$\sum m_t = mt$；L 表示局域世界中的节点集；$d_H(i)$ 为节点 i 的超度。令 $d_H(t)$ 表示在 t 时间步结束时节点 i 的超度。根据连续场理论，把 $d_H(t)$ 看做连续动力学函数，$d_H(t)$ 应该近似地满足动力学方程（2-5）：

$$\frac{\partial d_H}{\partial t} \approx m\Pi_L(d_H(i)) = \frac{mM}{M_0+t}\frac{d_H(i)}{\sum\limits_{j\in L} d_H(j)} \tag{2-5}$$

由于每一时间步生成局域世界的 M 个节点是从超网络中随机选取的，因此局域世界中所有节点的超度总和取决于随机选择过程。一般情况下，为了简化分析，假定有

$$\sum_{j\in L} d_H(j) = \langle d_H(i)\rangle M \tag{2-6}$$

其中，平均超度 $\langle d_H(i)\rangle = \dfrac{D_0+(m+1)t}{M_0+t}$，$D_0$ 是第一阶段生成的初始超网络中所有节点的超度总和。将式（2-6）代入式（2-5）可得

$$\frac{\partial d_H}{\partial t} = \frac{m}{D_0+(m+1)t} d_H(t) \tag{2-7}$$

当 D_0 较小，t 较大时，式（2-7）近似等于

$$\frac{\partial d_H}{\partial t}=\frac{m}{(m+1)t}d_H(t) \tag{2-8}$$

假定节点 i 是在 t_i 时刻加入超网络，则每个节点加入超网络时，节点超度的初始值 $d_H(t_i)=1$，求解式（2-8）可得

$$d_H(t)=\left(\frac{t}{t_i}\right)^{\frac{m}{m+1}} \tag{2-9}$$

由于超网络中加入超边中的节点是随机选择的，因此节点具有超度 d_H 的概率为

$$P(d_H(t)<d_H)=P\left(t_i>\frac{t}{d_H^{(m+1/m)}}\right) \tag{2-10}$$

假设在相同的时间间隔，添加新的节点 i，则 i 应该在 t 个新加入的节点中服从均匀分布，即 t_i 值具有常数的概率密度 $\rho(t_i)=\dfrac{1}{t}$，代入式（2-10）得

$$P\left(t_i>\frac{t}{d_H^{(m+1/m)}}\right)=1-\frac{t}{d_H^{(m+1/m)}t} \tag{2-11}$$

于是，超度分布 $P(d_H)$ 为

$$P(d_H)=\frac{\partial P(d_H(t)<d_H)}{\partial d_H}=\frac{m+1}{m}d_H^{-(2+1/m)} \tag{2-12}$$

即节点超度分布 $P(d_H)=\dfrac{m+1}{m}d_H^{-(2+1/m)}$，其中幂律指数 $\gamma=2+1/m$。可见，此超网络模型的超度分布是独立于时间的，与局域世界规模 M 的大小也无关。

2）数值模拟

图 2-6 给出了不同参数下的超度分布 $P(d_H)$ 的数值模拟结果，图中横、纵两个坐标轴均为对数形式，所有数据均为同一超网络（超网络节点数为 10000）中运行 30 次的平均值。图 2-6（a）显示的是当均值 $m=2$ 时，不同局域世界规模 $M=15,50,150$ 时的超度分布图；图 2-6（b）显示的是局域世界规模 $M=150$ 时，不同均值 $m=2,4,6$ 时的超度分布图。由图 2-6（a）可知，随着局域世界规模 M 的增大，LWH 超网络模型的超度分布图几乎重叠在一起；超度分布近似独立于局域世界的大小 M，且当 $m=2$ 时，幂律指数 γ 约等于 2.5。而由图 2-6（b）可知，随着均值 m 的增大，超度分布的幂律指数 γ 依次递减；当 $m=2,4,6$ 时，分别对应的

幂律指数为 2.5，2.25，2.17。

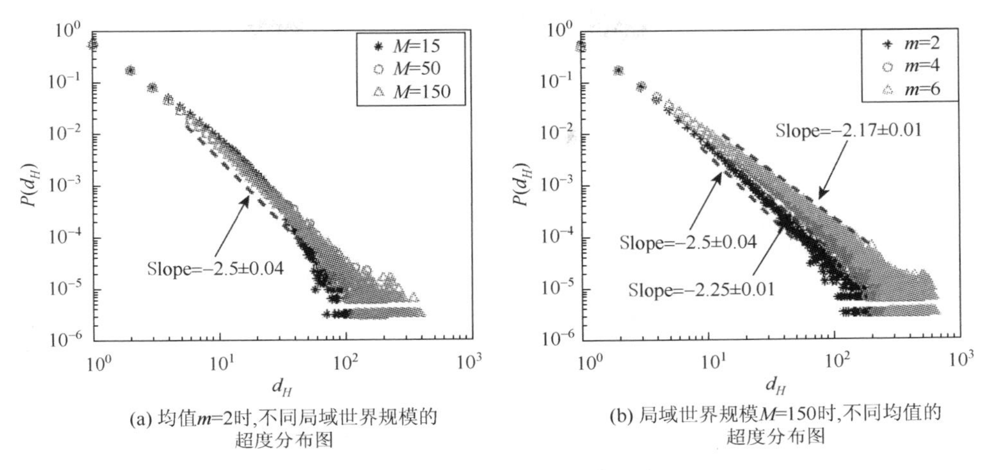

(a) 均值m=2时,不同局域世界规模的超度分布图

(b) 局域世界规模M=150时,不同均值的超度分布图

图 2-6　双对数坐标下超度分布

实验结果表明，超度分布近似独立于局域世界的大小，并呈现幂律分布，即 $P(d_H)\propto d_H^{-\gamma}$，其中 $\gamma=2+1/m$，从而得出超度分布指数的取值范围为 (2,3]。该数值模拟的幂律指数与平均场理论解析结果相一致。Zhang 等[34]对社会化标签超网络进行实证分析得到的幂律指数 2.28 和 2.13 也在 (2,3] 范围内。

2. *度分布*

节点 i 的度 k_i 定义为与该节点连接的其他节点的数目。节点的度分布情况可用分布函数 $P(k)$来描述。$P(k)$表示随机选取一个节点的度恰好为 k 的概率。

图 2-7 给出了不同参数下的度分布 $P(k)$的数值模拟结果，图中横、纵两个坐标轴均为对数形式，所有数据均为同一超网络（节点数为 10000）运行 30 次的平均值。图 2-7（a）显示的是均值 m=2 时，局域世界规模分别为 $M=15,50,150$ 时的度分布图；图 2-7（b）显示的是局域世界规模 $M=150$ 时，不同均值 $m=2,4,6$ 时的度分布图。由图 2-7（a）可知，随着局域世界规模 M 的增大，LWH 超网络模型的度分布图几乎重叠在一起；度分布近似独立于局域世界的大小 M，且呈现幂律分布形式，即 $P(k)\propto k^{-\delta}$；当 m=2 时，幂律指数约等于 2.5。而由图 2-7（b）可知，随着均值 m 的增大，度分布的幂律指数 δ 也依次递减；当 $m=2,4,6$ 时，分别对应的幂律指数为 2.5，2.25，2.17。由于在每条超边内所有节点之间都是全连接，当一个节点连接的超边越多，那么它连接的其他节点的数目也越多；因此，根据超边优先连接机制增加一条新的超边时，局域世界中度大的节点被选择的概率也会更大，这与无标度网络的

增长机制类似。

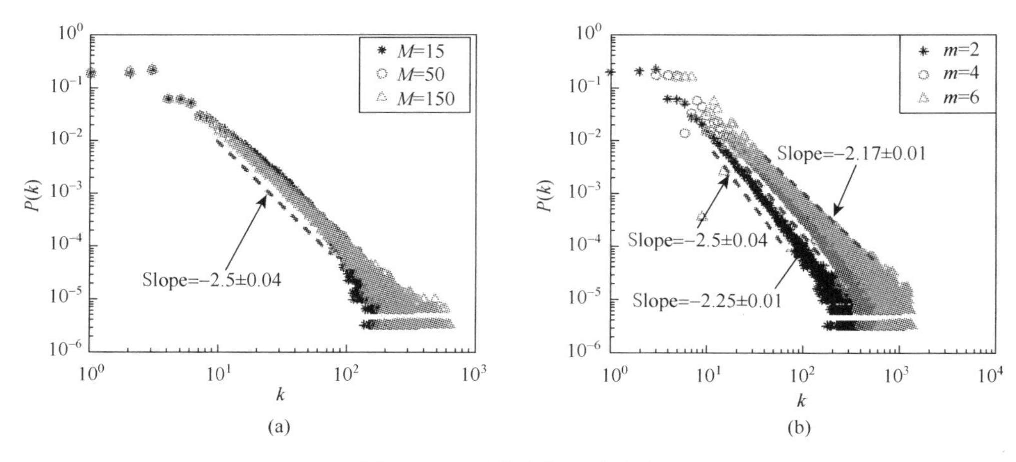

图 2-7　双对数坐标下度分布

3. *超边度分布*

超边度定义为超边所邻接的其他超边的数目，即与该超边存在公共节点（可为 1 个或若干个）的超边数，记为 d_{hd}。在科研合作超网络中，节点表示作者，超边表示论文，一篇论文由若干个作者合作，而这些作者可能又和其他作者（既可以是原论文中的作者，也可以是原论文之外的其他作者）合作写了论文。如果两条超边包含有共同的节点，那么这两条超边就算邻接。所以在科研合作超网络中，超边度表示这篇论文的作者（可以是 1 个或若干个）与其他作者合作的论文数。

图 2-8 给出了超网络投影的情形。超网络中的超边对应于投影网络中的节点。如果在超网络中任意两条超边之间存在共同节点，那么在投影网络中超边对应的节点之间就存在连边。从而，超网络中的超边度就对应于投影网络中节点的度。

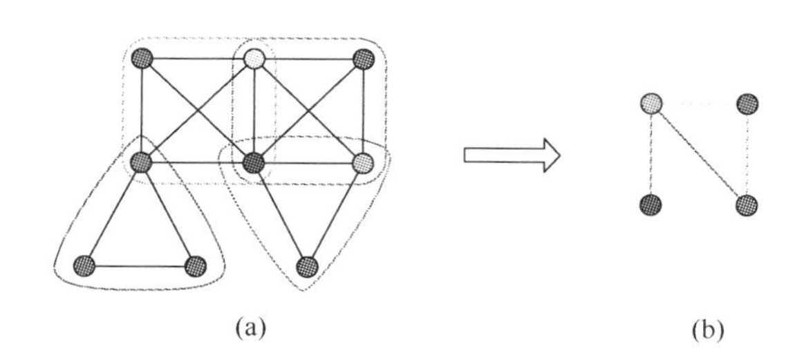

图 2-8　超网络投影到复杂网络

图 2-8（a）表示超网络中包含有 9 个节点和 4 条超边。每条超边用一条封闭

曲线表示。图 2-8（b）表示投影网络中的节点和边分别对应于超网络中的超边和共同节点。

对投影网络中节点的度分布进行数值模拟分析便得到了超网络中超边度的分布情况。图 2-9 给出了不同参数下的超边度分布 $P(d_{hd})$的数值模拟结果，图中横、纵两个坐标轴均为对数形式，所有数据均为同一超网络（节点数为 10000）运行 30 次的平均值。

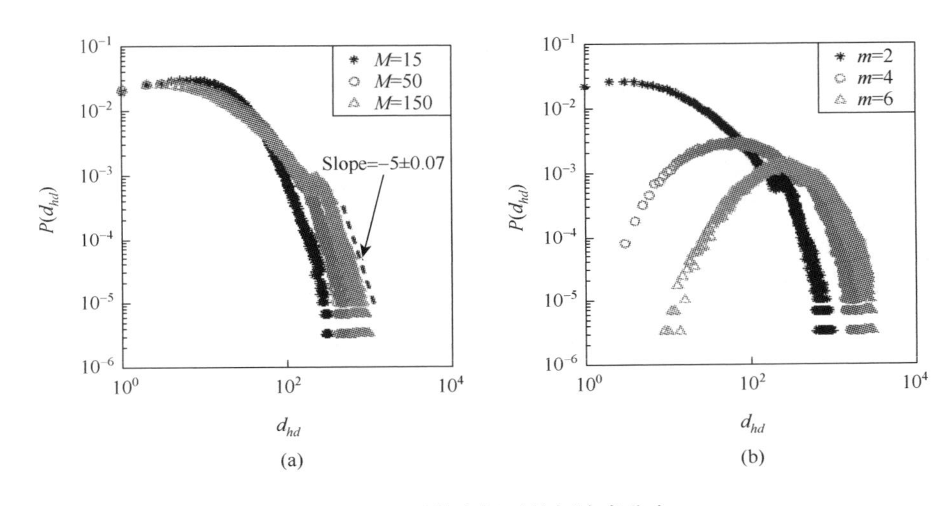

图 2-9　双对数坐标下的超边度分布

图 2-9（a）表示在相同的均值 m=2 的条件下，局域世界的规模 $M=15,50,150$ 对于超边度分布的影响，而图 2-9（b）表示在相同的局域世界大小 $M=150$ 的条件下，不同的均值 $m=2,4,6$ 对于超边度分布的影响。在每一时间步，一条新增的超边连接局域世界中若干节点，这些节点所在的超边的超边度也会增加。由图 2-9（a）可知，当超边度 d_{hd} 较小时，超边度分布不服从幂律分布；而当超边度 d_{hd} 较大时，超边度分布呈现幂律分布形式且幂律指数约等于 5，这表明随着超网络规模的增大，超边度大的超边被连接的概率也更大。由图 2-9（b）可知，当超边度 d_{hd} 较小时，随着均值 m 的增大，相同超边度所对应的超边数目急剧减少。这主要是因为一条超边所连接的节点数目越多，该超边所邻接的其他超边数目也就越多。

4. 集聚系数

集聚特性是社交网络的一个重要属性。在网络图中，假设某节点 i 有 k_i 个邻居节点，那么在这 k_i 个节点之间最多存在 $k_i(k_i-1)/2$ 条连边。若这 k_i 个节点之间实际存在 E_i 条连边，则节点 i 的集聚系数 C_i 可定义为

$$C_i = \frac{2E_i}{k_i(k_i - 1)} \quad (2\text{-}13)$$

整个网络的集聚系数$\langle C\rangle$就是所有节点 i 的集聚系数 C_i 的平均值，即

$$\langle C\rangle = \frac{1}{N}\sum_i C_i \quad (2\text{-}14)$$

超网络的集聚系数表示的是一条超边与其他超边的重叠程度。在投影超网络中，超边对应于投影网络中的节点，超边之间的公共节点对应于投影网络中的连边，超边通过共同节点连接在一起。于是，计算超网络的集聚系数可以转化为计算投影网络的集聚系数。所以，超网络的集聚系数$\langle C_H\rangle$为

$$\langle C_H\rangle = \frac{1}{N_E}\sum_i C_{i,H} \quad (2\text{-}15)$$

其中，N_E表示投影超网络中的节点数目；$C_{i,H}$表示投影超网络中节点 i 的集聚系数。

对投影网络的集聚系数进行数值计算便可得到超网络的集聚系数。图 2-10 分别给出了超网络和其对应的投影网络在不同参数下的集聚系数随网络规模变化的趋势图。所有数据均为 30 次实验的平均值。

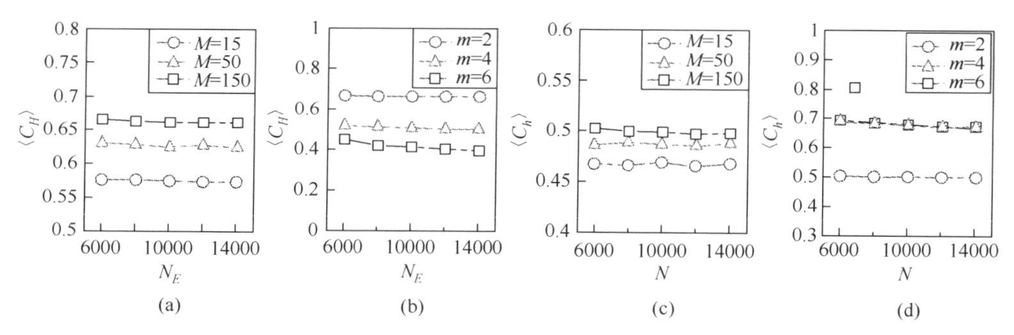

图 2-10　超网络和其对应的复杂网络的集聚系数$\langle C_H\rangle$和$\langle C_h\rangle$随网络规模的变化趋势

图 2-10 中的（a）和（c）显示了在超网络以及其对应的投影网络中，当局域世界的大小依次为 M=15,50,150 时，两类网络都具有较高的集聚特性。随着 N_E和 N 的增大，$\langle C_H\rangle$和$\langle C_h\rangle$基本上保持不变，且均大于 0.45。局域世界规模越大，网络中的集聚系数也越大。这主要是因为局域世界规模越大，集聚系数较大的节点被选择到的概率也就越大。同时，由图 2-10（b）和（d）可知，在均值 m=2,4,6 时，超网络以及其对应的复杂网络也都具有较高的集聚特性。随着 N_E和 N 的增大，$\langle C_H\rangle$和$\langle C_h\rangle$基本上保持不变，且均大于 0.35。由图 2-10（b）可知，均值 m 越大，集聚系数$\langle C_H\rangle$越小，这可能是因为均值 m 越大，优先连接机制就越不明显。由图 2-10（d）可知，均值 m 越大，集聚系数$\langle C_h\rangle$越大，这主要是因为均值 m 越

大时，每一时间步新增超边中节点之间的连接也就越多。

5. 平均路径长度

网络中两个节点 i 和 j 之间的距离 d_{ij} 可定义为连接这两个节点的最短路径上的边数。网络的平均路径长度 $\langle D\rangle$ 可定义为任意两个节点之间的距离的平均值，即

$$\langle D\rangle=\frac{\sum_{i\neq j}d_{ij}}{N(N-1)} \tag{2-16}$$

其中，N 是网络中节点的数目。

在超网络中，超边与超边之间的距离定义为两条超边之间最少的连接节点数。在投影超网络中，超边对应于投影网络中的节点，超边之间的公共节点对应于投影网络中的连边，超边与超边之间的距离表示为投影网络中连接对应的两个节点的最短路径上的边数。因此，超网络中的平均路径长度 $\langle D_H\rangle$ 被定义为任意两条超边之间的距离的平均值。

对投影网络的平均路径长度进行数值计算便可得到超网络的平均路径长度。图 2-11 分别给出了超网络和其对应的投影网络在不同参数下的平均路径长度随网络规模变化的趋势图。所有数据均为 30 次实验的平均值。

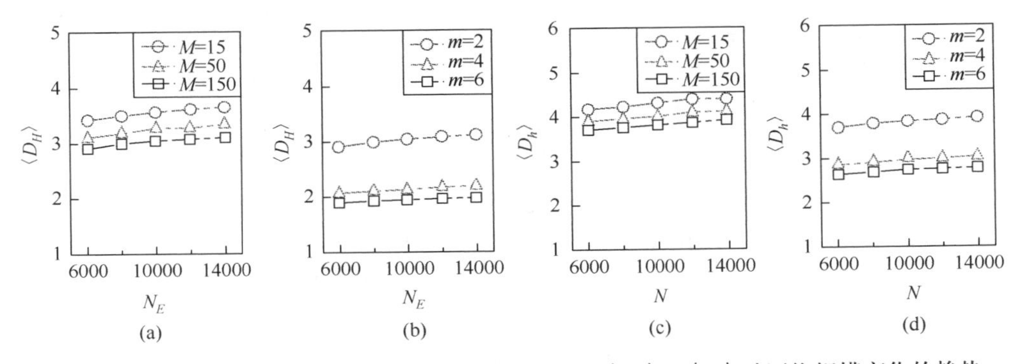

图 2-11　超网络和其对应的投影网络的平均路径长度 $\langle D_H\rangle$ 和 $\langle D_h\rangle$ 随网络规模变化的趋势

图 2-11（a）和（c）显示了在超网络及其对应的投影网络中，当局域世界的大小依次为 M=15,50,150,时，两类网络都具有较短的平均路径长度。随着网络规模的增大，$\langle D_H\rangle$、$\langle D_h\rangle$ 增长比较缓慢，且都小于 4.5。随着 M 的增大，平均路径长度 $\langle D_H\rangle$ 和 $\langle D_h\rangle$ 依次变小。图 2-11（b）和（d）显示了在超网络以及其对应的投影网络中，当均值依次为 m=2,4,6 时，两类网络也都具有较短的平均路径长度。随着网络规模的增大，$\langle D_H\rangle$、$\langle D_h\rangle$ 增长比较缓慢，且都小于 4.5。随着 m 的增大，

平均路径长度$\langle D_H \rangle$和$\langle D_h \rangle$依次变小。在所有的情况下，实验结果均表明，超网络及其对应的投影网络都具有小世界特性。

本节根据超图的理论和方法，结合现实世界中的科研合作行为，提出了一个局域世界非均匀演化超网络模型。该模型考虑了每位作者往往在自己的局域世界中寻找合作者以及每次合作的作者数目不尽相同等情况，引入了超边非均匀增长和局域世界优先连接机制。然后，分别研究了局域世界的大小M和均值m对于超网络的多种拓扑特性的影响。

本节对超度分布分别进行了理论解析和数值模拟。数值模拟结果表明，超度分布基本上独立于局域世界的大小M，且服从幂律指数为$\gamma = 2 + 1/m$的幂律分布，其中m是从局域世界中选取的节点的平均数，这与采用平均场理论进行解析的结果相一致。此外，本书还对科研合作超网络中节点度、超边度、集聚系数以及平均路径长度等拓扑特性进行了数值模拟分析。其中度分布基本上独立于局域世界的大小，且呈现幂律分布，幂指数与均值m相关。科研合作超网络具有较高的聚集特性和较短的平均路径长度，因此，该超网络同时具有无标度性和小世界性。

2.4　科研合作超网络上的知识传播研究

在2.3节的研究工作中，基于超图的理论和方法，结合现实世界中的科研合作行为，构建了一个局域世界非均匀演化超网络模型（LWH超网络）来描述真实科研合作超网络。本节将在已有的LWH超网络模型基础上研究知识在科研合作超网络中的传播行为。

科研合作超网络中个体间的知识传播是知识主体之间的知识交流过程。知识主体作为知识接受者在接收知识的同时，也作为知识发送者按照一定的知识传播规则向他人传播知识。超网络中的每个个体只与相邻节点进行知识交流。在每一次知识交流中，设定有一个知识接受者和一个知识传播者。知识传播过程是单向的，知识从知识量高的一方流向知识量低的一方。

2.4.1　知识传播模型

设$H=(S,E,\Gamma)$是LWH超网络，$S=\{1,2,\cdots,N\}$是超网络的节点集；$E=\{E_1,E_2,\cdots,E_I\}$是超网络中的超边集；$\Gamma=\{\Gamma_i, i\in S\}$是节点间连边的列表。其中，$E_j=\{j=1,2,\cdots,I\}$是$S$的一个非空子集；$\Gamma_i=\{j\,|\,a_{ij}=1\}$。若节点$i$和节点$j$之间存在连边，则$a_{ij}=1$；否则，$a_{ij}=0$。

在知识传播模型的研究中，知识有多种不同的表现形式，如存量[94]、正数组成的向量[95]、标量和度的组合[92]、树状结构[96]等。在本节参照 Morone 和 Taylor[94]表示知识的方法，用存量形式表示知识。

超网络中每个节点$i \in S$都拥有一定的知识量。$V_i(t)$表示节点 i 在时间 t 时刻的知识量。在超网络中，只有相邻的节点才能进行知识交互。当节点 i 与节点 j 进行交互时，会产生一个学习效应，即知识水平较低的接受者会从知识水平较高的传播者处获得新知识，并且知识传播者不会有任何损失。

任意两个作者之间的合作次数越多，那么这两位作者进行知识传播的概率就越大。因此，本节引入了知识择优传播机制。假定节点 i 是知识传播者，则选取节点 j 作为知识接受者的概率 p_j 取决于节点 i 与节点 j 之间的合作次数 C_{ij}，因此

$$p_j = \frac{C_{ij}}{\sum_{k \in \Gamma_i} C_{ik}} \tag{2-17}$$

在每一时间步，随机选取节点 i 作为知识传播者，以概率 p_j 择优选择节点 i 的邻居节点 j 作为知识接受者。在知识传播过程中，接受者只吸收传播者的部分知识。当节点 i 进行传播时，节点 i 的知识量不会有任何损失，而节点 j 的知识量变化由式（2-18）可得

$$V_j(t+1) = \begin{cases} V_j(t) + \alpha_j [V_i(t) - V_j(t)], & V_i(t) > V_j(t) \\ V_j(t), & \text{其他} \end{cases} \tag{2-18}$$

其中，$\alpha_j \in (0,1)$是节点 j 的知识吸收率。一般认为，一个人的知识吸收率取决于他所发表的论文数。这是因为一个人发表的论文数越多，表明他拥有的知识就越多，从而他对新知识的吸收能力也就越强。因此，假设

$$\alpha_j = \frac{1}{1 + e^{\frac{1}{d_H(j)}}} \tag{2-19}$$

其中，$d_H(j)$是节点 j 的超度。在复杂网络中，α_j 服从[0,0.5]上独立的随机均匀分布。

该知识演化机制有三个前提假设：第一，两个节点进行知识交互时，存在知识溢出效应；第二，接受者的知识增长量取决于他自身的知识吸收能力和他与传播者之间的知识差；第三，式（2-18）的知识演化机制只适用于单个类型的知识传播，对于多类型的知识传播研究则需要对该模型进行扩展。

式（2-18）并没有考虑个体的自我学习也会增长知识量的情形，它主要反映系统中的知识传播过程。因此，在该系统中存在知识上限。当节点进行自我更新时，可以认为是节点的自我学习过程，节点的知识增长量取决于他自身拥有的知识量和他自身的学习能力。如果节点 i 在 t 时刻进行自我更新，则知识量增长由式（2-20）可得

$$V_i(t+1) = V_i(t)(1 + \beta_i) \tag{2-20}$$

其中，$\beta_i > 0$是节点 i 的自我更新能力，即自学能力。

图 2-12 显示了知识在超网络及其对应的复杂网路上的传播过程。$V_i(t)$ 定义为 t 时刻节点 i 的知识量。图 2-12（a）表示超网络中存在 4 个节点，其超度分别为 $d_H(1)=2$，$d_H(2)=1$，$d_H(3)=2$ 和 $d_H(4)=3$；还存在 3 条超边 E_1、E_2 和 E_3。在 t=0 时刻，$V_1(0)=10$，$V_2(0)=0.278$，$V_3(0)=0.546$ 和 $V_4(0)=0.957$，其中节点“1”为专家节点，初始知识量为 10；节点 $j(j=2,3,4)$ 的初始知识量为 0～1 的随机数。假设节点“1”为知识传播者，节点“2”“3”和“4”为知识接受者，则节点“1”将知识传播给节点“2”“3”和“4”的概率为 $p_j = \dfrac{C_{1j}}{\sum\limits_{k=2,3,4} C_{1k}} (j=2,3,4)$，即概率分别为 p_2=0.25，p_3=0.25，p_4=0.5。节点“2”“3”和“4”的知识吸收率分别为 $\alpha_j = \dfrac{1}{1+\mathrm{e}^{\frac{1}{d_H(j)}}} (j=2,3,4)$，即 $\alpha_2 = \dfrac{1}{1+\mathrm{e}}$，$\alpha_3 = \dfrac{1}{1+\mathrm{e}^{0.25}}$，$\alpha_4 = \dfrac{1}{1+\mathrm{e}^{0.5}}$。

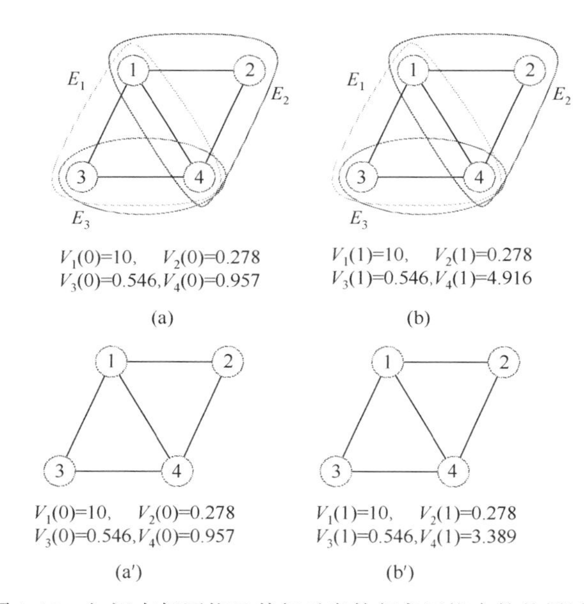

图 2-12　知识在超网络及其相对应的复杂网络中的传播过程

在图 2-12（b）中，在 t=1 时刻，节点“1”被随机选为传播节点，节点“4”以概率优先原则被选取为接收节点。则节点“4”的知识量变化为 $V_4(1)=V_4(0)+\dfrac{1}{1+\mathrm{e}^{0.25}}(V_1(0)-V_4(0))=4.916$。其余节点的知识量保持不变，即 $V_j(1)=V_j(0)(j=1,2,3)$。

在图 2-12（a′）中，复杂网络中存在 4 个节点和 5 条边。在 t=0 时刻，$V_1(0)=10$，

$V_2(0)=0.278$，$V_3(0)=0.546$ 和 $V_4(0)=0.957$，其中节点"1"为专家节点，初始知识量为 10；节点 $j(j=2,3,4)$ 的初始知识量为 0～1 的随机数。假设节点"1"为知识传播者，节点"2""3"和"4"为知识接受者，则节点"1"将知识传播给节点"2""3"和"4"的概率为 $p_j=\frac{1}{3}(j=2,3,4)$。节点"2""3"和"4"的知识吸收率服从[0,0.5]上的独立随机均匀分布。

在图 2-12（b′）中，在 t=1 时刻，节点"1"被随机选取为传播节点，节点"4"被随机选取为接收节点。则节点"4"的知识变化为 $V_4(1)=V_4(0)+0.269\times(V_1(0)-V_4(0))=3.389$。其余节点的知识量保持不变，即 $V_j(1)=V_j(0)(j=1,2,3)$。

2.4.2　知识传播模型的参数设置及评价指标

1. 知识传播模型的参数设置

初始超网络中的节点数 M_0=20，均值 m=2，局域世界大小为 M=15。每个节点的初始知识存量设置为 $v_i(0)\sim U(0,1)$。在该知识传播模型中，如果所有的节点的知识存量水平非常接近，都服从(0,1)上的均匀分布，那么知识传播的现象就很难观察到。类似 Cowan 和 Jonard[95]的处理，本节在已有的超网络中随机选取 25 个节点作为专家节点，每个节点的初始知识存量均为 10。本节主要集中于对模型的瞬时性态进行分析。系统每次模拟的时间步长为 100000 步，且每次实验结果都是 100 次独立实验的平均值。

2. 知识传播模型的评价指标

本节在知识属性方面定义了三个宏观统计指标：整体的平均知识存量 $\bar{V}(t)$、知识方差 $\sigma^2(t)$ 和知识变异系数 $c(t)$。

整体平均知识存量被定义为所有个体知识存量的平均值。在第 t 时间步的平均知识存量为

$$\bar{V}(t)=\frac{1}{N}\sum_{i\in S}V_i(t) \tag{2-21}$$

其中，$V_i(t)$表示个体 i 在时间步 t 的知识存量。该指标可用来衡量系统中知识增长的效率。

在某种程度上来说，知识传播的目的就是缩小各节点间的知识差异。**知识方差**就能够用来衡量节点间知识存量差异性的程度，即

$$\sigma^2(t)=\frac{1}{N}\sum_{i\in S}V_i^2(t)-\bar{V}^2(t) \tag{2-22}$$

知识存量方差可用来衡量知识传播的充分性。但是，当平均知识存量增大时，方差值也会相应地增大。故本节还采用变异系数进行对比分析，即

$$c(t)=\sigma(t)/\bar{V}(t) \tag{2-23}$$

变异系数的值越大，表明节点间知识存量的差异性也越大；相反，变异系数的值越小，表明节点间的知识存量就越相近。

2.4.3 结果分析

1. 网络结构对于知识传播效果的影响

本节通过比较知识在超网络和复杂网络中传播行为的差异性，揭示了网络结构对于知识传播效果的影响。不考虑节点的自我学习，运用式（2-18）模拟知识演化过程。由于复杂网络不能反映节点间的合作次数以及节点自身知识吸收能力的个体差异性，所以假定复杂网络中的每个节点被选择为接受节点的概率相同，且 α_j 服从[0,0.5]上独立的随机均匀分布。设定网络规模为 1000 个节点。本节分别统计了知识在超网络和复杂网络中传播时，整体平均知识存量 $\bar{V}(t)$、知识方差 $\sigma^2(t)$ 和变异系数 $c(t)$随时间变化的特征，结果如图 2-13 所示。

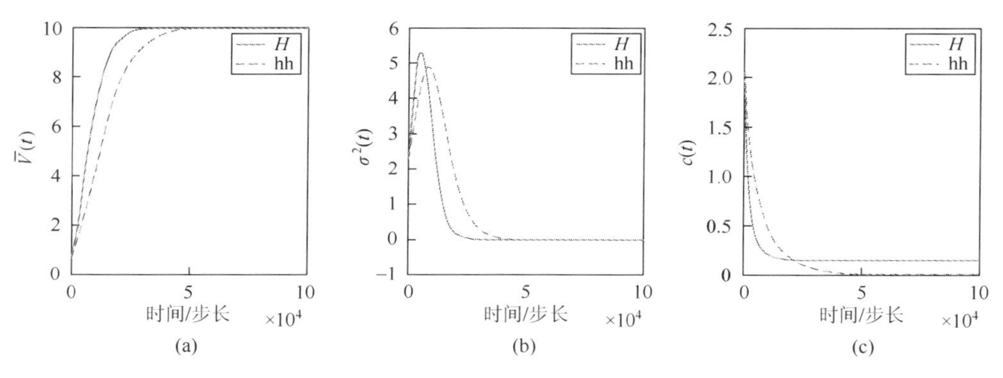

图 2-13　知识在超网络 H 及其对应的复杂网络 hh 中传播过程图

图 2-13 中的网络规模为 1000 个节点。所有数据都是 100 次独立实验取平均值。

图 2-13(a)描述了知识在超网络和复杂网络中传播时，整体平均知识存量 $\bar{V}(t)$ 随时间演化的过程。显然，超网络能够更早达到知识传播的稳态，更有利于知识的传播。在演化的初期，两类网络的平均知识存量快速增长，但随着时间的延长，增长速度逐渐减缓。超网络中知识增长速度快于复杂网络中的知识增长速度。这主要是因为在超网络中考虑了节点的知识吸收能力。

图 2-13(b)描述了知识在超网络和复杂网络中传播时，知识存量的方差 $\sigma^2(t)$ 随时间演化的过程。图中出现了两条单峰值的曲线。初始时，系统中每个节点拥有不同的知识存量，知识方差急剧增大。随着时间的延长，节点之间进行知识交互，节点之间的知识存量差异性变小，从而导致知识方差也随之变小。

图 2-13（c）描述了知识在超网络和复杂网络中传播时，知识存量的变异系数 $c(t)$随时间演化的过程。随着时间的推移，变异系数逐渐变小。这表明知识能够快速地传播给其他的节点，且知识量的整体差异性迅速缩小。然而，当时间步足够长时，复杂网络中的变异系数小于超网络中的变异系数，这表明知识在复杂网络中传播得更充分。这是因为超网络中每个节点的知识吸收能力的个体差异性较大，从而导致网络中的知识存量出现了较大的差异性。

2. 超网络规模对于知识传播效果的影响

本节主要研究超网络规模对于知识传播效果的影响，将超网络的规模分别设为 $N=1000,1200,1400$ 个节点。同样地，不考虑节点的自我更新，运用式（2-18）模拟知识传播的过程。本节分别统计了知识在三个不同规模的超网络中传播时，整体平均知识存量 $\bar{V}(t)$、知识方差 $\sigma^2(t)$ 和变异系数 $c(t)$随时间变化的特征，结果如图 2-14 所示。

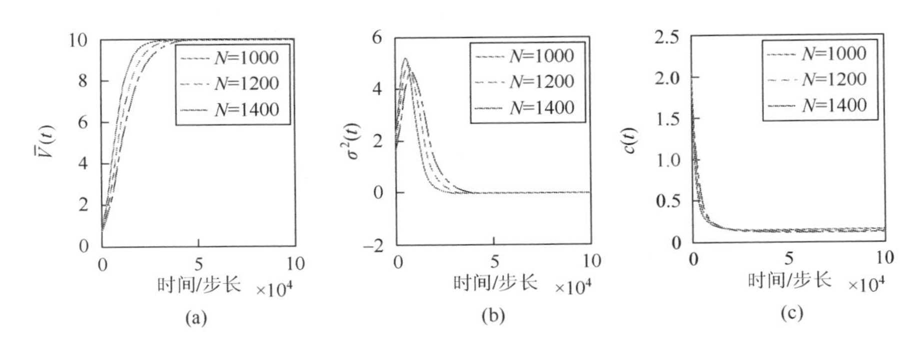

图 2-14　知识在不同规模的超网络 $N=1000,1200,1400$ 中传播过程图

图 2-14 中的所有数据都是 100 次独立实验取平均值。

图 2-14（a）描述了知识在三个不同规模节点数 $N=1000,1200,1400$ 的超网络中传播时，整体平均知识存量 $\bar{V}(t)$ 随时间演化的过程。在初始阶段，三个超网络中的整体平均知识存量都迅速地增长。然后随着时间的推移，增长速度逐渐减缓。很明显，超网络规模越小，知识传播得越快。这表明知识更易于在较小的范围内传播。

图 2-14（b）描述了知识在三个不同规模节点数 $N=1000,1200,1400$ 的超网络中传播时，知识存量的方差 $\sigma^2(t)$ 随时间演化的过程。图中出现了三条单峰值的曲线，可以发现超网络规模越小，达到峰值时知识存量的差异性就越大。传播初始时，三个超网络中每个节点拥有不同的知识量，知识方差很大。随着时间的推移，节点之间进行知识交互，节点间知识存量的差异性变小，导致知识方差也随之变小。

图 2-14（c）描述了知识在三个不同规模节点数 $N=1000,1200,1400$ 的超网络中传播时，知识存量的变异系数 $c(t)$随时间演化的过程。随着时间的推移，变异系数均逐渐降低。在不同规模的超网络中，知识存量的差异性基本上保持一致。这表明超网络规模对知识传播的充分性几乎没有影响。

3. 知识演化机制对于知识传播效果的影响

在科技飞速发展的今天，个人的自学能力也显得尤为重要。除了向其他人学习以外，个人还可以通过自学获取知识。式（2-18）中的知识演化机制仅描述了知识转移的过程。因此，本节将在原有的式（2-18）所示的知识传播模型的基础上增加节点的自我学习机制（式（2-20）），分析讨论节点的自我学习机制对于知识传播效果的影响。假定节点每 50 时间步进行一次自我更新，式（2-20）中用来衡量节点自我更新能力的参数 $\beta_i(i\in S)$ 设定为 0.001，网络规模设定为 1000 个节点。本节分别统计了知识在原有知识传播模型和增加了节点自我学习机制的两种不同的知识演化模型中传播时，整体平均知识存量 $\bar{V}(t)$ 、知识方差 $\sigma^2(t)$ 和变异系数 $c(t)$随时间变化的特征，结果如图 2-15 所示。

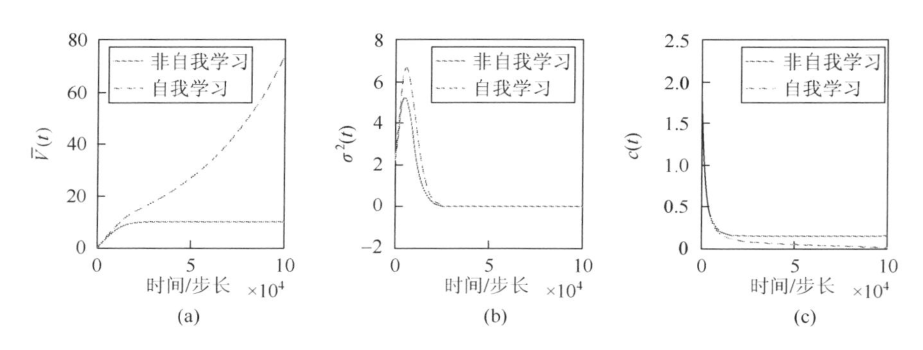

图 2-15　知识在两种不同的知识演化机制中传播过程图

图 2-15 中的网络规模为 1000 个节点，所有数据都是 100 次独立实验取平均值。

图 2-15（a）描述了两种知识演化机制对于整体平均知识存量的影响。显然，当节点具有自我学习能力时，知识的增长速度非常快，且知识存量持续上升没有上限。

图 2-15（b）描述了两种知识演化机制对于知识存量方差 $\sigma^2(t)$ 的影响。图中出现了两条单峰值的曲线。初始时，由于每个节点拥有不同的知识量，知识存量方差急剧增大。随着时间的推移，节点之间进行知识交互，节点间的知识存量差异变小，从而导致知识方差也随之变小。当考虑节点的自我学习，知识水平的差异性会更大。从长期来看，无论是否考虑节点的自我学习，网络中节点的知识量都将趋于一致。

图 2-15（c）描述了不同的知识演化机制对知识存量变异系数 $c(t)$的影响。随着时间的推移，变异系数逐渐变小。然而，考虑节点自我学习时的变异系数要比不考虑节点自我学习时的变异系数要小。这表明，当考虑节点的自我学习时，知识传播得更充分。用变异系数衡量时得到的结论与用方差衡量时得到的结论不一致。这表明用方差来衡量系统的异质性会丢失某些信息。

为了进一步深入了解知识在科研合作超网络中的传播过程，本节在 LWH 模型的基础上构建了一个知识传播模型，该模型引入了优先传播机制和节点的知识吸收能力 α_j，其中 α_j 与节点 j 的超度 $d_H(j)$ 相关。用超网络描述的科研合作系统能够反映作者之间的合作次数以及每位作者发表的论文数。因此，基于超网络的知识传播模型更为合理。本节做了 3 组对比性实验分别研究了网络结构、超网络规模和知识演化机制对于知识传播效果的影响，实验结果如下。

首先，鉴于知识在超网络和复杂网络中传播过程的差异性，本节在超网络中引入了知识优先传播机制，并且考虑了节点知识吸收能力的个体差异性。实验结果表明，知识在超网络中更易于传播。由于在超网络中每个节点的知识吸收能力不尽相同，从而导致知识在超网络中传播存在的差异性较大，而知识在复杂网络中传播存在的差异性较小。因此，知识在复杂网络中传播得更为充分。其次，超网络规模越大，知识在整个网络中的传播速度越慢。这表明知识更易于在较小的范围内进行传播。而超网络的规模对知识传播的充分性影响很小。最后，当考虑个体的自我学习时，系统中知识量持续上升且没有上限，知识传播也更为充分。

2.5　科研合作超网络上的知识创造研究

科研合作是科学家彼此之间进行交流学习获取知识并共同创造新知识的过程。因此，在科研合作超网络中的科研活动不仅仅是知识传播的过程，更是知识创造的过程。本章采用不同的演化机制构建了两个基于知识创造的动态演化科研合作超网络模型，该模型将超网络的结构演化和知识创造过程结合在一起。将科布-道格拉斯生产函数引入知识创造的过程中，将科研合作引起的知识增长看做知识产品的合作生产。假设一篇论文创造的知识量取决于合作者自身的知识量水平和合作者数目，同时引入了超网络的局域世界效应。

第一个模型命名为“HDPH 模型”，采用了超边非均匀增长和超度择优连接的机制，创造的知识量由所有参与者均分。第二个模型命名为“KSPH 模型”，采用了超边非均匀增长和知识量择优连接的机制，创造的知识量在所有参与者中进行分配，参与者分配到的知识量与其自身所拥有的知识量成正比。

2.5.1 知识创造超网络模型的建立

1. HDPH 模型

HDPH 模型采用了超边非均匀增长和超度择优连接的机制，创造的知识量由所有参与者均分。其构建方法如下。

（1）初始状态：假设初始时超网络中有 M_0 个节点和 E_0 条超边。每个节点拥有一定的知识量。

（2）局域世界的确定：每一时间步，从现存的超网络中随机选取 $M(M<M_0)$ 个节点作为新增节点的局域世界。

（3）超边非均匀增长：在 t 时间步，增加一个新的节点和局域世界中 m_t 个节点结合生成一条新的超边，其中 m_t 服从均值为 m 的均匀分布，即 $\sum m_t = mt$ 。每个新增节点 j 的知识量赋初值为 1～5 的随机数，即 $V_j(0)\in U[1,5]$ 。

（4）超度优先连接：从局域世界中按照概率择优选取 m_t 个节点，与新加入的节点结合生成超边。每次节点 i 被选取的概率 $\Pi_{\text{Local}}(d_H(i))$ 等于节点 i 的超度 $d_H(i)$ 与局域世界中所有的节点 j 的超度 $d_H(j)$ 总和之比，即

$$\Pi_{\text{Local}}(d_H(i))=\frac{M}{M_0+t}\frac{d_H(i)}{\sum\limits_{j\in\text{Local}} d_H(j)} \tag{2-24}$$

其中，Local 表示局域世界中的节点集；节点 i 的超度 $d_H(i)$ 定义为连接节点 i 的超边数。

（5）知识创造：假定每条新增超边 E_t 创造的知识量为 Y，那么

$$Y = AK^{\alpha}L^{\beta} \tag{2-25}$$

其中，A 表示综合创造水平；K 表示超边 E_t 所包含的节点的平均知识量；$\alpha,\beta\in[0,1]$ 是相应的弹性系数。节点 j 的知识量的变化可以用式（2-26）表示：

$$V_j(t)=V_j(t-1)+\frac{Y}{L},\quad j\in E_t \tag{2-26}$$

其中，L 表示超边 E_t 所包含的节点数目；$V_j(t)$ 表示的是 t 时刻节点 j 的知识量。

经过 t 时间步后，超网络中有 M_0+t 个节点和 E_0+t 条超边，超网络中总的知识量为 $KS=\sum\limits_{j=1}^{N}V_j$ ，知识量的概率分布为 $P(V)$。图 2-16（a）～（d）显示了 HDPH 模型的动态演化过程。

初始时，网络中有 M_0=6 个节点，局域世界大小 M=4，选择的节点数 m_t=2。$V_i(t)$ 表示节点 i 在时刻 t 的知识量。图 2-16（a）表示初始网络中有 2 条超边 E_1 和 E_2，以及 6 个节点。初始时节点的知识量分别为 $V_1(0)=5.09$，$V_2(0)=2.25$，$V_3(0)=2.34$，$V_4(0)=6.35$，$V_5(0)=4.39$ 和 $V_6(0)=5.46$。图 2-16（b）表示从现有的超网络中随机选取 4 个节点作为新增节点的局域世界（用 4 个空心圆圈表示）。所有节点的知识量保持不变。图 2-16（c）表示一条新增超边 E_3（封闭曲线）连接一个新增节点 v_7（空心圆圈）和依概率择优连接局域世界中两个节点 v_2 和 v_4，新增节点的初始知识量为 $V_7(0)=2.11$，其他节点的知识量保持不变。图 2-16（d）表示新增超边 E_3 中的节点 v_2、v_4 和 v_7 共同合作了一篇论文，其所创造的新的知识量为 $Y=0.5K^{0.7}L^{0.7}$，其中 K 表示节点 v_2、v_4 和 v_7 的平均知识量，$L=3$ 表示超边 E_3 中的节点数。v_2、v_4 和 v_7 的新增知识量为 $V_j(1)=V_j(0)+Y/L(j\in E_3)$；超网络中其余节点的知识量保持不变。一个时间步后，生成的知识创造超网络如图 2-16（d）所示。

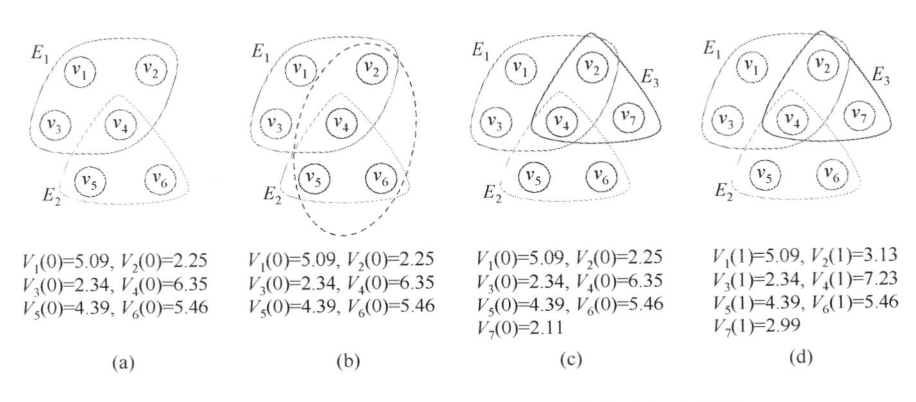

图 2-16　每一时间步时，HDPH 模型演化过程示意图

2. KSPH 模型

KSPH 模型采用了超边非均匀增长和知识量择优连接的机制，创造的知识量在所有参与者中进行分配，参与者分配到的知识量与其自身所拥有的知识量成正比。其构建方法如下。

（1）初始状态：假设初始时超网络中有 M_0 个节点和 E_0 条超边。每个节点拥有一定的知识量。

（2）局域世界的确定：每一时间步，从现存的超网络中随机选取 $M(M<M_0)$ 个节点作为新增节点的局域世界。

（3）超边非均匀增长：在 t 时间步，增加一个新的节点和局域世界中 m_t 个节点结合生成一条新的超边，其中 m_t 服从均值为 m 的均匀分布，即 $\sum m_t = mt$。每

个新增节点 j 的知识量赋初值为 1～5 的随机数，即 $V_j(0) \in U[1,5]$。

（4）知识量优先连接：从局域世界中按照概率择优选取 m_t 个节点，与新加入的节点结合生成超边。每次节点 i 被选取的概率 $\Pi_{\text{Local}}(V_i)$ 等于节点 i 的知识量 V_i 与局域世界中所有的节点 j 的知识量 V_i 总和之比，即

$$\Pi_{\text{Local}}(V_i) = \frac{M}{M_0 + t} \frac{V_i}{\sum_{j \in \text{Local}} V_j} \tag{2-27}$$

其中，Local 表示局域世界中的节点集；节点 i 的超度 $d_H(i)$ 定义为连接节点 i 的超边数。

（5）知识创造：假定每条新增超边 E_t 创造的知识量为 Y，那么

$$Y = AK^{\alpha} L^{\beta} \tag{2-28}$$

其中，A 表示综合创造水平；K 表示超边 E_t 所包含的节点的平均知识量；$\alpha, \beta \in [0,1]$ 是相应的弹性系数。节点 j 的知识量的变化可以用式（2-29）表示：

$$V_j(t) = V_j(t-1) + \frac{V_j(t-1)}{\sum_{i \in E_t} V_i(t-1)} Y, \quad j \in E_t \tag{2-29}$$

其中，L 表示超边 E_t 所包含的节点数目；$V_j(t)$ 表示的是 t 时刻节点 j 的知识量。

经过 t 时间步后，超网络中有 M_0+t 个节点和 E_0+t 条超边，超网络中总的知识量为 $KS = \sum_{j=1}^{N} V_j$，知识量的概率分布为 $P(V)$。图 2-17（a）～（d）显示了 KSPH 模型的动态演化过程。

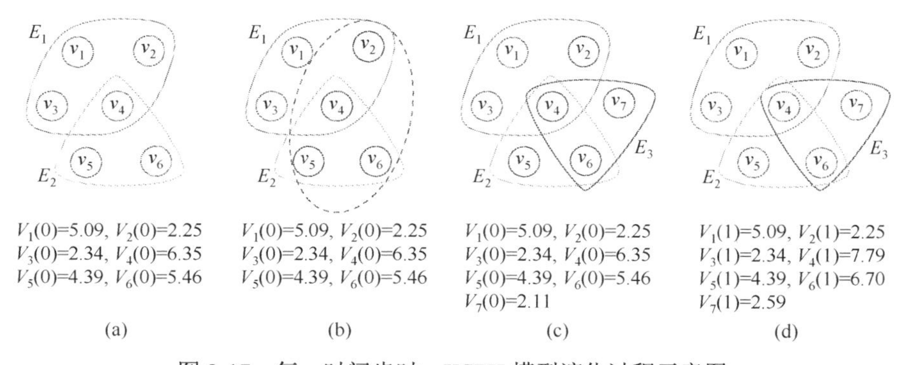

图 2-17　每一时间步时，KSPH 模型演化过程示意图

初始时，网络中有 M_0=6 个节点，局域世界大小 M=4，选择的节点数 m_t=2。$V_i(t)$ 表示节点 i 在时刻 t 的知识量。图 2-17（a）表示初始网络中有 2 条超边 E_1 和 E_2，以及 6 个节点。初始时节点的知识量分别为 $V_1(0) = 5.09$，$V_2(0) = 2.25$，$V_3(0) = 2.34$，$V_4(0) = 6.35$，$V_5(0) = 4.39$ 和 $V_6(0) = 5.46$。图 2-17（b）表示从现有的超网络中随

机选取 4 个节点作为新增节点的局域世界（用 4 个空心圆圈表示）。所有节点的知识量保持不变。图 2-17（c）表示一条新增超边 E_3（封闭曲线）连接一个新增节点 v_7（空心圆圈）和依概率择优连接局域世界中两个节点 v_4 和 v_6，新增节点的初始知识量为 $V_7(0)=2.11$，其他节点的知识量保持不变。图 2-17（d）表示新增超边 E_3 中的节点 v_4、v_6 和 v_7 共同合作了一篇论文，其所创造的新的知识量为 $Y=0.5K^{0.7}L^{0.7}$，其中 K 表示节点 v_4、v_6 和 v_7 的平均知识量，L=3 表示超边 E_3 中的节点数。v_4、v_6 和 v_7 的新增知识量为 $V_j(1)=V_j(0)=\left[V_j(0)\Big/\sum_{i\in E_3}V_i(0)\right]Y, j\in E_3$；超网络中其余节点的知识量保持不变。一个时间步后，生成的知识创造超网络如图 2-17（d）所示。

2.5.2　数值模拟

1. 知识总量分析

知识创造超网络模型的演化过程可以分为两个阶段。第一个阶段是为局域世界演化过程生成一个初始超网络，该初始超网络中包含 M_0=20 个节点和 E_0=18 条超边。该初始超网络采用的是全局择优连接机制。第二个阶段是，超网络从 M_0=20 个节点和 E_0=18 条超边开始进行演化。在每一时间步 t，超网络中的一个新增节点和局域世界中的 m_t 个节点结合生成一条新的超边。参数设定如下：均值 m=2，局域世界大小 M=15，超网络规模节点数 N=1000。每个节点的初始知识量设定为 $V_j(0)\in U[1,5]$。参数 A=0.5，用以衡量知识创造函数的综合创造水平。

为了研究知识创造函数中参数 α 和 β 对两个知识创造超网络模型中知识总量的影响，本节对两个模型分别独立地做了 121 组实验。α 和 β 都分别依次取值为 $\{0,0.1,0.2,\cdots,1\}$。图 2-18 显示了在不同参数对(α,β)下的知识创造超网络中的知识总量。

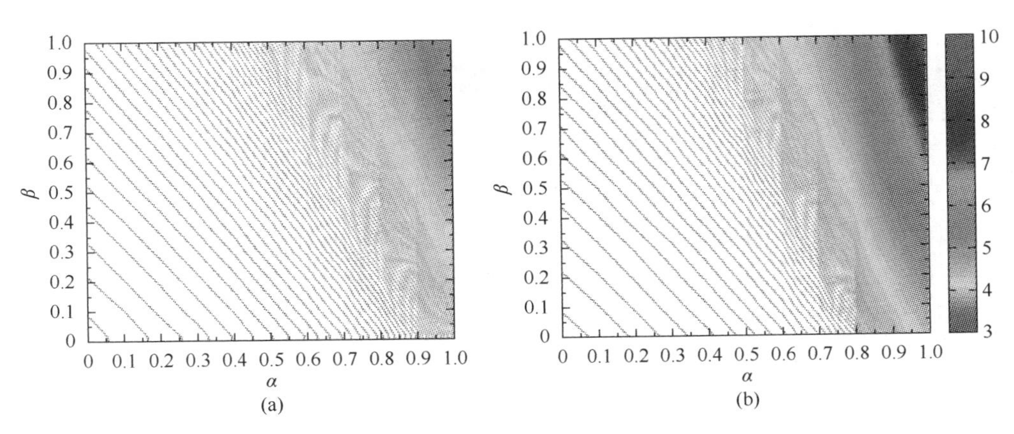

图 2-18　知识总量 KS 的对数值在不同参数对(α,β)下的等高线图

图 2-18（a）表示的是在不同参数对(α,β)下的 HDPH 模型中知识总量的等高线图。超网络的规模为节点数 N=1000，其中 $KS=\sum_{j=1}^{N}V_j$ 。所有数据为 100 次独立实验取得的平均值。实验结果表明，随着 α 或 β 的增大，知识总量也增大。图 2-18（b）表示的是在不同参数对(α,β)下的 KSPH 模型中知识总量的等高线图。超网络的规模为节点数 N=1000，其中 $KS=\sum_{j=1}^{N}V_j$ 。所有数据为 100 次独立实验取得的平均值。实验结果表明，随着 α 或 β 的增大，知识总量也增大。比较两个模型中的知识总量可知，在相同的参数对(α,β)下，KSPH 模型中的知识总量比 HDPH 模型中的知识总量要高。也就是说，采用知识量择优连接和分配给参与者的知识量与其自身所拥有的知识量成正比的机制更有利于科研合作网络中的知识创造与传播过程。

2. 知识量分布

本节分别分析了两个知识创造超网络在参数对(α,β)下的知识量的分布情形。因为用实数表示的知识量水平不会相等，所以当分析知识量的统计分布时，对每个节点的知识量都进行取整处理。

在 HDPH 模型中，并不是在所有的参数对(α,β)下超网络中的知识量分布都呈现幂律分布情形。图 2-19 中给出了部分参数对(α,β)下 HDPH 模型的知识量分布图，所有数据为 100 次独立实验取得的平均值。

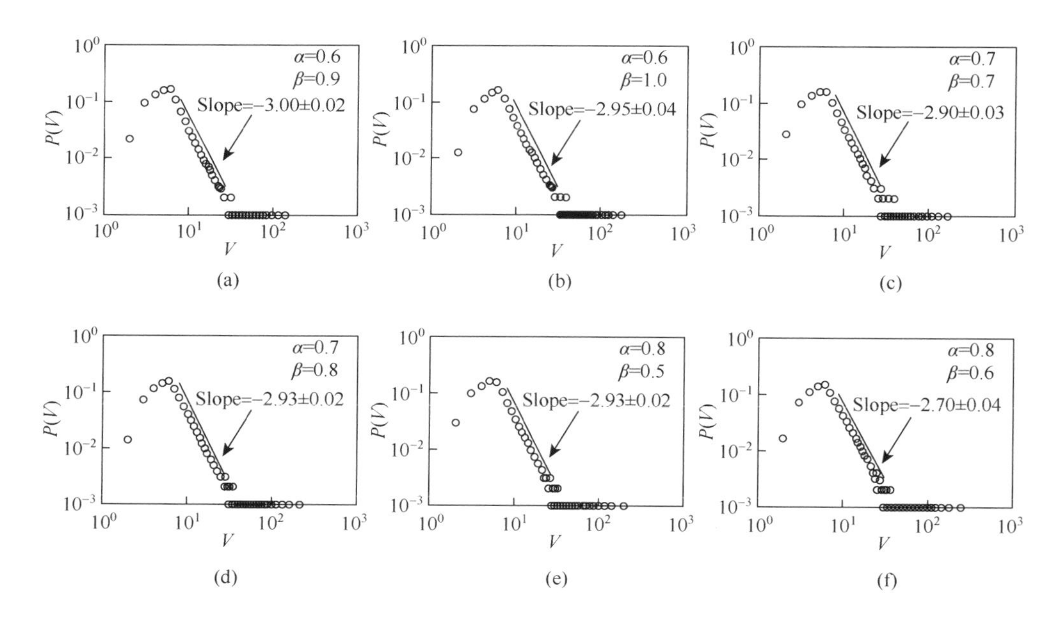

(a)　(b)　(c)

(d)　(e)　(f)

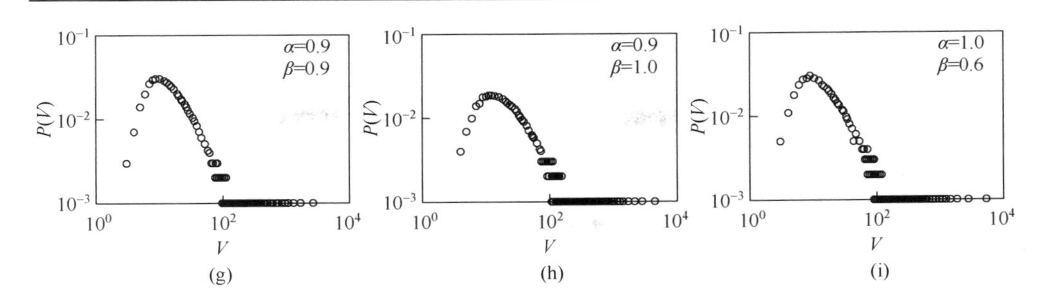

图 2-19　双对数坐标下 HDPH 模型的知识量概率分布图，V 为知识量

图 2-19 中显示了 9 对(α,β)下的知识量分布图。图 2-19（a）～（f）中的知识量分布呈现出幂律分布形式，而图 2-19（g）～（i）中的知识量分布并不呈现幂律分布形式。由此可知，在 HDPH 模型的演化机制下所生成的知识创造超网络中，知识量分布具有多种形式，这可以反映现实生活中科研合作形式的多样化。

在 KSPH 模型中，所有的参数对(α,β)下超网络中的知识量分布都呈现幂律分布情形。图 2-20 中给出了 KSPH 模型中知识量幂律分布指数在不同参数对(α,β)下的等高线图，所有数据为 100 次独立实验取得的平均值。

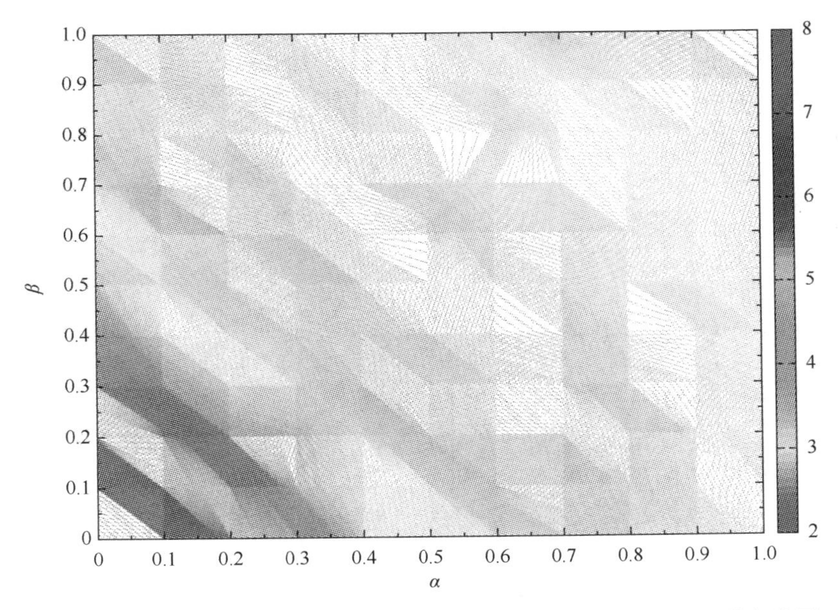

图 2-20　KSPH 模型中知识量幂律分布指数在不同参数对(α,β)下的等高线图

从图 2-20 可知，在 KSPH 模型中，当 α 保持不变，随着 β 的增大，知识量幂律分布指数逐渐降低；同时，当 β 保持不变，随着 α 的增大，知识量幂律分布指数也

逐渐降低。由此可知，在 KSPH 模型的演化机制下所生成的知识创造超网络中，知识量分布均呈现幂律分布形式，这可以反映现实生活中某种特定的科研合作形式。

3. 超度分析

HDPH 模型中的超度分布可以用平均场理论进行理论解析，具体的解析过程可参考第 3 章中超度分布的解析过程。理论解析结果表明，超度分布独立于局域世界的规模，且呈现出幂律分布，即 $P(d_H) \propto d_H^{-\gamma}$，其中幂律指数 $\gamma = 2 + 1/m$。虽然，知识量的概率分布在某些参数对下呈现出幂律分布，但是知识量独立于 HDPH 模型的超度分布。因为在相同的超网络拓扑结构下，在不同参数对下的知识量的概率分布不尽相同，且并非在所有的参数对下都呈现出幂律分布。

在 KSPH 模型的演化机制中，超网络的结构演化与知识创造过程相互影响，所以该模型中的超度分布较难解析。对 $(\alpha, \beta) = (0,0), (0,1), (1,0), (1,1)$ 等四种情况下的超度分布进行数值分析，结果如图 2-21 所示。

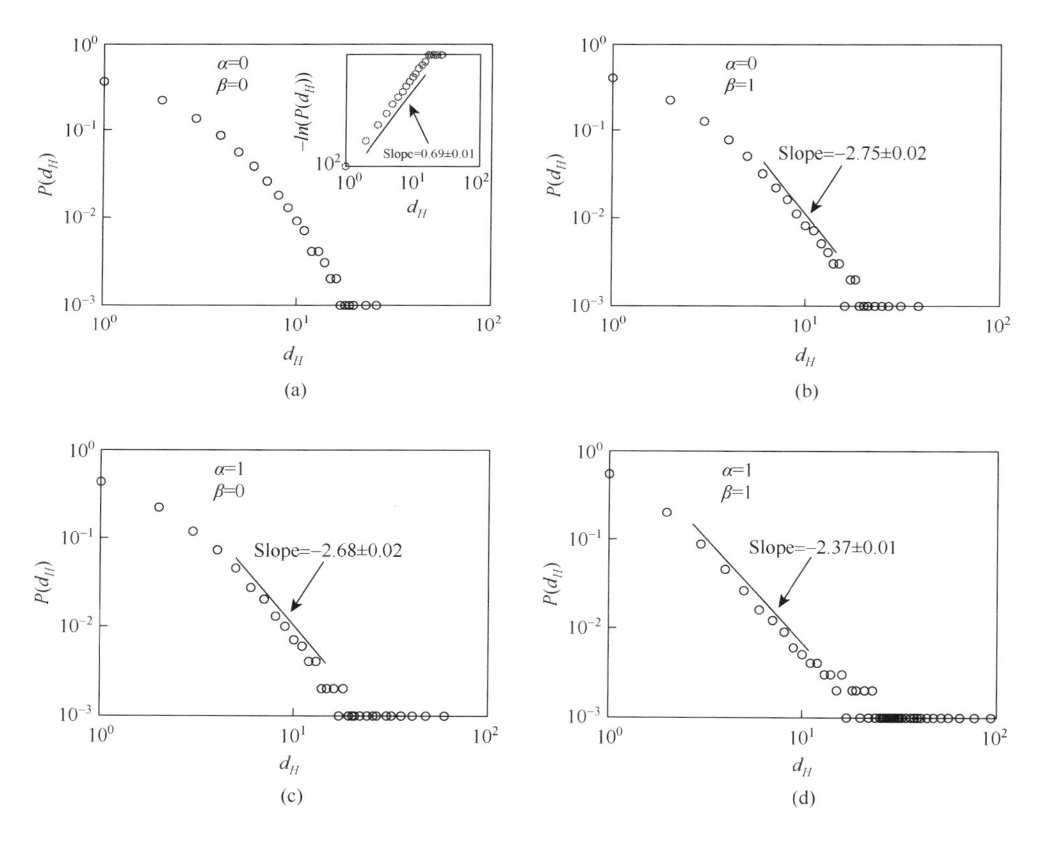

图 2-21　双对数坐标下，KSPH 模型的超度分布图

图 2-21 中，超网络的节点数为 1000，局域世界大小 M=15，均值 m=2。在广延指数分布 $P(d_H)\propto(d_H)^{\mu-1}\exp\left[-\left(\frac{d_H}{d_{H_0}}\right)^{\mu}\right]$ 中，d_{H_0} 为常数，0≤μ≤1。当 μ=1 时，就成了一般的指数分布。若用 lg(d_H)作为 x 轴，$\lg(-\lg P(d_H))$ 作为 y 轴，成一条直线，斜率为 μ。图 2-21（a）的子图中，描述了 $\lg(-\lg P(d_H))$ 与 lg(d_H)的线性相关性，因此当 $(\alpha,\beta)=(0,0)$ 时，超度分布服从广延指数分布，且其指数为 0.69。由图 2-21（b）和（c）可知，当 $(\alpha,\beta)=(0,1),(1,0)$ 时，在超度 d_H 大于某个值后，超度分布服从幂律分布，且其幂律指数依次近似等于 2.75 和 2.68。由图 2-21（d）可知，当 $(\alpha,\beta)=(1,1)$ 时，超度分布服从幂律指数为 2.37 的幂律分布。

2.6　小　　结

超网络中的知识创造与传播过程往往伴随着网络结构的演化，因此本章将超网络结构演化与知识创造过程结合在一起，采用了不同的演化机制构造了两个基于知识创造的动态演化超网络模型。这两个知识创造模型并不是基于已有的静态网络，而是由一个动态演化机制来生成超网络。HDPH 模型的核心是局域世界超度择优连接和基于科布-道格拉斯生产函数的知识创造，且创造的知识量由所有参与者均分。KSPH 模型的核心是局域世界知识量择优连接和基于科布-道格拉斯生产函数的知识创造，且创造的知识量在所有参与者中进行分配，参与者分配到的知识量与其自身所拥有的知识量成正比。两个模型中的知识创造过程与超网络结构演化同步进行。

本章分别研究了参数对(α,β)对于两个模型（HDPH 模型和 KSPH 模型）中知识总量的影响。实验结果表明，随着 α 或 β 的增大，两个模型的知识总量也随之增大。在相同的参数对(α,β)下，KSPH 模型中的知识总量比 HDPH 模型中的知识总量要高。也就是说，采用知识量择优连接和分配给参与者的知识量与其自身所拥有的知识量成正比的机制更有利于科研合作网络中的知识创造与传播过程。本章还分析了在这两个模型演化机制下生成的知识创造超网络中知识量的分布情况。实验结果表明，在 HDPH 模型的演化机制下所生成的知识创造超网络中，知识量分布具有多种形式，并不都呈现幂律分布形式。在 KSPH 模型的演化机制下所生成的知识创造超网络中，知识量分布均呈现幂律分布形式。当 α 保持不变，随着 β 的增大，知识量幂律分布指数逐渐降低；同时，当 β 保持不变，随着 α 的增大，知识量幂律分布指数也逐渐降低。这两个模型均能从某个方面反映现实生活中的科研合作形式。HDPH 模型的超度分布可以用平均场理论进行解析。解析结果表明超度近似服从幂律分布，且幂律指数 $\gamma=2+1/m$。由于 KSPH 模型中超网络的增长过程依赖于节点的知识量，因此 KSPH 模型中的超度分布难以进行理论解析。其数值模拟结果表明，KSPH 模型的超度分布服从广延指数分布和幂律分布两种形式。

参 考 文 献

[1] Nagurney A，Dong J. Supernetworks：Decision-Making for the Information Age[M]. Elgar：Edward Publishing，Incorporated，2002.

[2] Berge C. Graphs and Hypergraphs[M]. Amsterdam：North-Holland Publishing Company，1973.

[3] Nagurney A. On the relationship between supply chain and transportation network equilibria：A supernetwork equivalence with computations[J]. Transportation Research Part E：Logistics and Transportation Review，2006，42（4）：293-316.

[4] 王志平，王众托. 超网络理论及其应用[M]. 北京：科学出版社，2008.

[5] 白敏茹. 变分不等式与平衡约束优化的几个理论问题[D]. 长沙：湖南大学，2004.

[6] 胡梦瑜. 广义变分不等式理论及其若干问题[D]. 上海：上海师范大学，2007.

[7] Noor M A. General variational inequalities and nonexpansive mappings[J]. Journal of Mathematical Analysis and Applications，2007，331（2）：810-822.

[8] Tarafdar E，Yuan G X Z. Generalized variational inequalities and its applications[J]. Nonlinear Analysis：Theory，Methods & Applications，1997，30（7）：4171-4181.

[9] Nagurney A，Dong J，Zhang D. A supply chain network equilibrium model[J]. Transportation Research Part E：Logistics and Transportation Review，2002，38（5）：281-303.

[10] Nagurney A，Cruz J，Dong J，et al. Supply chain networks，electronic commerce，and supply side and demand side risk[J]. European Journal of Operational Research，2005，164（1）：120-142.

[11] Nagurney A，Loo J，Dong J，et al. Supply chain networks and electronic commerce：A theoretical perspective[J]. Netnomics，2002，4（2）：187-220.

[12] Nagurney A，Ke K，Cruz J，et al. Dynamics of supply chains：A multilevel（logistical-informational-financial）network perspective[J]. Environment and Planning B，2002，29（6）：795-818.

[13] Nagurney A，Toyasaki F. Supply chain supernetworks and environmental criteria[J]. Transportation Research Part D：Transport and Environment，2003，8（3）：185-213.

[14] Daniele P. Variational inequalities for evolutionary finan-cial equilibrium[J]. Innovations in Financial and Eco-nomic Networks，2003：84-108.

[15] Nagurney A，Dong J. A multiclass，multicriteria traffic network equilibrium model with elastic demand[J]. Transportation Research Part B：Methodological，2002，36（5）：445-469.

[16] Nagurney A，Matsypura D. Global supply chain network dynamics with multicriteria decision-making under risk and uncertainty[J]. Transportation Research Part E：Logistics and Transportation Review，2005，41（6）：585-612.

[17] Stadtler H. Supply chain management and advanced planning——basics，overview and challenges[J]. European Journal of Operational Research，2005，163（3）：575-588.

[18] Nagurney A，Toyasaki F. Reverse supply chain management and electronic waste recycling：A multitiered network equilibrium framework for e-cycling[J]. Transportation Research Part E：Logistics and Transportation Review，2005，41（1）：1-28.

[19] Hammond D，Beullens P. Closed-loop supply chain network equilibrium under legislation[J]. European Journal of Operational Research，2007，183（2）：895-908.

[20] 王志平，周生宝，郭俊芳，等. 基于变分不等式的网络广告资源分配的超网络模型[J]. 大连海事大学学报，2007，33（4）：26-30.

[21] 席运江，党延忠. 基于加权超网络模型的知识网络鲁棒性分析及应用[J]. 系统工程理论与实践，2007，4（4）：134-140.

[22] 席运江，党延忠，廖开际. 组织知识系统的知识超网络模型及应用[J]. 管理科学学报，2009，12（3）：12-21.

[23] 于洋，党延忠. 组织人才培养的超网络模型[J]. 系统工程理论与实践，2009，29（4）：154-160.

[24] 武澎，王恒山. 突发事件信息传播超网络建模及重要节点判定[J]. 情报学报，2012，31（7）：722-729.

[25] 武澎，王恒山，李煜，等. 突发事件信息传播超网络中重要调控节点的判定研究[J]. 图书情报工作，2013，57（1）：112-116，148.

[26] 武澎，王恒山，李煜. 突发事件信息传播超网络中枢纽节点的判定研究[J]. 管理评论，2013，25（6）：104-111.

[27] Volpentesta A P. Hypernetworks in a directed hypergraph[J]. European Journal of Operational Research，2008，188（2）：390-405.

[28] Ghoshal G，Zlatic V，Caldarelli G，et al. Random hypergraphs and their applications[J]. Physical Review E，2009，79（6）：1-11.

[29] 蔡淑琴，吴颖敏，程全胜. 市场机遇发现的超图路径及其应用[J]. 武汉理工大学学报（信息与管理工程版），2009，30（6）：923-927.

[30] 王众托. 关于超网络的一点思考[J]. 上海理工大学学报，2011，33（3）：229-237.

[31] 尚艳超，王恒山，王艳灵. 基于微博上信息传播的超网络模型[J]. 技术与创新管理，2012，33（2）：175-179.

[32] Estrada E，Rodriguez-Velazquez J A. Subgraph centrality in complex networks[J]. Physical Review E，2005，71（5）：056103.

[33] Zlatić V，Ghoshal G，Caldarelli G. Hypergraph topological quantities for tagged social networks[J]. Physical Review E，2009，80（3）：036118.

[34] Zhang Z K，Liu C. A hypergraph model of social tagging networks[J]. Journal of Statistical Mechanics：Theory and Experiment，2010，（10）：P10005.

[35] Wang J W，Rong L L，Deng Q H，et al. Evolving hypernetwork model[J]. The European Physical Journal B，2010，77（4）：493-498.

[36] 胡枫，赵海兴，马秀娟. 一种超网络演化模型构建及特性分析[J]. 中国科学：物理学，力学，天文学，2013（1）：16-22.

[37] Yang G，Liu J. A local-world evolving hypernetwork model[J]. Chinese Physics B，2014，23（1）：018901.

[38] Sveiby K E. The New Organizational Wealth：Managing & Measuring Knowledge-based Assets[M]. Oakland：Berrett-Koehler Publishers，1997.

[39] Davenport T H，Prusak L. Working Knowledge：How Organizations Manage what They Know[M]. Brighton：Harvard Business Press，2000.

[40] 孙恒志. 从已有知识定义的缺陷看知识定义的科学整合[J]. 山东科技大学学报（社会科学版），2002，4（3）：15-18.

[41] 张福学. 知识管理领域的知识分类[J]. 情报杂志，2001，20（9）：5-6.

[42] 方世建. 基于知识专有性的治理结构重构[J]. 经济学家，2006，（3）：120-121.

[43] 袁静，孔杰. 知识分类与组织知识研究[J]. 企业经济，2007，（4）：48-50.

[44] 秦亚东，王睿. 知识产权的专有性与反垄断规制探讨[J]. 黑龙江省政法管理干部学院学报，2007，(6)：94-96.

[45] 王德禄. 知识管理的 IT 实现：朴素的知识管理[M]. 北京：电子工业出版社，2003.

[46] Polanyi M. Personal Knowledge：Towards a Post-critical Philosophy[M]. Chicago：The University of Chicago Press，1962.

[47] Kakabadse N K，Kakabadse A，Kouzmin A. Reviewing the knowledge management literature：Towards a taxonomy[J]. Journal of Knowledge Management，2003，7（4）：75-91.

[48] 奉继承. 知识管理、理论技术与运营[M]. 北京：中国经济出版社，2006.

[49] 彭坤明. 知识经济与教育[M]. 南京：南京师范大学出版社，1998.

[50] 王国元. 组织行为与组织管理[M]. 北京：中国统计出版社，2001.

[51] Geroski P A. Models of technology diffusion[J]. Research Policy，2000，29（4）：603-625.

[52] Teece D J. Profiting from technological innovation：Implications for integration，collaboration，licensing and public Policy[J]. Research Policy，1986，15（6）：285-305.

[53] Coleman J，Katz E，Menzel H. The diffusion of an Innovation among physicians[J]. Sociometry，1957，20（4）：253-270.

[54] Robertson T S. The process of innovation and the diffusion of innovation[J]. The Journal of Marketing，1967，31（1）：14-19.

[55] Rogers E M. Diffusion of Innovations[M]. New York：Simon and Schuster，2010.

[56] Valente T W. Network models of the diffusion of innovations[J]. Computational & Mathematical Organization Theory，1996，2（2）：163-164.

[57] Argote L，Ingram P. Knowledge transfer：A basis for competitive advantage in firms[J]. Organizational Behavior and Human Decision Processes，2000，82（1）：150-169.

[58] Darr E D，Argote L，Epple D. The acquisition，transfer，and depreciation of knowledge in service organizations：Productivity in franchises[J]. Management Science，1995，41（11）：1750-1762.

[59] Kim H，Park Y. Structural effects of R&D collaboration network on knowledge diffusion performance[J]. Expert Systems with Applications，2009，36（5）：8986-8992.

[60] Kreng V B，Tsai C M. The construct and application of knowledge diffusion model[J]. Expert Systems with Applications，2003，25（2）：177-186.

[61] Reagans R，McEvily B. Network structure and knowledge transfer：The effects of cohesion and range[J]. Administrative Science Quarterly，2003，48（2）：240-267.

[62] Szulanski G. The process of knowledge transfer：A diachronic analysis of stickiness[J]. Organizational Behavior and Human Decision Processes，2000，82（1）：9-27.

[63] Boone T，Ganeshan R. Knowledge acquisition and transfer among engineers：Effects of network structure[J]. Managerial and Decision Economics，2008，29（5）：459-468.

[64] Watts D J，Strogatz S H. Collective dynamics of “small-world”networks[J]. Nature，1998，393（6684）：440-442.

[65] Barabási A L，Albert R. Emergence of scaling in random networks[J]. Science，1999，286（5439）：509-512.

[66] Guo Q，Zhou T，Liu J G，et al. Growing scale-free small-world networks with tunable assortative coefficient[J]. Physica A：Statistical Mechanics and its Applications，2006，371（2）：814-822.

[67] 任卓明，邵凤，刘建国，等. 基于度与集聚系数的网络节点重要性度量方法研究[J]. 物理学报，2013，62（12）：128901.

[68] Liu J G，Xuan Z G，Dang Y Z，et al. Weighted network properties of Chinese nature science basic research[J].

Physica A：Statistical Mechanics and its Applications，2007，377（1）：302-314.
[69] Liu J，Hou L，Zhang Y L，et al. Empirical analysis of the clustering coefficient in the user-object bipartite networks[J]. International Journal of Modern Physics C，2013，24（8）：1350055.
[70] Liu J G，Hu Z，Guo Q. Effect of the social influence on topological properties of user-object bipartite networks[J]. The European Physical Journal B，2013，86（11）：1-11.
[71] Abrahamson E，Rosenkopf L. Social network effects on the extent of innovation diffusion：A computer simulation[J]. Organization Science，1997，8（3）：289-309.
[72] Cowan R，Jonard N，Zimmermann J B. On the Creation of Networks and Knowledge[M]. Berlin：Springer，2004.
[73] Cowan R，Jonard N，Zimmermann J B. Bilateral collaboration and the emergence of innovation networks[J]. Management Science，2007，53（7）：1051-1067.
[74] Hansen M T. The search-transfer problem：The role of weak ties in sharing knowledge across organization subunits[J]. Administrative Science Quarterly，1999，44（1）：82-111.
[75] Mu J，Tang F，MacLachlan D L. Absorptive and disseminative capacity：Knowledge transfer in intra-organization networks[J]. Expert Systems with Applications，2010，37（1）：31-38.
[76] Walter J，Lechner C，Kellermanns F W. Knowledge transfer between and within alliance partners：Private versus collective benefits of social capital[J]. Journal of Business Research，2007，60（7）：698-710.
[77] Bala V，Goyal S. Learning from neighbours[J]. The Review of Economic Studies，1998，65（3）：595-621.
[78] Singh J. Collaborative networks as determinants of knowledge diffusion patterns[J]. Management Science，2005，51（5）：756-770.
[79] Deroian F. Formation of social networks and diffusion of innovations[J]. Research Policy，2002，31（5）：835-846.
[80] Ellison G，Fudenberg D. Word-of-mouth communication and social learning[J]. The Quarterly Journal of Economics，1995，110（1）：93-125.
[81] Delre S A，Jager W，Janssen M A. Diffusion dynamics in small-world networks with heterogeneous consumers[J]. Computational and Mathematical Organization Theory，2007，13（2）：185-202.
[82] Amblard F，Deffuant G. The role of network topology on extremism propagation with the relative agreement opinion dynamics[J]. Physica A：Statistical Mechanics and its Applications，2004，343：725-738.
[83] Lin M，Li N. Scale-free network provides an optimal pattern for knowledge transfer[J]. Physica A：Statistical Mechanics and its Applications，2010，389（3）：473-480.
[84] Stauffer D，Sahimi M. Diffusion in scale-free networks with annealed disorder[J]. Physical Review E，2005，72（4）：046128.
[85] Tang F，Xi Y，Ma J. Estimating the effect of organizational structure on knowledge transfer：A neural network approach[J]. Expert Systems with Applications，2006，30（4）：796-800.
[86] Tang F，Mu J，MacLachlan D L. Disseminative capacity，organizational structure and knowledge transfer[J]. Expert Systems with Applications，2010，37（2）：1586-1593.
[87] Xuan Z，Xia H，Du Y. Adjustment of knowledge-connection structure affects the performance of knowledge transfer[J]. Expert Systems with Applications，2011，38（12）：14935-14944.
[88] 于洋，党延忠，吴江宁，等. 基于超网络的知识传播趋势分析[J]. 情报学报，2010，(2)：356-361.
[89] Li X，Chen G. A local-world evolving network model[J]. Physica A：Statistical Mechanics and its Applications，2003，328（1）：274-286.
[90] Berge C. Hypergraphs：Combinatorics of Finite Sets[M]. North-holland：Elsevier，1984.

[91] Dunbar R I M. Neocortex size as a constraint on group size in primates[J]. Journal of Human Evolution，1992，22（6）：469-493.

[92] Dunbar R I M. Neocortex size and group size in primates：A test of the hypothesis[J]. Journal of Human Evolution，1995，28（3）：287-296.

[93] Albert R，Barabási A L. Statistical mechanics of complex networks[J]. Reviews of Modern Physics，2002，74（1）：47.

[94] Morone P，Taylor R. Knowledge diffusion dynamics and network properties of face-to-face interactions[J]. Journal of Evolutionary Economics，2004，14（3）：327-351.

[95] Cowan R，Jonard N. Network structure and the diffusion of knowledge[J]. Journal of Economic Dynamics and Control，2004，28（8）：1557-1575.

[96] Morone P，Taylor R. Small world dynamics and the process of knowledge diffusion：The case of the metropolitan area of greater Santiago de Chile[J]. Journal of Artificial Societies and Social Simulation，2004，27（7）：1304-1309.

第 3 章　用户行为模式分析

3.1　用户行为在个性化推荐算法中的重要地位

为了让推荐结果符合用户口味，就需要深入了解用户。如何才能了解一个人呢？古人云“听其言，观其行”，也就是说可以通过用户行为和留下的文字了解用户的兴趣和需求。实现个性化推荐最理想的情况是用户能主动告知他喜欢什么，但是这种方法有 3 个缺点：首先，现在的自然语言理解技术达不到能够准确理解用户用来描述兴趣的自然语言；其次，用户的兴趣是不断变化的，然而用户不会不停地更新兴趣描述；最后，很多时候用户并不知道自己喜欢什么，或者很难用语言描述自己喜欢什么。因此，需要设计算法自动挖掘用户的行为数据，通过各种方法从用户的行为中推测乃至量化用户的兴趣，从而向用户推荐满足他们兴趣的物品。所以，在获取用户行为数据之后，如何度量用户的兴趣是需要解决的一个重要问题[1]。

用户的兴趣和需求在一定的时间段内是稳定的，但在较长时间段内又是变化的。因此，当用户的兴趣偏好发生变化时，需要对已经建立的用户兴趣度量模型进行优化和更新。而准确获取用户的相关反馈，则是更新用户兴趣度量模型的关键之所在。

大量的实例说明，用户的行为不是随机的。最著名的就是啤酒和尿布的例子。这个例子说明用户的行为数据中蕴涵着很多不是那么显而易见的规律，而个性化推荐算法的任务就是通过数据挖掘去发现这些规律，从而为产品的设计和推荐提供指导，提高用户的使用体验。

3.2　用户行为模式分析

从心理学的角度讲，兴趣是指个人对客观事物的选择性态度，表现为一个人认识、探索、接近或获得某种客观事物的倾向，它是个性最明显的表现。一个人的兴趣可以通过他的行为表现出来，因此通过用户的浏览行为，就能够初步判断出用户当前的兴趣所在。用户的兴趣在一定程度上决定了用户的行为，这是因为用户的选择或打分行为通常都是根据个人的兴趣而定[2]。因此，对用户兴趣的深入研究有助于更好地理解用户的行为模式，进而提升用户的体验[3]。用户行为繁多复杂，往往呈现无规律性，那么如何从海量的数据中精确地度量出用户的兴趣所在，是一个亟需解决的问题。用户行为的收集和分类为用户兴趣度量提供了很好的数据，利用这些数据学者设计了一些度量用户兴趣的方法。

已有研究表明用户的行为遵循某些可预测的规律，而不是随机发生的[4,5]。目前从网络结构的角度来看，用户的许多在线行为模式已经显现出来[6-9]。例如，Bianconi 等[7]研究了用户的选择行为模式对于网络演化的影响。另外，Onnela 等[6]将 Facebook 中的应用程序的下载次数随时间序列的变化作了深入分析，对社会影响的效果进行波动尺度分析（fluctuation scaling methods）后，发现系统中产生了两种不同的情况：如果应用程序的流行度超过一个特定的阈值，社会影响会与用户的行为高度相关；如果低于这个阈值，社会影响所产生的集体效应就会消失，此时人的选择行为是相对独立的。这就是所谓的共同兴趣和特定兴趣[10,11]。

3.2.1 基于集聚系数的度量方法

1. 集聚系数

集聚系数是用来度量网络集团性的统计量，用社会网络的语言来说，就是衡量某人的两个朋友也是朋友的概率。

在单部分网络中，传统集聚因子 $C_3(i)$ 是实际存在的三角形个数与可能存在的三角形个数之比。对于一个节点 i，实际存在的三角形个数为目标节点的邻居节点之间的连边条数（表示为 E_i）；而可能存在的三角形个数是当目标节点的所有邻居节点两两连接时的三角形个数，即为 $k_i(k_i-1)/2$（因为 k_i 就是目标节点的邻居节点个数）。这样一来，C_3 反映的是目标节点的邻居节点之间连接的紧密程度，反映在全局网络中，也就是整个网络的连接紧密程度。其表达式为

$$C_3(i)=\frac{2E_i}{k_i(k_i-1)} \tag{3-1}$$

其中，k_i 是节点 i 的度；平均集聚系数 C 定义为 $C=\sum_{i=1}^{N}C_3(i)/N$。

Lind 等提出用循环测量来研究二部分图的集聚属性[12,13]。集聚系数 $C_4(i)$ 是指二部分图中存在的四方形与全部可能的四方形的个数比值。二部分网络的集聚因子和传统集聚因子类似，为实际存在的四边形个数与可能存在的四边形个数之比。对于一个给定节点，其实际存在的四边形个数等于目标节点所有一阶邻居节点之间存在共同的二阶邻居点个数；而可能存在的四边形个数，是假设目标节点的所有一阶邻居点与所有二阶邻居点都有连接时所存在的四边形个数，并且当一阶邻居节点有相互连接时，应在此基础上减去 1。

$$C_4(i)=\frac{\sum_{x=1}^{k_i}\sum_{y=x+1}^{k_i} q_i(x,y)}{\sum_{x=1}^{k_i}\sum_{y=x+1}^{k_i}[a_i(x,y)+q_i(x,y)]} \tag{3-2}$$

其中，x 和 y 表示节点 i 的两个邻居节点；$q_i(x,y)$ 表示节点 x 和节点的 y（不含 i 节点）的共同邻居数；$a_i(x,y)=(k_x-\eta_i(x,y))(k_y-\eta_i(x,y))$，其中 $\eta_i(x,y))=1-q_i(x,y)+\theta_{xy}$，如果节点 i 的两个邻居 x 和 y 互相连接，则 $\theta_{xy}=1$；否则为 0。q_i 是指网络实际存在的四边形个数，这里只有一个四边形包含目标节点 i，就是图 3-1（b）中的四边形 i-1-j-z-(i)。需要注意的是，如果将节点 i 作为目标节点，q_i 都应该除去目标节点。

图 3-1（a）用以计算 C_3，图 3-1（b）用以计算 C_4，点 i 为目标节点。如图 3-1（a）所示，$k_i=3$，节点 1、2、3 为节点 i 的邻居，图中存在的三角形个数 $E_i=1$，所以 $C_3(i)=1/3$。在图 3-1（b）中，节点 1、2、4 是节点 i 的邻居，$k_1=2,\ k_2=2,\ k_3=2$; 从图中可以清晰看到，$q_i(1,2)=1,\ q_i(1,4)=0,\ q_i(2,4)=0$。另外，相同性质的点之间不能存在连接，所以 $\theta_{12}=\theta_{14}=\theta_{24}=0.\ \eta_i(1,2)=2,\ \eta_i(1,4)=1,\ \eta_i(2,4)=1;\ a_i(1,2)=0,\ a_i(1,4)=1,\ a_i(2,4)=1$，得出 $C_4(i)=1/3$。

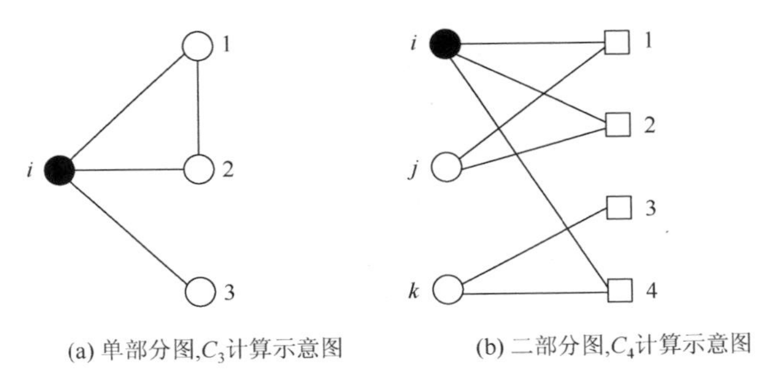

(a) 单部分图,C_3计算示意图　(b) 二部分图,C_4计算示意图

图 3-1　不同网络中，C_3、C_4示意图

Liu 等[14]认为，在产品–用户二部分图中，一个用户的 C_4 值可以度量其兴趣的变化模式。对于二部分图中给定的一个指定点 i，因为相同点集中的点之间不能存在连接，所以网络中存在的四边形个数就等于点 i 的邻居节点之间相同邻居节点的个数。正如图 3-1（b）中所示，点 1、2、4 是目标点 i 的所有的三个邻居节点，而只有点 1 和点 2 有相同的邻居节点 j，所以存在的四边形个数为 1。在用户–产品二部分图中也是如此，一个指定用户的 C_4 可以表示他所选择的产品又被其他用户同时选择的概率。如此一来，一个数值较高的 C_4 表示了该用户所选择的产品往往会被其他用户同时选择，而不是分别选择，所以，可以合理地推论，这些产品之间有很高的相似度。

“同时选择”和“分别选择的”区别如下：例如，某人选了 1 号和 2 号产品，如果他（她）的 C_4 高，则其他用户选择 1 号产品的同时也会选择 2 号产品，这就是 1、2 号产品更多地被同时选择；而如果他（她）的 C_4 很低，说明别人选了 1 号就不会选 2 号，也就是 1、2 号产品更倾向于被分别选择。

简而言之，一个用户的 C_4 的值可以度量其兴趣的多样性程度。C_4 的值越高，用户兴趣越单一，反之则越丰富。根据这个结论，可以借助 C_4 来研究用户-产品二部分图中用户兴趣的变化模式以及与其他统计特性的关系。

2. 实证分析

为了验证猜想，这里采用 MovieLens 的数据。这个数据包含了从 1995 年 1 月到 2009 年 1 月，69878 个用户对 10677 个电影作出选择的 10000054 条记录。一个行为一条记录，每条记录的格式如下：

UserID:：MovieID:：Rating:：Timestamp

由于互联网泡沫以及其他的种种原因，2000 年以前的数据量波动十分剧烈，因此本节选择了从 2000 年 1 月到 2008 年 12 月之间 9 年的数据进行研究、分析。分别计算 36 个季度的 C_4，得到每个季度的用户平均 C_4，如图 3-2 所示。由于人类生活在以年为周期的历法下，并且电影的上映也大致以年为周期，本节进一步对每一年内的数据作了统计以研究用户兴趣在每一年内的变化规律。对每一年的春季、夏季、秋季和冬季的数据分别作平均，得到图 3-3。

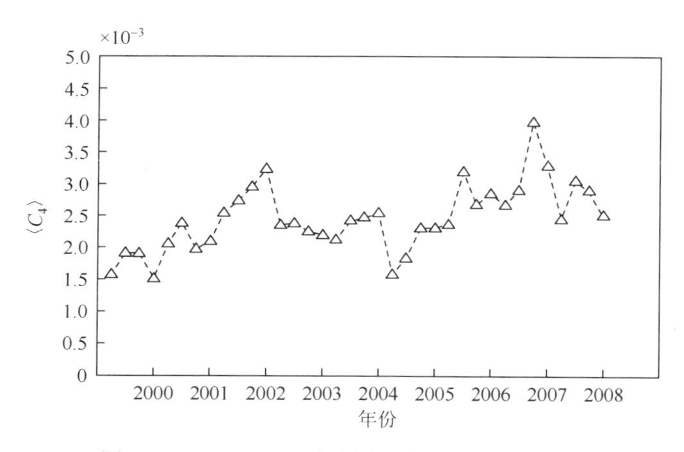

图 3-2　2000～2008 年用户平均 C_4 的变化趋势

图 3-2 中横坐标为按年份表示的时间轴。每一年包含四个点，也就是春季、夏季、秋季和冬季。纵坐标是相应季度用户的平均 C_4。

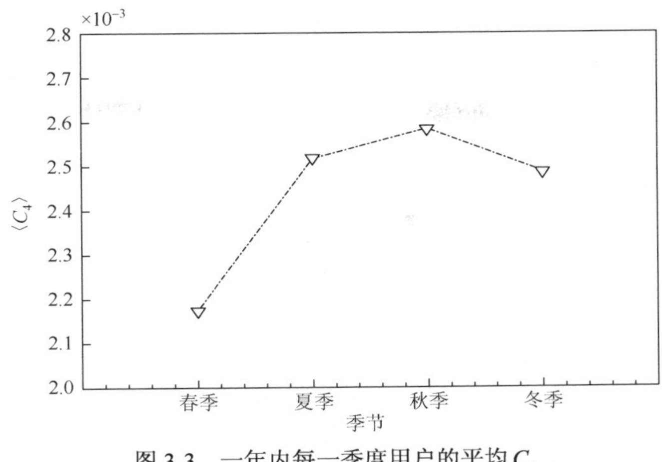

图 3-3　一年内每一季度用户的平均 C_4

图 3-3 中每一个点代表 2000～2008 年的春季、夏季、秋季和冬季的平均 C_4。为了得到更详尽的一年内 C_4 的变化趋势，本节也做了每个月的平均趋势图，不过由于数据稀疏问题，曲线波动十分剧烈，因而未采用。

为了研究用户-产品二部分图中用户的选择行为，本节进一步分析了每个时间段的数据。图 3-4 反映了用户的 C_4 和用户度的关系。用户的度一般被看做用户的活跃程度，也就是说一个用户的度越大，其选择的产品越多，活跃程度就越高。最为活跃的用户，就是选择了最多电影的用户，容易被认为是拥有最广泛兴趣的用户。但事实上却不是这样的，最活跃的用户兴趣往往并不是兴趣最广泛的用户，当然也不会是兴趣最单一的用户。他们往往是兴趣多样性中等偏高的用户。C_4 值最高的用户，是兴趣最单一的用户，他们只看某种类型的电影，图 3-4 表明这些用户活跃度不高。对于他们，应先找到其兴趣之所在，由于他们的兴趣非常集中，根据其兴趣作出推荐的准确率很高。

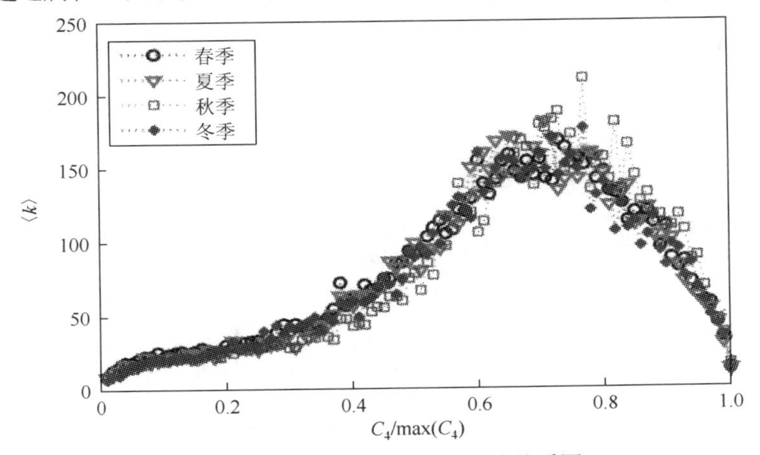

图 3-4　用户集聚系数与度 k 的关系图

在图 3-4 中分别分析了四个季度的数据，如图所示，四条曲线分别代表四个季度。将每个季度中的用户，按照 C_4 值的大小分为 100 组，纵坐标即为每组用户对应的平均度值，横坐标为标准化后的 C_4 值，也就是横坐标值越大，对应的 C_4 值相对越大。

从图 3-4 中可以看出，用户的 C_4 与度的关系并不是简单的线性关系，而 C_4 又反映了用户的兴趣度，也就是说用户兴趣的多样性与活跃度并不是线性关系。所谓个性化推荐，就是要根据不同用户的兴趣，对各个用户分别作出推荐。在设计推荐算法时，不能将所有的用户混在一起作推荐，因为相同活跃程度的用户可能有两种截然不同的兴趣多样性，一种很广泛，一种很单一。对于兴趣单一的用户和兴趣广泛的用户，合理的推荐必然是完全不同的。因为前者只喜欢特定类型的产品，而后者喜欢各式各样的产品。考虑到不同用户有着不同的选择习惯与兴趣，需要先对用户分类，再分别作出推荐。从图 3-4 所示用户的 C_4 与用户活跃度的关系出发，可以根据用户 C_4 的不同，对用户进行分类，分类后的用户具有相应的兴趣的多样性与活跃度，据此对不同类的用户针对性地作出推荐将会更加准确。

3.2.2　基于信息熵度量用户兴趣的多样性

用户的行为分为个体行为和群体行为。基于用户-产品二部分图中用户集聚系数度量的是单个用户的兴趣爱好。用户的群体行为是指某一类具有某种共同特性的用户在行为模式上出现的一般规律。随着在线社会网络数据量的日渐庞大，对用户的群体行为进行度量显得尤为重要。Ni 等[15]提出用信息熵来衡量用户群体兴趣的多样性。

1. 信息熵

Shannon 所提出的信息熵[16]可以用来度量一则消息中蕴涵的信息的价值。事实上，它是一种度量信息量的方法，也可以用来衡量一个系统的不确定性。换句话说，一个变量的不确定性越大，它的熵值就越大，因而所包含的信息量越大。

一个随机变量 P 有 n 个可能的结果，概率分别是 $\{p_1, p_2, \cdots, p_n\}$，则熵值 H 的计算公式如下：

$$H = H(p_1, p_2, \cdots, p_n) = \sum_{i=1}^{n} p_i \lg \frac{1}{p_i} \tag{3-3}$$

其中，$p_1, p_2, \cdots, p_n$ 是有限概率分布，即 $p_i \geqslant 0 (i = 1, 2, \cdots, n)$ 并且 $\sum_{k=1}^{n} p_i = 1$。

信息熵具有两个最大化特征：

$$H(p_1, p_2, \cdots, p_n) \leqslant H\left(\frac{1}{n}, \frac{1}{n}, \cdots, \frac{1}{n}\right) = \log_2 n \tag{3-4}$$

这一特征表明，如果所有结果都等可能发生，那么此时的熵值是最大的，也就是说，当所有事件都是等概率事件的时候，系统的不确定性是最大的。

$$H\left(\frac{1}{n-1},\frac{1}{n-1},\cdots,\frac{1}{n-1}\right)<H\left(\frac{1}{n},\frac{1}{n},\cdots,\frac{1}{n}\right) \quad (3\text{-}5)$$

这个特性表示的是，对于等概率事件，熵值会随着可能结果数量的增大而增大，或者说，随着 n 增大，事件的不确定性会越大。

2. 用户兴趣的度量

按照用户的度将用户分类，每一类中，任何一个用户所选择的产品信息都被统计，具体定义如下：

$$H(k)=\sum_{i=1}^{n(k)}p_i\log_2\frac{1}{p_i} \quad (3\text{-}6)$$

其中，k 表示用户的度；$H(k)$ 表示度为 k 的用户所选产品的信息熵值；概率 p_i 是指度为 k 的用户所选择的所有产品中，产品度为某一个值的产品概率；而 $n(k)$ 表示的是所有度为 k 的用户所选择的产品中，产品度互不相同的个数。

按用户的度 (k) 对数据进行分类，即度相同的用户被认为是同一类用户，因而同类用户所有的选择信息都被搜集在一起。然后，可以计算每一类用户所选择产品的信息熵值 $H(k)$。对于度为 k 的用户，概率 p_i 就是在所有选择次数中，某一类产品被选择的概率，然后 $H(k)$ 就能被计算出来。

下面举个简单的例子，看看信息熵是如何度量用户群体兴趣的。图 3-5 是具体的信息熵 $H(k)$的计算过程示例。在一个用户-产品二部分网络中共有三个度为 3 的用户 a，b，c，而产品 1，2，3，4，5 的度分别为 2，2，3，1，1。从图中可以看出，度为 1 的产品被选择了 2 次，度为 2 的产品共被选择了 4 次，度为 3 的产品被选择了 3 次，所以总次数为 2+4+3=9。因此，概率分布为 $P=(2/9,4/9,1/3)$，因此，度为 3 的用户所选产品的熵值为 $H(3)=2/9\log_2 9/2+4/9\log_2 9/4+1/3\log_2 3=1.5305$。基于信息熵的原始定义，熵值越大表示用户选择行为的不确定性越大。

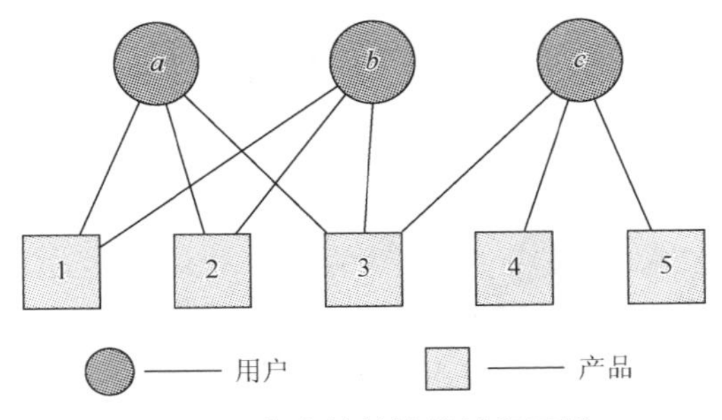

图 3-5　信息熵的计算过程示例

在用户-产品二部分网络中，如果用户兴趣更多样，那么他们选择产品的不确定性就越大，因此，熵值越大表示这类用户的兴趣越多样。

3. 实证分析

为了更清楚地比较用户兴趣的多样性，本节对熵值$H(k)$进行标准化，这里，利用信息熵的最大化特征得

$$H_{\max}(n(k)) = \log_2 n(k) \tag{3-7}$$

其中，$n(k)$表示度为k的用户所选择的产品中，产品度互不相同的个数。为了标准化，将每一个信息熵值都除以一个$H_{\max}(n(k))$，公式如下：

$$\lambda(k) = H(k) / H_{\max}(n(k)) \tag{3-8}$$

这样得到的$\lambda(k)$即为标准化后的熵值，值在0～1。

为了对电影网站的用户的兴趣进行研究，本节统计分析了 MovieLens 和 Netflix 数据集中的数据（表3-1），得到：

（1）MovieLens 中$\lambda(k)$的范围在0.85～1；

（2）Netflix 中$\lambda(k)$的范围在0.78～1。

表 3-1　测试数据集的基本数据统计

数据集	用户数	电影数	连边
MovieLens	69878	10677	10000054
Netflix	10000	6000	824802

为了找出度小用户与度大用户兴趣比较单一的原因，这里还计算了度为k的用户所选择的产品的平均度，公式如下：

$$\langle o(k) \rangle = \frac{\sum_{i\in\Gamma(k)} \sum_{\alpha=1}^{s} a_{\alpha i} \rho_\alpha}{\sum_{i\in\Gamma(k)} \sum_{\alpha=1}^{s} a_{\alpha i}} \tag{3-9}$$

其中，s表示用户-产品网络中的总产品数；$i\in\Gamma(k)$表示用户i属于度为k的用户的集合；ρ_α是产品α的度。将这个二部分网络记成一个邻接矩阵$A=\{a_{\alpha i}\}\in\mathbf{R}^{s,t}$，其中$a_{\alpha i}=1$表示用户$i$选择了产品$\alpha$；$a_{\alpha i}=0$则表示用户$i$没有选择产品$\alpha$。

从图 3-6 中可以看出，图（a）是 MovieLens 数据集上的结果，当用户的度 k 在 20～698 范围内，信息熵从 0.8560 增加到最大值 0.9988，然后随着用户度增加，熵值开始下降。此外，用户的度在 698～2886 时，信息熵值相对比较大。而产品的平均度 $\langle o(k) \rangle$ 随着用户度的增加持续下降。

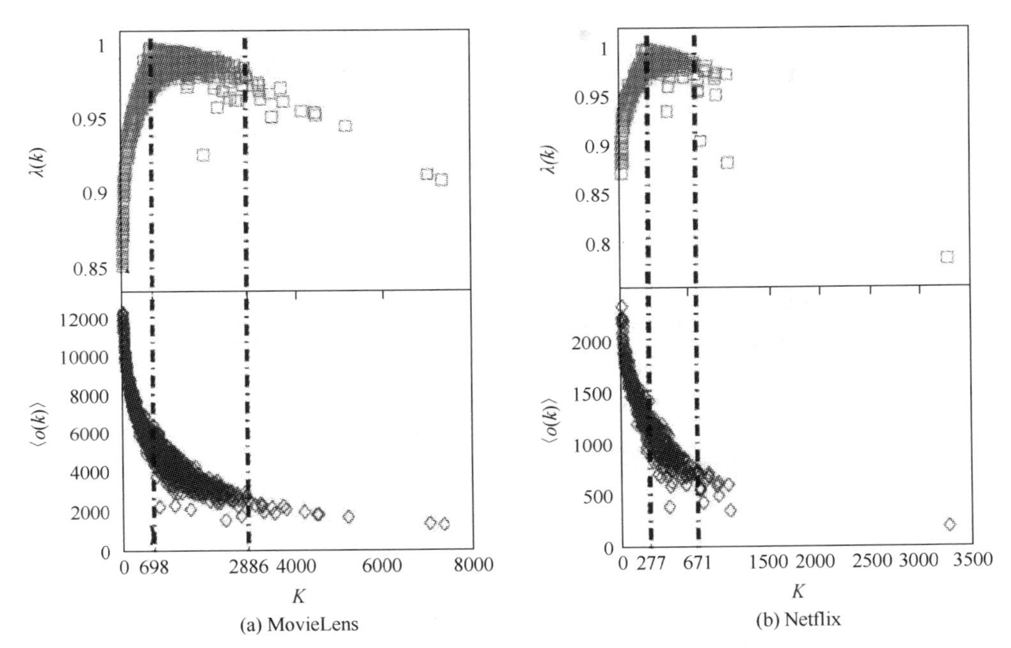

图 3-6　MovieLens 和 Netflix 数据集上的实证结果图

图 3-6（b）是 Netflix 数据集上的结果，此结果与 MovieLens 数据集上的结果类似。当用户的度 k 在 10～277 范围内，熵值 $\lambda(k)$从 0.8699 上升到最大值 0.9982，之后，熵值开始下降。当用户的度在 277～761 时，熵值相对都比较大。而产品的平均度 $\langle o(k) \rangle$ 的趋势则是持续下降。有趣的是，在 MovieLens 和 Netflix 数据集中，度小的用户和度大的用户的兴趣更专一，而其余用户的兴趣却相对多样。再用产品平均度进行研究，可以发现，度小的用户往往倾向于选择流行的产品，而度大的用户喜欢一些不太流行、小众的产品。这在现实生活中是合理的，例如，在一个系统中度大的用户通常是扮演领导潮流者的角色，他肯定不会随大流去看一些流行的电影，这些电影可能他以前已经看过很多了。与此同时，他可能更喜欢看一些小众电影，这些电影也许不够流行，但是却很有质量。然而，一个新来的用户如果想看一部电影，他应该会选择那些被大肆宣传的电影。

这里构建一个随机模型与实证结果进行比较。在随机模型中，保证用户和产品的数量、用户的度与真实数据集保持一致，但是用户选择电影的行为完全随机。从而建立了一个全新的、完全随机的用户-产品二部分网络，然后计算度相同的用户所选择的产品的信息熵值$\lambda'(k)$，以及他们所选产品的平均度$\langle o'(k)\rangle$，其结果如图 3-7 所示。

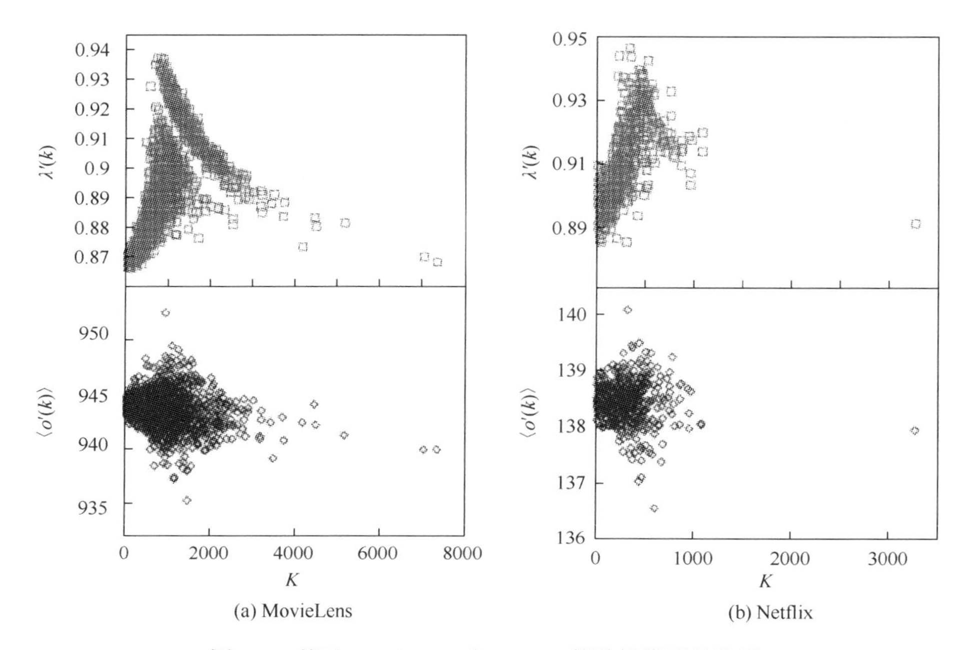

图 3-7　基于 MovieLens 和 Netflix 的随机模型的结果

如图 3-7（a）和（b）中上侧图所示，随机模型下熵值$\lambda'(k)$先上升后下降的趋势并没有真实数据集的结果那么明显，基于 MovieLens 数据集的随机网络（图（a）中上侧图）中熵值的范围为 0.86～0.93，基于 Netflix 数据集的随机网络（图（b）中上侧图）中熵值的范围为 0.88～0.94。因此，随机网络中用户兴趣的多样性是很差的。随机网络中产品的平均度$\langle o'(k)\rangle$的趋势（图（a）和图（b）中下侧图）与真实数据集上的趋势很不一样，随着用户度增加，$\langle o'(k)\rangle$的值频繁地上下波动，而且值比较集中。这表明在随机网络中，用户的群体行为是不存在的，因此，用户选择电影的行为是完全随机的，没有任何偏好。换句话说，用户的兴趣会影响用户的行为，这也解释了真实数据集中有趣的结果（图 3-6）产生的原因。

为了能更清楚地比较随机模型和真实数据集上熵值的差别，把实证结果的熵值除以随机模型的熵值，得到比率 r，计算公式为

$$r=\frac{H(k)/H_{\max}(n(k))}{H'(k)/H'_{\max}(n(k))}=\frac{\lambda(k)}{\lambda'(k)} \tag{3-10}$$

由于在随机网络中用户选择电影是没有任何偏好的，因此随机网络中用户兴趣的多样性比真实数据集上的多样性要差。比值的结果如图 3-8 所示。从图 3-8 中

可以看出，几乎所有的比率 r 都大于 1。这表示除了一部分度小用户，真实数据集中绝大多数用户兴趣的多样性比随机情况好。可能的原因是，度小的用户通常只喜欢流行的电影，而随着用户体验的增加，他们的兴趣会变得越来越广泛。因此，在推荐算法中预测度小用户的兴趣是相对容易的，然而，预测其他用户的兴趣就困难得多，因为他们喜欢各种各样的电影。

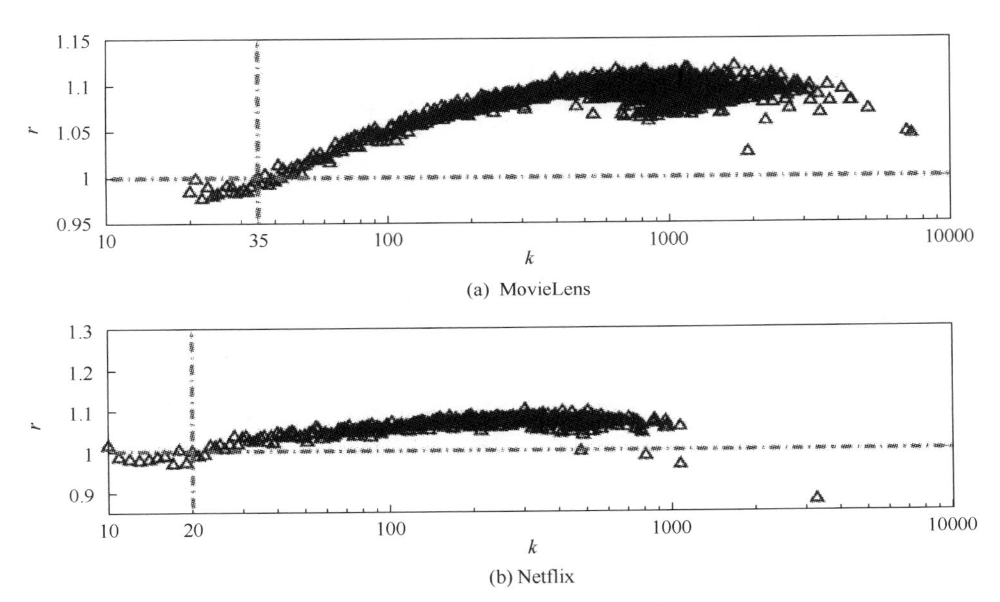

图 3-8 真实数据集与随机模型的熵值的比值结果

3.2.3 在线打分的记忆效应

研究在线用户的行为模式，对于推荐系统来说至关重要。通过深入地分析用户的在线打分情况，人们能够设计出更加高效的个性化推荐系统，从而帮助每位用户挖掘出他感兴趣的产品[17,18]。在一些在线系统中，用户只可以对产品进行“喜欢”或“不喜欢”的评价，然而，更多的系统给予用户对产品进行打分的权限，通常用户可以对产品打 1～5 分来表示对某产品的喜好程度。Yang 等[19]发现隐藏在个人决策模式背后的锚定效应，即人们习惯于在给出低分之后再次给低分；而给出高分之后又偏向于继续给高分。也就是说，研究结果表明用户先前对其他产品的打分情况会直接影响他对目前产品的评价，例如，如果用户先前看了某电影后给出低分（高分），他会对紧接着又看的另一部电影也打低分（高分）。产生这一现象的原因可能是他会把先前的打分作为标尺，或者说，用户的打分存在某种记忆效应。事实上，用户的打分也会受到先前的打分[20]和一些社会因素的影响[21]。然而，用户对产品的打分也可能会和该产品的平均分有关。

本节将重点研究用户对产品的打分行为与他打分前所看到的实时更新的产品平均分之间的关联关系。我们所关注的是，当用户看到由其他用户的打分所折算出来的产品平均分时会怎么打分。本节基于两大电影网站 MovieLens 和 Netflix 中的真实数据作了一系列实证分析。在这两个网站中，当用户选择了某电影，即会看到实时更新的产品平均分，随后他会给出自己的打分。首先，将数据根据用户的度分为五组。每一组中用户的打分记录按时间排序，然后给定数个产品平均分的区间，分别计算每一类用户在看到各区间内产品平均分以后给产品打分的平均值，从而获得彼此的关联关系。实证结果显示，当产品平均分在[2.0,4.5]时，用户的打分与实时更新的产品平均分之间基本呈斜率近似为 1 的线性关系，而当所显示的产品平均分低于 2.0 分时用户会给产品一个相对高的分数，当显示的产品平均分高于 4.5 分时，用户又倾向于给低分。其次，度小用户的打分通常要高于产品的平均分，但是度大的用户对打分持严谨的态度，在任何情况下对任何产品的打分都要比其他用户严格。另外，为了更好地理解五类不同的用户的打分行为，本节分析了基于用户的打分偏差的分布情况，发现度大用户的打分与产品的平均分差异较小，度小用户的打分偏差较大，而一般的用户的打分与产品平均分非常相近。

1. 数据分析

本节分别对 MovieLens 和 Netflix 进行用户-产品数据集的实证分析，相关数据如表 3-2 所示，其中 N、M、V 分别表示用户的数量、产品的数量、打分的个数，而 $\langle r\rangle$ 表示整个系统的平均分。MovieLens 是一个在线电影推荐网站，用户可以在网站上对电影进行打分，相应地，该网站也会对用户提供个性化推荐服务。Netflix 网站中除了有以上应用外，还有 DVD 租赁服务。MovieLens 的数据集共包含 5547 个用户，5850 部电影和 698054 条打分信息。Netflix 的数据集[22]则是从 Netflix.com 网站中用户的活动数据来进行随机抽样得到的，包含 5081 部电影，8609 个用户和 419247 条打分信息。用户会对自己看过的产品按照 5 分制进行打分，1 分表示最不喜欢，5 分表示最喜欢。如果用户选择观看一部电影并且对它进行打分，那么用户和产品之间就产生一条连边。

表 3-2　MovieLens 与 Netflix 数据集的基础数据统计

数据集	N	M	V	$\langle r\rangle$
MovieLens	5547	5850	698054	3.48
Netflix	8609	5081	419247	3.42

在每一个数据集中，所有的打分记录都按照打分的时间进行排序，比如 $r_1, r_2 \cdots, r_V$ 表示 r_1 是最老的一条打分记录，而 r_V 是最新的打分记录。为进一步研究当人们看到由其他用户打分所得到的产品平均分时人们会如何打分，首先要了解 MovieLens 和 Netflix 数据集中打分的模式。将每一条用户 i 对产品 α 的打分记录的偏差定义为

$$\Delta^{i\alpha} = r_s^{i\alpha} - \left\langle r_{C_s} \right\rangle^{\alpha} \tag{3-11}$$

其中，$\left\langle r_{C_s} \right\rangle^{\alpha}$ 是从其他用户先前的打分中获得的实时更新的产品 α 的平均分；$r_s^{i\alpha}$ 是用户 i 对产品 α 的打分；$\Delta^{i\alpha}$ 则表示用户 i 对产品 α 的打分偏差；$s \in [1, V]$，这里 V 依旧表示整个系统中打分的总数。

从图 3-9 中可以看出，两个数据集各自的打分偏差概率分布情况，可以清楚地看出 MovieLens 和 Netflix 的分布趋势很相似。大部分打分的偏差在 $[-1,1]$ 区间，并且零偏差的打分的数量在两个系统中都是最多的。这表示大多数用户的打分都接近于产品原本的平均分。然而还是存在一些特殊情况，例如，打分偏差大于 3 的概率也比较大，这表示有一部分用户给出的打分要比产品原本的平均分高很多。另外，也存在某些用户对一些原本平均分很高的产品打极低的分数。这些异常现象能反映出系统中可能存在一些用户胡乱打分。

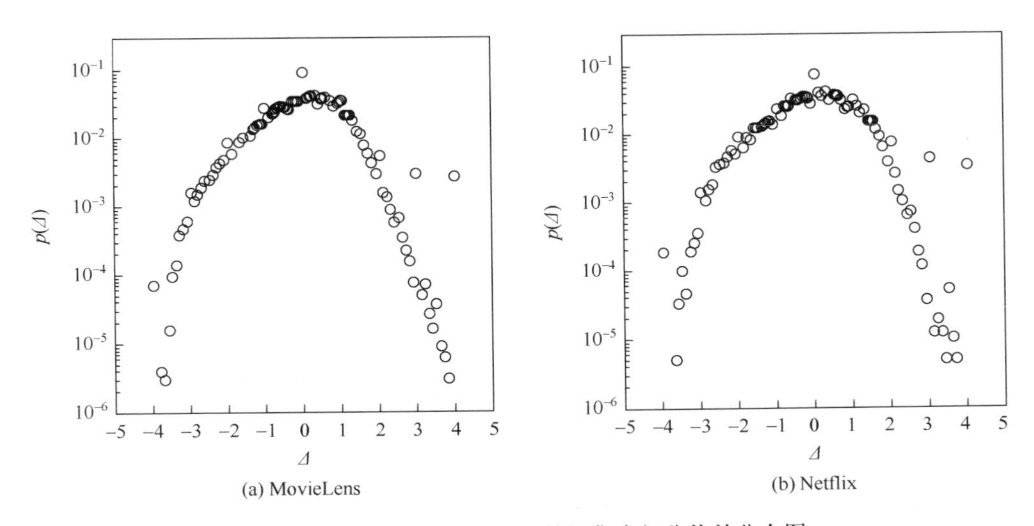

图 3-9 MovieLens 和 Netflix 数据集中打分偏差分布图

2. 实证结果

为进一步研究不同类型的用户的打分行为特性，按照用户的度 k 把数据分为五类，即先计算系统中每个用户的度，然后按照用户度的大小将用户归类。尽可

能让这五类用户的数量相当同时保证度相同的用户被分为同一类。

具体而言，首先把系统中最大的用户的度标记为 $k_{\max}$ ，并且让用户 i 的度 $k_i \in \left[\dfrac{(n-1)\ln(k_{\max})}{L}, \dfrac{n\ln(k_{\max})}{L}\right]$ ，其中 $n=1,2,\cdots,L$ ， L 表示分组的个数，因此本节中 $L=5$ 。分别将每一组用户的打分记录归到一起，这些打分记录同样按照时间排序，第一条记录是最早的打分，最后一条记录是最近发生的打分记录。下一步是在某个给定的产品平均分的区间内，计算在看到该平均分后所有用户打分的平均值，公式如下：

$$\langle r_A \rangle_\eta = \frac{1}{|A(\eta)|} \sum_{r_s \in A(\eta)} r_s \tag{3-12}$$

其中， $A(\eta)$ 是在第 η 个区间内，在给出产品平均分 $\langle r_C \rangle_\eta$ 后，用户给出的所有打分的集合； η 是实时更新的产品平均分所在区间的序列号，因此 $\eta=1$ 表示第一个区间，而最大的 η 值则表示最大的区间数；所以 $\langle r_A \rangle_\eta$ 就是在第 η 个区间内，在给出产品平均分 $\langle r_C \rangle_\eta$ 后用户给出的所有打分的平均值。这样就可以分析比较用户的打分 $\langle r_A \rangle$ 和实时更新的产品平均分 $\langle r_C \rangle$ 之间的关联关系。本节所设定的产品平均分 $\langle r_C \rangle$ 的区间分别是[1,1.5），[1.5,2），[2,2.5），[2.5,3），[3,3.5），[3.5,4），[4,4.5）和[4.5,5）。因此本节最大的 η 值是 8。

实证结果可以从图 3-10 中得出。图中这五组用户的度是从小到大的，也就是说，第一组用户是度最小的一类用户，而第五组用户是度最大的用户。需要说明的是图中的点都位于产品平均分所在区间的中间位置，这只是为了表示该区间内计算所得的数值结果，而不是指每个区间内产品平均分的均值所得到的结果。虚线是斜率为 1 的基线。从图 3-10 中可以发现，当产品平均分在[2.0,4.5]时，用户的打分与实时更新的产品平均分之间基本呈斜率近似为 1 的线性关系，换言之，当用户所看到的平均分在 2.0～4.5 分时，无论哪一类用户都倾向打出和产品平均分相近的分数。

但是也存在一些极端的现象。首先，当所显示的产品平均分低于 2.0 分时用户会给产品一个相对高的分数，但是当显示的产品平均分高于 4.5 分时，用户又倾向于给低分。在现实生活中这种现象不难理解。假设有一部电影的分数高于 4.5 分，人们对这部电影的期望值就会很高，但结果往往会令人失望，通常人们会认为电影没有想象中好看因而给一个低分。当电影的平均分过低时也会有类似的情况发生，人们会觉得电影也没有那么糟糕，甚至因为是自己喜欢的电影类型而给高分。此外，度小用户的打分通常要高于产品的平均分（圆圈），但是度大的用户对打分持严谨的态度，在任何情况下对任何产品的打分都要比其他用户严格（右三角形）。这种现象产生的原因前面已经提过，可能是在系统中度大的用户通常是扮演领导者的角色，他们看过很多电影，因此经验丰富的同时又有自己独到的见解。从图3-10（a）中可以发现，当产品平均分较低的时候，第一组用户的打分有一些上下波动，说明在MovieLens数据集中度最小的这组用户打分的时候不够理智或者随意乱打分。如果进一步将Netflix与MovieLens数据集的数值结果进行比较，可以发现Netflix中度大的用户打分比MovieLens中度大的用户更严格。两个网站的不同特性是造成这两个数据集结果不尽相同的原因，例如，Netflix网站有推荐模块提供给用户，但是MovieLens没有。

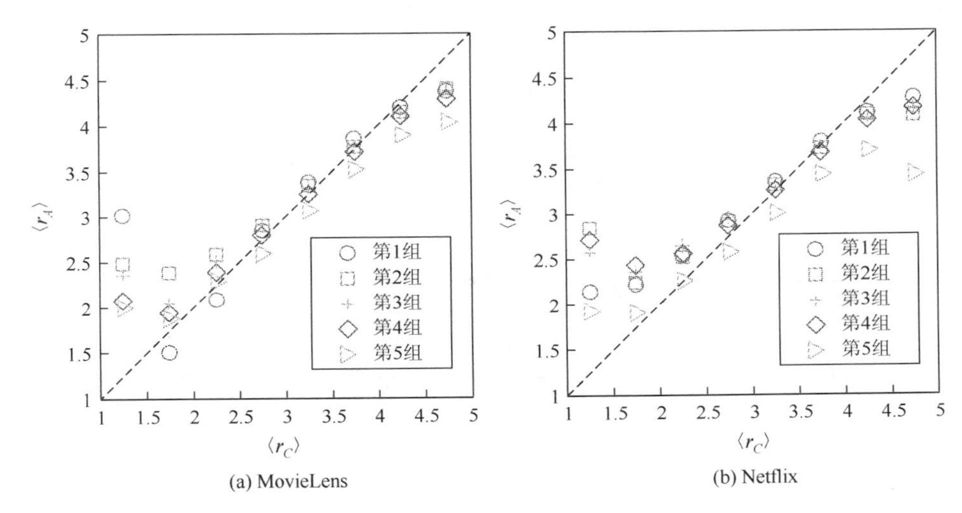

图3-10　用户的打分$\langle r_A \rangle$和实时更新的产品平均分$\langle r_C \rangle$之间的关系图

为了进一步分析这五组用户中每一个用户的打分行为，本节还计算了每个用户的打分偏差。每一组数据的打分记录依然是按照时间排序，任意用户 i 的打分偏差Δ_u^i的定义如下：

$$\Delta_u^i = \frac{\sum\limits_{\alpha \in \Gamma_i} [r_S^{i\alpha} - (r_{C_s})^\alpha]}{k_i} \tag{3-13}$$

其中，$r_S^{i\alpha}$是用户 i 对产品α的打分；$(r_{C_s})^\alpha$是从其他用户先前的打分中获得的实时更新的产品α的平均分；$\alpha \in \Gamma^i$表示产品α属于用户 i 所有打过分的产品的集合；k_i是用户 i 的度，即用户 i 的打分总数。

基于用户的打分偏差的概率分布如图3-11所示。图中$p(\Delta_u)$是基于用户的打分偏差Δ_u的概率分布。同样地，第一组是度最小的用户，第五组是度最大的用户。而其他三组用户的打分偏差在子图中显示。从图3-11中可以发现，度大的用户打分偏差（右三角形）较小，基本集中在[−1，1]，而度小的用户的打分偏差（圆圈）却相对较大。并且度小的用户的打分偏差分布有偏右的趋势，这进一步证明了众多度小的用户喜欢给出比产品平均分高的分。另外，其他三类用户的打分偏差趋势非常相近，偏差基本都接近于或等于 0，这表示这些用户的打分与产品本身的平均分非常接近，他们很可能在打分时受到了平均分的影响。值得一提的是，MovieLens 和 Netflix 数据集中度最大的用户的打分偏差分布有不同之处（图 3-11（a）和（b）中的右三角形）。在 MovieLens 中，度大用户的打分偏差的峰值是在接近于 0 的右侧，而不是在 0 处，而 Netflix 中度大用户的打分偏差的趋势是有一点偏左的，这也证实了 Netflix 度大的用户打分比 MovieLens 中度大的用户更严格。

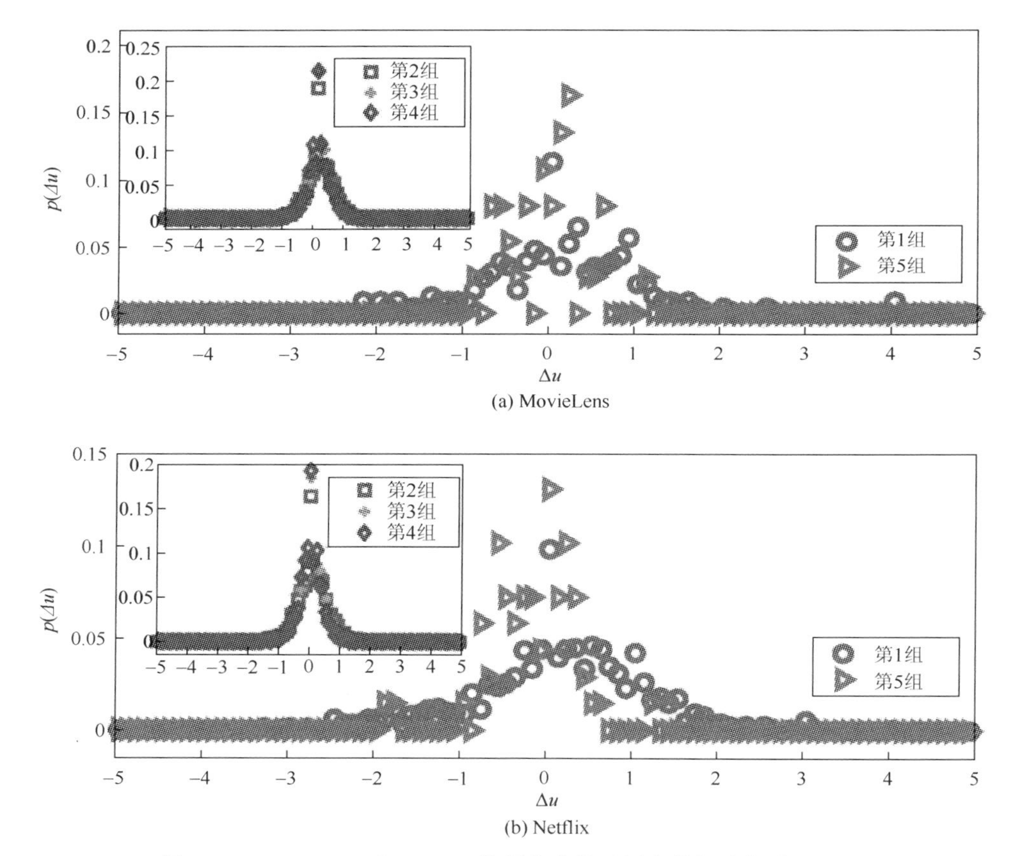

图 3-11　MovieLens 和 Netflix 数据集中基于用户的打分偏差分布图

3. 结论

本节通过实证研究分析了 MovieLens 和 Netflix 数据集中实时更新的产品平均分 $\langle r_C \rangle$ 和用户的打分 $\langle r_A \rangle$ 之间的关联关系。首先将数据按照用户的度分为五组来比较不同用户的打分行为的异同之处。每一组中，把打分记录按时间排序，然后在某个给定的产品平均分的区间内，计算在看到该平均分后所有用户打分的平均值。结果显示，当产品平均分在 2.0～4.5 分时，用户的打分与实时更新的产品平均分之间基本呈斜率近似为 1 的线性关系，而当所显示的产品平均分低于 2.0 分时，用户会给产品一个相对高的分数，当显示的产品平均分高于 4.5 分时，用户又倾向于给低分。此外，度小用户的打分通常要高于产品的平均分，但是度大的用户对打分持严谨的态度，在任何情况下对任何产品的打分都要比其他用户严格。并且，在比较之下，Netflix 度大的用户比 MovieLens 中度大的用户打分更严格。基于用户的打分偏差的概率分布情况也进一步证实了以上部分结论。这些结论有助于进一步分析用户的群体行为及网络中发生的异常行为。

本节针对电影网站研究了产品平均分对用户打分产生的影响效果，但是用户在其他在线社会网络中如何打分依然需要进一步去分析。同时，探究以上实证研究结果的真正原因对个性化推荐服务意义重大。

3.3　微博中基于用户结构的信息传播分析

微博，即微博客（microblog）的简称，是一种可以使得用户与他们的朋友、家人和同事，甚至陌生人保持联系的通信平台。用户可以在微博上通过 Web、Wap 以及各种客户端组建个人社区，以 140 字左右的文字更新信息，并实现即时共享。与传统博客相比，微博用户的关注更为主动。只要用户关注了某用户，即表示他愿意接收这位用户即时更新的信息。这种关注可以是单向的也可以是双向的。关注行为把每个微博用户连接，从而形成用户的网络。微博网络特有的结构属性和信息传播特点使得它在突发事件的信息传播方面起到了至关重要的作用，而对其传播路径、关键用户等方面进行分析对于正确引导用户舆论、缓解矛盾具有更重要的价值和意义。

3.3.1　微博网络的相关机制

1. 关注机制

用户之间的信息交流是通过“关注”与“被关注”的形式进行的，用户甲可以主动“关注”他人，成为他人的“粉丝”，接收对方更新的信息，而不必得到对方的认可。同样地，其他用户也可“关注”甲，成为甲的“粉丝”，此过程是双向可逆的[23]。将每个用户看做网络中的一个节点，用户之间的关系可以抽象看做网络中节点与节点之间的连线。这样，关注机制可以简化成图 3-12。

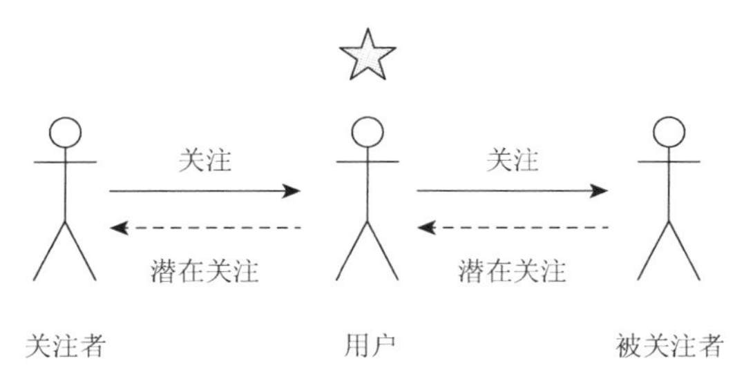

图 3-12 微博网络的关注机制

2. 信息传播机制

用户通过手机、IM、E-mail、Web 等方式更新个人微博信息，信息中可选择是否使用@功能（用户名前加@可提醒该用户），关注者接收后可做出评论、转发等行为，这样信息就可以很快地传播。通常，用户将接收到的信息加上自己的评论后进行转发。

3.3.2 突发事件的信息传播分析

重大或敏感事件的突然发生，包括自然灾害、事故灾难、社会冲突、丑闻等可能会造成严重的社会危害。正确做好突发事件中的媒体应对和舆论引导工作对于化解危机有着决定性的作用。而微博作为当前人们发布信息、获取新闻的最主要渠道之一，吸引了大量的用户在第一时间将自己的所见所闻发布出来，并通过粉丝层级转发使新闻迅速扩散开来。所以对于微博中的信息传播进行分析具有重要的意义。本节以 2013 年最受大家关注的热门事件之一，复旦大学投毒案为例，分析突发事件信息在微博中的传播特性以及用户结构。

1. 事件详情回顾

4 月 15 日 22 点 13 分，复旦大学官方微博通报称，“4 月 1 日，我校一名 2010 级在读医科研究生出现身体不适。4 月 11 日，上海警方在该学生的寝室饮水机残留水中检测出某有毒化合物成分，4 月 12 日，基本认定同寝室某同学存在嫌疑。”复旦投毒案一时成为网络上最热门的话题之一，经过了持续一周的较高的舆论关注，引发了众多媒体和网络上的热烈讨论。其中复旦大学官方微博的此条通报被转发 12 万余次。表 3-3 列出了对此条微博进行转发并评论的部分微博用户，其中前几个用户包括幼稚小恶魔、鱼屁屁 muscle、面包范范是在复旦大学官方微博发出此条消息后最先几个进行转发的用户，后几个用户包括蛮子文摘、扬子晚报、薛蛮子、丁香园是在此条微博的传播中起到至关重要作用的几个用户。可以清楚地看到，在原始微博发出后的48分钟内没有引起大家的注意，直到48分钟后才开始有大量的用户关注此事，并在稍后的20分钟后，大量的“大V用户”也开始转发，使得微博得到广泛传播。

表3-3 复旦大学投毒案发后的微博传播过程及时间

用户昵称	微博内容	转发数	评论数	粉丝数	发布时间
复旦大学	非常痛心地向大家通告一则不幸消息。我校一名医科在读研究生因身体不适入院，后病情严重，学校组织多次全市专家会诊，未发现病因，请警方介入。警方称该生寝室饮水机检出有毒化合物，事件仍在进一步调查。小编很揪心，生命脆弱得让人心痛，更揪心的是孩子父母。如果爱能稍稍挽回悲剧，让我们祈祷[蜡烛]	121202	34862	501858	2013.4.15 22：13
幼稚小恶魔	@二十一由八月月鸟#自贡要闻#[复旦四川自贡研究生疑遭室友寝室饮水机投毒]15日晚，复旦大学官方微博通报，该校一医科在读研究生病重入院，寝室饮水机疑遭投毒，目前警方基本认定同寝室同学存在嫌疑。相关知情人透露，通报中所称的病重研究生，不久前曾在耳鼻咽喉科博士录取考试中取得第一名	0	1	143	2013.4.16 11：01
鱼屁屁 muscle	//@思雨 no 要太自我：[蜡烛][蜡烛]人啊....哎	0	0	69	2013.4.16 11：01
面包范范	第二次类似事件了！真是人心难测	0	0	88	2013.4.16 11：01
蛮子文摘	[蜡烛]	91	41	383876	2013.4.16 11：29
扬子晚报	[复旦研究生遭投毒生命垂危同室林某被刑拘]上海警方今天证实，黄某同寝室的林某有重大作案嫌疑，已被刑拘	79	56	2843111	2013.4.16 13：26
薛蛮子	//@蛮子文摘：[蜡烛]	301	128	11775709	2013.4.16 13：29
丁香园	患者已经过世，愿安息[蜡烛]	232	87	256221	2013.4.16 15：50

2. 传播路径分析

为了更加清楚地了解复旦大学投毒事件在微博中的传播过程，本节对上述微博的转发路径进行了全面的分析，如图3-13所示。复旦大学发出此条微博后，引起了众多普通用户转发，这些用户又影响了其朋友，使其朋友也进行了转发，从而形成了图3-13中的中间部分的圆形；同时，一些拥有众多粉丝的“大V用户”的转发进一步扩大了微博的传播范围，并进而形成以这些“大V用户”为中心的进一步传播，如图3-13中的扬子晚报、丁香园、薛蛮子和蛮子文摘等，这说明在信息传播中“大 V 用户”的巨大作用。

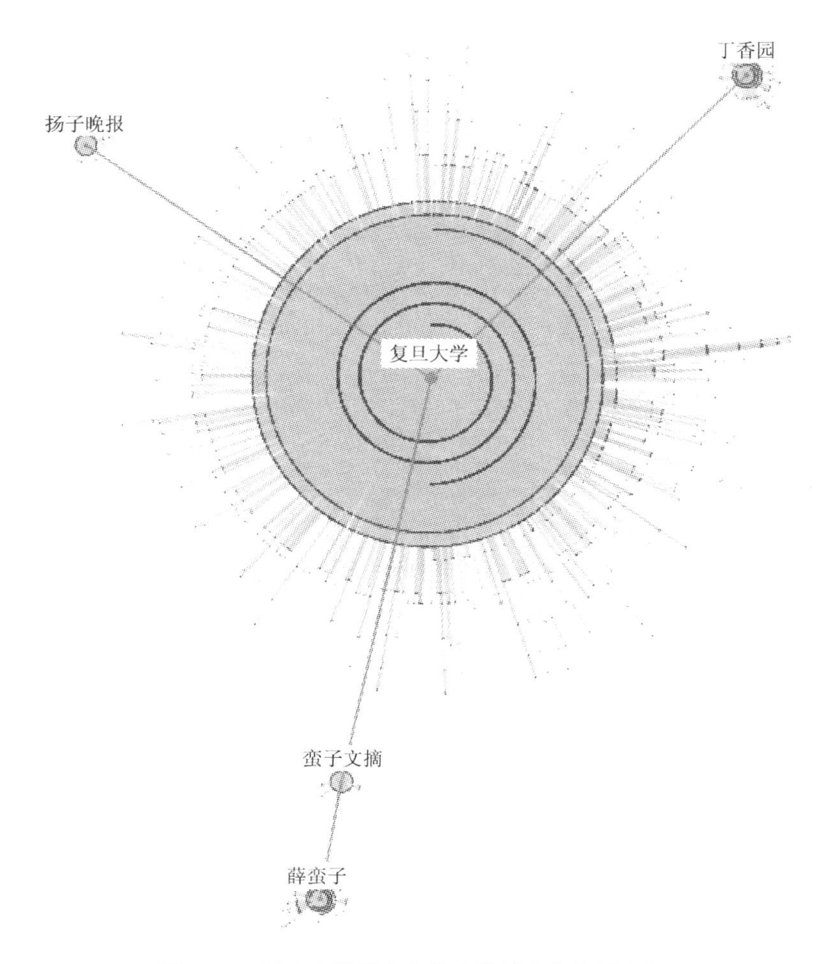

图 3-13　复旦大学投毒事件在微博中的传播路径

“转发层级”是指相对于原始微博来讲，转发行为经过的条数，例如，用户 A 发布了一条原始微博 M，用户 B 对此条微博进行了转发，而用户 C 又转发了 B 转发的这条微博，则在这一系列的转发行为中，用户 B 是一级转发，而用户 C 是二级转发。图 3-14 给出了在复旦大学投毒案这条微博的传播过程中，不同的转发层级中转发的微博数量。由图 3-14 可以看出，转发不超过六个层级，77%的转发都是该主页的粉丝一级转发，而一个学校的粉丝大多是该校的师生，所以进一步说明这个事件在学校内部产生了极大的反响，人们更加倾向于对与自己有密切关系的事件进行讨论。

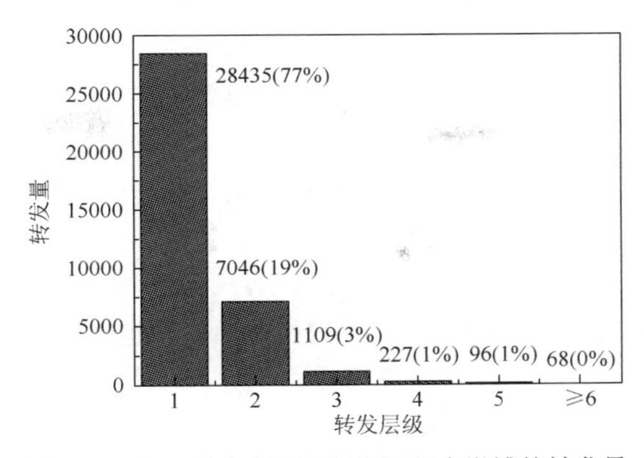

图 3-14　复旦投毒案不同转发层级中微博的转发量

3. 关键节点分析

网络中关键节点的识别有很多方法，如粉丝数、介数、紧密度等，本节中，采用微博的被转发数这个指标来度量在这条微博的传播过程中起决定性作用的节点，如表 3-4 所示。由表可知，粉丝数量并不能绝对决定该用户在信息传播中的作用，如在商业广告的投放上，其粉丝所感兴趣的领域也是值得考虑的因素。

表 3-4　对复旦大学投毒案原始微博的传播起重要作用的用户情况

用户昵称	粉丝数	被转发数	转发层级
复旦大学	501869	28435	0
薛蛮子	11776095	297	2
丁香园	256166	232	1
蛮子文摘	383906	91	1
扬子晚报	2842885	79	1
郝劲松	121807	32	1
南宁吃喝玩乐	174200	31	1
NBTV 看看	97449	29	1
释不归	75688	28	4
年轻人回到故乡	11650	25	1
武汉大学研究生会	33923	23	1
解放日报	1235430	22	1

4. 传播阶段分析

信息的传播过程其实就是各种观点的交互过程，事件发生后，随着人们对事件的了解会表达自己的观点，逐渐达到一个意见的高峰期，然后在不断的交互中趋于集中或统一，直到逐渐淡出人们的生活。根据这一过程，信息的传播可分为四个阶段：潜伏期、高潮期、缓解期和消退期。

潜伏期。为起始阶段，矛盾量变并产生积累，或者已经发生质变但并不明显，没有引起人们的注意，人们缺乏警惕。

高潮期。人们开始对事件有了初步的了解，在得到完整而确切的消息之前，各种观点相继迸发而出，言论呈爆炸式增长。而官方也因不完全了解事件真相，没有充分的证据或者有不方便公开的理由而无法发出强有力的声音来对舆论进行引导，更进一步导致了人们观点的不明确性与多样性。

缓解期。人们逐渐对事件有了了解，事件也得到了初步的解决，一部分人就不再表达自己过激的想法。

消退期。一个事件过去几天就会出现新的事件吸引人们的注意力，这件事就会逐渐淡出人们的视线。

图 3-15 给出了在复旦大学发布投毒事件通告后，人们对此条微博的转发热度随时间的变化情况，反映了人们对此事的关注程度。很明显，在开始的时候，这条微博并没有引起人们的注意，在 11 点 1 分之前没有任何转发，处于潜伏期；11 点 1 分后，转发数突然增多，达到高潮期；后来热度逐渐降低达到缓解期，最终几乎脱离了人们的视线，到了消退期。

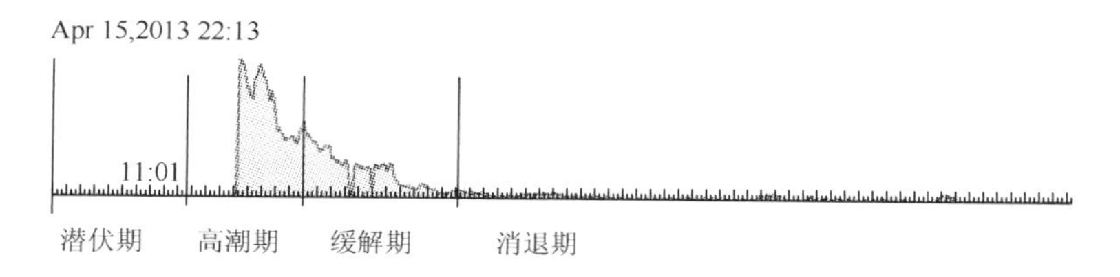

图 3-15　信息传播阶段

5. 用户结构分析

用户发布微博后，可能没有被他的粉丝转发，假设所有粉丝都会看到他的信息而接收到该信息，所以对事件也会有所了解，所以他的受众是他所有的粉丝。表 3-5 给出了复旦大学发布的关于投毒事件的原始微博的受众情况，从中可以看出微博传播的范围的广泛性，进一步说明了微博作为新媒体的极大优势。

表 3-5　原始微博的传播受众情况

总转发量	净转发人数	总覆盖人数	转发深度	认证用户数
121202	36756	67332779	6	908

图 3-16 为对原始微博进行转发的用户的性别比例，可以看出女性多于男性，女性对于突发事件更倾向于发表自己的观点，这也与社会学家的研究结果称女性较男性更善于交际相一致。图 3-17 展示了微博的转发数排名前十的省市，明显可以看出，上海对于此事的讨论相比于其他地方要激烈得多。本节认为这与前面对于转发层级的分析结果相一致，复旦大学的学生对此事激烈议论，并且复旦大学作为上海最好的大学之一，发生投毒事件自然会受到全市人民的密切关注。

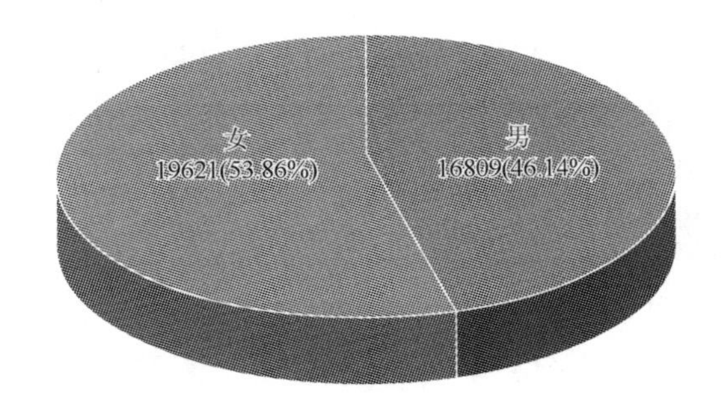

图 3-16　转发者性别的比例

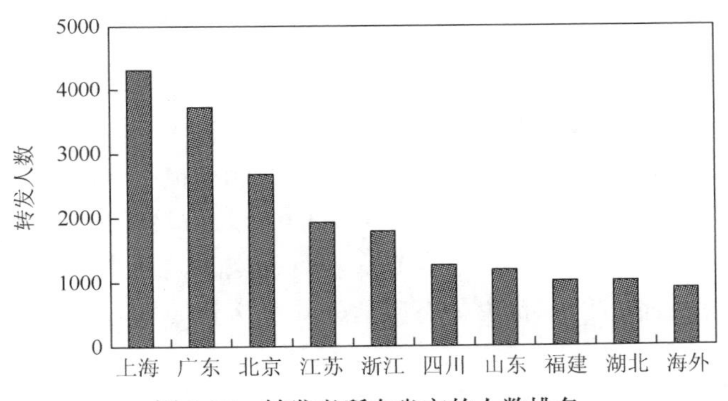

图 3-17　转发者所在省市的人数排名

本节以复旦大学投毒事件为例，对于信息在微博中的传播路径、传播中起关键作用的节点、传播的阶段以及用户结构进行了分析，得出如下结论：在网络中，信息传播一般不超过六个层级，这与六度分隔理论不谋而合；对信息的传播起关键作用的节点不一定是度最大的点；人们对于事件的关注程度与该事件和自己的联系强度有密切关系，一般人们对与自身相关的事件关注得更密切。

3.4　Facebook 中个人中心网络的统计特性分析

现实生活中的社交是在经过长时间的接触后建立起来的，如果仅是偶然的接触而没有过深入的了解，那人与人的关系仅仅是认识，不能算是真正的朋友。现实生活中的社交极大地受到时间、空间因素的制约，导致人们的社交圈子局限性很大，交友范围狭窄。这样，一个人的朋友规模就不会很大。

现代科技的应用对于人们相互之间的沟通起到了极大的作用，你的手机里可能存储着几百人的电话号码、微博中可能关注了数百甚至数千人、Facebook 好友列表中可能包含了来自世界各地但完全不认识的人，你随时都可以和他们互动，不受时间、空间的影响，甚至没有任何成本。用户可以通过线上的互动来加强现实生活中的社交关系，也可以认识网络中的虚拟朋友，看起来这似乎大大提高了人们的社交能力，与邓巴数理论相背离。因此，部分人对于邓巴数还是否适用提出了质疑，也就促使研究者就以下问题进行研究：

（1）在线社会网络中是否存在一个人类社交规模的上限？

（2）假如存在，它的值是多少？

Ahn 等[24]分析了韩国的 Cyworld 网络，发现用户的朋友数特征数字是 46，众所周知，在 Cyworld 网的用户大约是韩国总人数的 1/3；Golder 等[25]研究了 Facebook 网络中北美大学用户的网络，发现每个用户的朋友数的中位数是 144，平均数为 179.53；McCarty 等[26]分别运用两种方法度量群体规模，得到群体规模大约为 291；Goncalves 等[27]对 Twitter 网络进行分析，发现人们最多能保持与 100～200 人的稳定联系；Zhao 等[28]对 Facebook 网络中美国新奥尔良市的网络的分析则认为人们能保持稳定联系的人数为 200～300，大约是邓巴数的两倍。

除了生理上的限制，现实生活中的一些其他因素也影响着我们，使得人们不能与数以千计的人维持稳定的关系。尽管人们可以通过网络与世界各地的数百、数千甚至数万的人获得联系，但是只有真实且稳定的关系才能使我们的生活有意义。毕竟，一个人的时间和精力是有限的。几乎所有的人都仅与有联系的人中很小一部分人进行交流。网络中拥有数千的朋友与拥有有意义联系的朋友是不同的。此外，在上面提到的这些文献中，大多数或者从全局角度对整个网络进行研究，分析用户的平均朋友数；或者从微观上，从个人角度分析一个用户的朋友层次；缺少从中观层次上对具有特定地理位置的网络进行分析，而用户间的亲密度与他们的地理位置是有很大关系的[29]。相比于距离较远的人，居住距离近的人更容易产生频繁的交流。另外，距离近的人比距离远的人更倾向于在现实生活中相见，所以他们更可能在线上和线下都有交流。因此，从一个城市的角度对具有地理信息的在线社会网络进行研究，对于理解用户交互的特性具有重要的意义。

3.4.1 模型的建立

由于用户仅与他在网络中所谓的“朋友”中的很少一部分人进行交流，所以相比于他们的“朋友”关系，对他们进行过联系的情况进行分析更加有意义。一个用户可以在其朋友页面留言，其朋友也可以在他的页面留言，所以页面的留言信息可以看做用户之间进行的交流。根据这些信息建立一个有向加权网络，连边由留言的人指向被留言的人，而留言次数即为每条边的权重。

根据网络中用户的联系情况建立有向网络 $G(V,E)$，如图 3-18 所示，其中 V 和 E 分别为节点和连边的集合，每个节点 i 代表网络中的一个用户，每条由用户 i 指向用户 j 的有向边 e 则代表用户 i 至少对用户 j 留言一次。定义用户 i 的出度 k_i^{out} 为用户 i 给其他用户留言至少一次的用户数；相应地，用户 i 的入度 k_i^{in} 为至少给用户 i 留言一次的用户数。定义每条边的权重 w_{ij} 为用户 i 给用户 j 留言的次数。

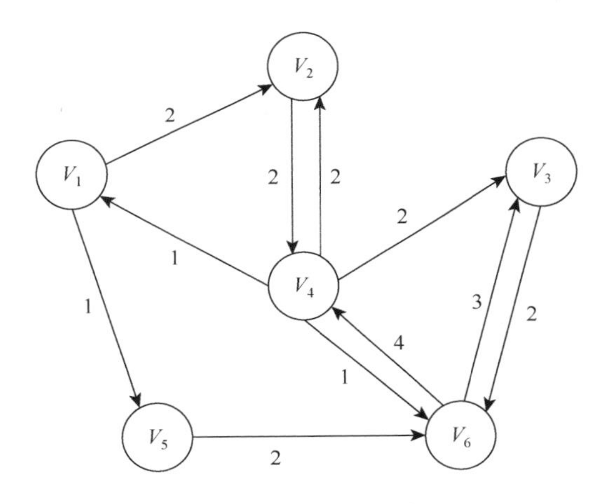

图 3-18　用户网络示意图

用户间交流的次数越多，权重越大，表示他们之间的关系越密切。当一个用户刚加入 Facebook 时，他拥有很少的朋友，且与他们交流很少。但随着时间的发展，他将有越来越多的朋友，联系也会多起来，用户变得活跃。可是每个人的时间和精力毕竟是有限的，他的朋友数一旦超过他的生理能力所能承受的范围，他就不能与每个人都进行有效的交流，这个用户与其他用户间的平均联系次数也将相应地减少。他不可能与所有人一视同仁地交流，这就决定了每个人不得不选择性地和其中一些人成为更亲密的朋友，进行认为更重要的交流，将有限的资源利用最大化。为了量化这一过程，本节用 w_{ij} 来度量朋友间的联系强度。

w_i^{out} 为用户 i 的每条出边的平均权重，表示为

$$w_i^{out} = \sum_j \frac{w_{ij}}{k_i^{out}} \tag{3-14}$$

其中，$j \in \varGamma_i$，$\varGamma_i$ 为用户 i 进行过留言的用户集合。表 3-6 为对图 3-18 中各节点的描述。

表 3-6 对各节点的描述

节点	V_1	V_2	V_3	V_4	V_5	V_6
k_i^{in}	1	2	2	2	1	3
k_i^{out}	2	1	1	4	1	2
w_i^{out}	1.5	2	2	1.5	2	3.5

以节点 V_1 为例，在图 3-18 中，指向该节点的边有一条，该节点指向其他节点的边有两条，所以，该节点的入度 k^{in} 为 1，出度 k^{out} 为 2；两条出边的权重分别为 1 和 2，所以，节点 V_1 的出边的平均权重 w_i^{out} 为 1.5。

3.4.2 数据描述

本节选取了全球最大的社交网站 Facebook 作为本书的研究对象。Facebook 在 2004 年 2 月创办于美国。在创立之初，它仅允许有教育邮箱的学生注册，到 2006 年 9 月对所有互联网用户开放，很快便在全球范围内获得迅猛发展。2008 年取代 MySpace 成为全球最大的社交网站。截至 2013 年 11 月，Facebook 月活跃用户达 11.6 亿，它极大地改变了人类的生活方式。

类似于国内的人人网，用户可以在 Facebook 主页面免费申请账号，填写个人信息，创建自己的主页。用户登录 Facebook 之后，在首页便可以看到好友更新的信息，可以通过评论、留言、站内信、转发、提及等多种形式与好友进行互动，而且有共同语言的人群还可以形成一个小组，以使组内成员获得更好的交流。用户通过搜索功能可以找到现实生活中的朋友，也可以限定搜索的关键词查找相关的陌生人，结交新朋友。

本书的研究对象是社交网络结构的一些统计指标的特性，以及在一个城市里单个用户所能维系的社交圈子的大小。本节运用 Facebook 中新奥尔良市的用户在 2009 年 1 月 22 日及之前的数据[30]。数据分两部分，如表 3-7 所示，一部分为包含连边用户的用户账号对和连边建立时间的连边数据集，另一部分为包含对目标用户留言的用户账号及时间的用户交互数据集。一个用户的朋友可以在该用户的主页中发表评论、留言等，所以这些记录可以看做用户之间的交流。

表 3-7 Facebook 数据集

数据集	用户数	朋友对的数目
连边数据集	63731	1545686
交互数据集	43594	167095

由表 3-7 可以看出，仅有大约 10.81%的朋友对进行过交流，而剩余的 89.19%的用户对没有进行过任何交流。所以在线社会网络中的“朋友”大多是没有意义

的，而大多数研究者对所有的网络连边进行分析是不合理的。所以本书仅对网络中用户的交流情况进行分析。

3.4.3 实证统计

在用户交流数据集中，共有 876993 条信息，去掉自己给自己的留言后，剩 855543 条信息。图 3-19（a）表示用户出度 k^{out} 和入度 k^{in} 之间的相关性，从中可以看出用户出度和入度基本相等，也就意味着在这个范围内，用户之间的联系是相互的，他们很可能是相互认识的。进一步，这说明了这是一个合理的社交网络，也意味着我们选择 wall 数据集进行分析是合理的。同时，出度分布如图 3-19（b）所示，可以看到，除了仅有一个用户的出度为 199 外，其余用户的出度均不大于 160，这与邓巴的 150 定律基本一致，也说明了人类的朋友数仍然受到一定的限制。另外，出度分布服从广延指数分布[31,32]：

$$p(k^{\text{out}}) \sim (k^{\text{out}})^{u-1} \exp\left[-\left(\frac{k^{\text{out}}}{k_0^{\text{out}}}\right)^{\mu}\right] \tag{3-15}$$

其广延参数为 0.54。正如文献[25]所述，这是由于用户间的连边并不能完全代表用户间的交流情况。

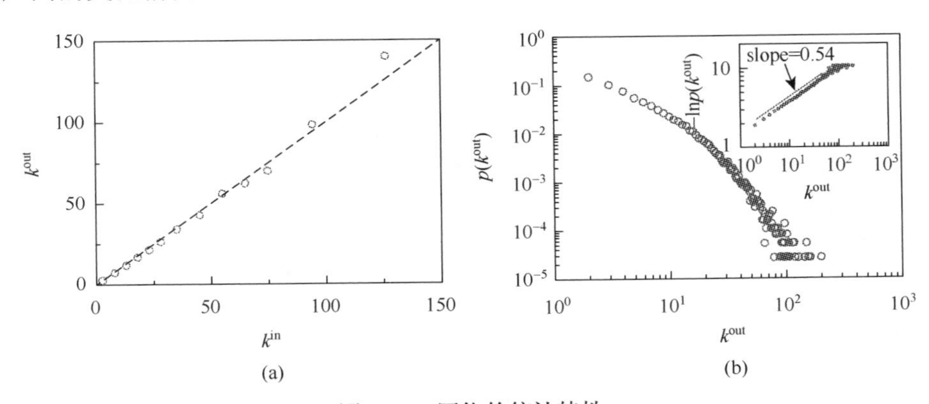

图 3-19 网络的统计特性

在广延指数分布 $p(k^{\text{out}}) \sim (k^{\text{out}})^{u-1} \exp\left[-\left(\frac{k^{\text{out}}}{k_0^{\text{out}}}\right)^{\mu}\right]$ 中，k_0^{out} 为常数，$0 \leqslant \mu \leqslant 1$。若 $\mu=1$，就成了一般的指数分布。若采用 $\lg k$ 为 x 轴，$\lg(-\lg p(k))$ 为 y 轴，则图形成一条直线，斜率为 μ，称为广延参数。广延指数分布介于指数分布和幂律分布之间。在图 3-19（b）的子图中，描述了 $\lg(-\lg p(k^{\text{out}}))$ 与 $\lg k^{\text{out}}$ 的线性相关性，因此说明出度分布服从广延指数分布。

图 3-20（a）子图中展示了随着出度 k^{out} 的变化，平均每个用户所发布评论的总数 n_p 的 F 统计与出度 k^{out} 的变化关系。F 统计通常用来识别拐点，即数据中的结构变化点。其识别过程为：假设在节点 i_1 处，将数据分为两部分，一部分包括节点 $i=1,\cdots i_1$，另一部分包括节点 $i=i_1+1,\cdots,n$，其中 n 是节点总数量。为了识别拐点 i_1，在节点 i 处计算一系列 F 统计值：

$$F_i = \frac{[S_C-(S_1+S_2)]/k}{(S_1+S_2)/(n-2k)} \tag{3-16}$$

其中，S_C 是整个数据的残差和；S_1 是 j=1 部分的残差和；S_2 是 j=2 部分的残差和；k 是参数个数（本书中 k 为 1）。数据出现结构变化的一个强有力的证据就是其 F 统计出现一个峰值。

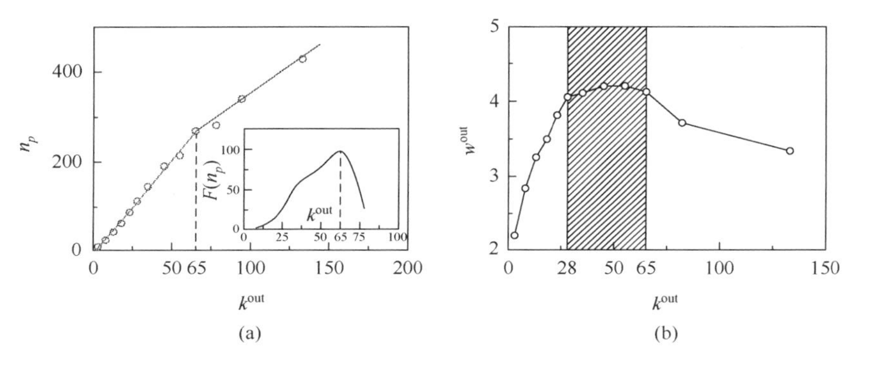

图 3-20　用户发布信息总量、出边平均权重的变化

根据图 3-20（a）可以看到，当出度 k^{out} 到达 65 时，F 统计出现一个峰值，这也就意味着在这一点上数据结构发生变化，出现拐点，将数据分为左右两部分，斜率分别为 $a_1 \approx 4.2$ 和 $a_2 \approx 2.1$ 。

如图 3-20（a）所示，当出度小于 65 时，单个用户发布的信息总数稳定增长，拟合函数为

$$n_p = 4.27k^{out} - 9.31 \tag{3-17}$$

这意味着当用户的朋友数小于 65 时，用户间的联系频率不会随着朋友数的增加而降低。所以在这一范围内，社交圈子是稳定的。但是，当超过 65 后，单个用户发布的信息总数的增长速度随着朋友数的增加变低，拟合函数变为

$$n_p = 2.45k^{out} + 103.57 \tag{3-18}$$

这意味着，朋友间的交流频率变低，社交圈子之间的关系不再那么亲密。

图 3-20（b）为边的平均权重随出度的变化情况，由图可知，边的平均权重 w^{out} 在出度 k^{out} 范围为 28 到 65 内为最高值，且相对平坦。当出度小于 28 时，平均权重持续增加，这表明当一个人的朋友数小于 28 时，他与他的朋友们的平均联系次数

是随着朋友数的增加而逐步增加的。在 28～65 时，平均权重基本保持不变，这表明在此种情况下，用户间的关系相当稳定而且有意义。然而，出度一旦超出这个数字，边的平均权重迅速下降，这意味着尽管现代技术帮助我们记录大量的人，但用户的朋友数在达到一定数量后，用户不能与所有的朋友进行稳定而有意义的联系。即当一个人刚刚进入网络时，他的朋友数很少，进行的交流也很少。随着朋友数的增多，进行的交流也变多。最终，需要保持稳定联系的朋友数，这超出人们的社交能力所允许的范围，朋友之间的亲密度就变得稀疏，当朋友数超过一定值时，如新奥尔良市的 Facebook 网络中的 65 位朋友，用户不能与他的朋友们保持稳定有效的联系。当人们需要付出越来越多的努力去维持越来越多的朋友关系时，时间和精力的限制会导致其与朋友的平均联系程度降低，使得朋友圈的亲密度下降。这表明，一个人的个人中心网络规模是有限的，一个人无论有多少朋友，他能维持稳定联系的朋友数量是一定的。这一理论对于在线广告营销、识别垃圾账户等具有一定的指导意义。

为了证明前面内容所获得的结果不是由于这五年时间内数据的累积结果造成的，即网络随着时间的变化不影响上面的结果，本节将数据按年份划分，重新就上述结果进行分析。由于在 2004 年 Facebook 建立之初，它仅对校园用户开放，直到 2006 年 9 月 11 日才允许所有网络用户注册登录，所以仅对 2006 年之后的两年数据进行分析，即 2006 年 9 月 11 日到 2008 年 9 月 11 日，结果如图 3-21 所示。

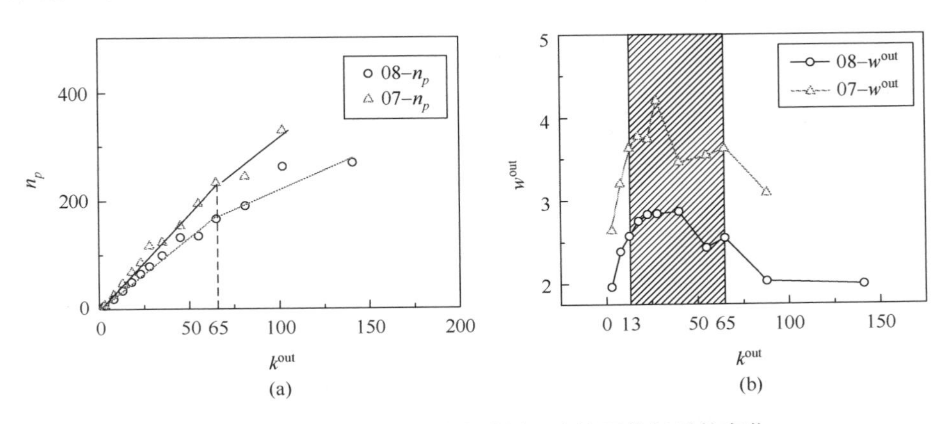

图 3-21　年度用户发布信息总量、出边平均权重的变化

在图 3-21（a）中，三角形与圆圈分别代表 2007～2008 年 n_p 与 k^{out} 的相关性情况，在图 3-21（b）中则分别代表 2007～2008 年 w^{out} 与 k^{out} 的相关性情况。可以看到，得到的结果与我们上述的结果相似（图 3-20）。在图 3-21（a）中，断点依然是在出度为 65 处，在图 3-21（b）中，在出度大于 65 后，w^{out} 迅速下降。

综上所述，可以认为，一个人仅能与一些朋友保持紧密的联系，超过这个范围，朋友数越多，联系强度越弱。

3.4.4　随机模型的运用

交叉重连通常用来将一个特定网络生成随机网络以判定某些特性是特殊的还是普遍适用的。为了进一步说明前面所得到的结果不是因为偶然，本节通过边的交叉重连建立一个零模型将网络重新洗牌。建立零模型的方法为：随机选择一组不相交的节点对，将两条边的箭头分别指向另一节点对的被指向节点，同时两条边的权重也互换，这样就完成了边的交叉重连，如图 3-22 所示，图（a）经过重连后变成图（b）。每次互换可以保证边的总数不变，每个节点的出度和入度不变，仅仅是它们之间的权重发生了变化。由定义可知，交叉重连代表着人们随机地选择朋友，而这是与人们交朋友的意愿相违背的。本节将在全局范围内进行交叉重连过程重复 100 次以消除偶然因素的影响。结果如图 3-23 所示。

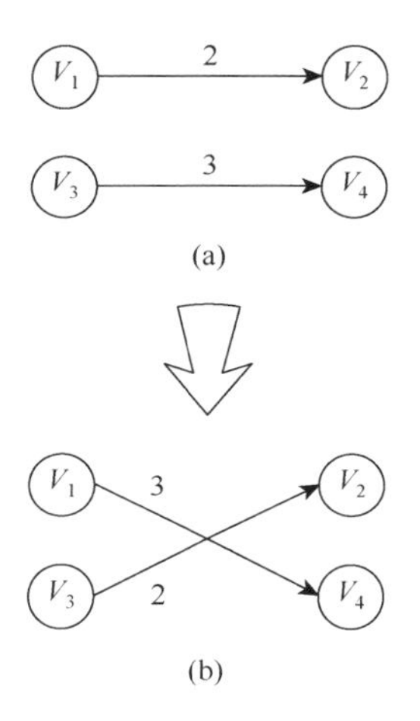

图 3-22　交叉重连过程示意图

图 3-23 给出了零模型的边的平均权重 w^{out} 以及子图中的集聚系数 $C(i)$随着出度 k^{out} 的变化。在这个随机网络中，w^{out} 和 $C(i)$都呈现一条水平的直线，这表明它们不受出度变化的影响。

一般情况下，当一个用户刚刚进入 Facebook 时，他趋向于加他现实中最好的朋友为好友，而且经常通过这些朋友认识其他的一些朋友，他的朋友的朋友也成了他的朋友，即“二度人脉”，进而朋友的朋友的朋友又会形成他的“三度人脉”……如此便形成了一个越来越大的朋友网络，结果就是他在网络中的朋友数量也越来越多，而圈子的紧密度很强。集聚系数可以反映一个节点的邻居节点的连通性，表示为 $C(i)=E_i/k_i(k_i-1)$，其中 k_i 是节点 i 的邻居总数，E_i 是节点 i 的邻居节点之间互为

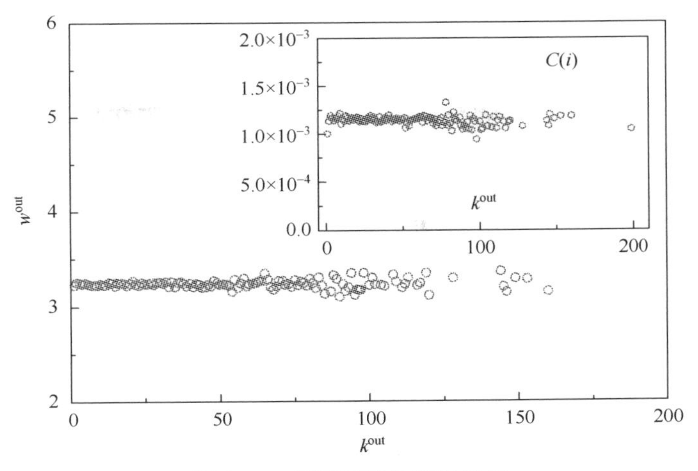

图 3-23　重连网络的统计结果

朋友的节点对数。集聚系数越大，表明邻居节点间联系越紧密。所以，当一个人的朋友数较少的时候，集聚系数将会较大，而随着朋友数的增加，集聚系数将会下降，如图 3-24 所示。另外，当一个用户刚刚进入网络时，他的朋友数会很少，并与朋友的交流也很少，随着朋友数的增加，他趋向于与朋友进行更多的交流，他们之间的亲密度也将逐渐增加。最终，他的朋友数将达到他能维持稳定联系的最大值，然后朋友间的亲密度将降低。显然，经过重组后的网络与实证结果大相径庭，这表明本节的实证结果不是偶然得到的。

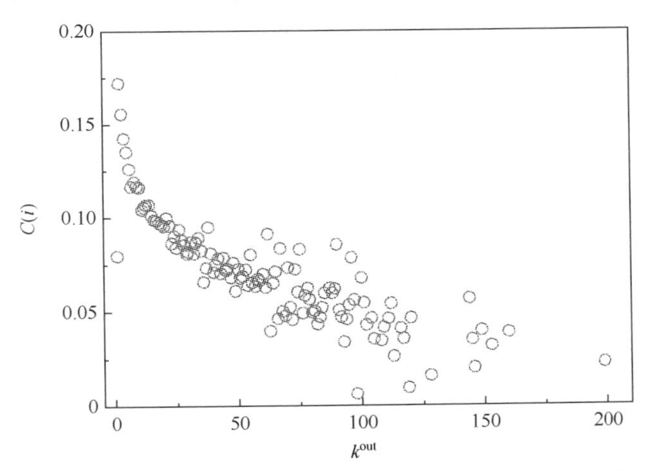

图 3-24　实证网络中集聚系数随朋友数量的变化而变化的情况

根据以上分析可以得出结论：尽管在线社会网络可以更简单地帮助人们与其他人建立联系而成本更低，但人们依然不能克服人类生理条件对社交能力的限制，人们的社交圈子不能任意扩大，不会像腾讯宣扬的那样“QQ 圈子能打破‘邓巴数魔咒’”。实际上人们能维持稳定关系的朋友要比看起来少得多。本书得到的结果是，在一个城市内，人们能与大约 65 个人维持稳定而有意义的联系。这一结果不同于前面文献研究所得的上限，本书认为主要有以下几个原因。

（1）在线社会网络不同于现实生活网络，一些在 Facebook 网络中的用户很可能与一些不在 Facebook 中的用户也有密切联系。但对于这些用户无法计量。

（2）数据的不完整性。数据的获取是由新奥尔良市网络中的一个用户开始，用广度优先搜索算法（BFS）去寻找其他用户。这种方法的弊端是不能将所有用户包含进来。另外，一些用户的界面被设置成不可见的，这部分用户也被忽略了。

（3）用户交流的方式是多种多样的，如转发、即时聊天、私信、@等，而本书所用的数据仅仅包括用户在其他用户的界面留言的信息。尽管有这种问题，但所用的数据还是包含了网络中的大多数信息，所得的结果也是合理的。

（4）本书仅分析了一个城市的网络，之前的研究大多是基于整个网络的，本书将研究对象界定在新奥尔良市，忽略了用户在其他城市也可能有朋友的事实。

3.5　社会影响对用户选择行为的影响

本节在二部分网络中，进一步分析个体的选择行为。当用户选择产品时，用户会将自己的内在属性（如性别、年龄、地理位置等）与产品的内在属性（如颜色、形状、价格等）进行匹配后再作选择。2011 年，Kitsak 等考虑到内在属性，利用隐变量从理论上分析了二部分网络的拓扑结构[33]。不少实验和实证研究都表明社会影响极大地影响了用户的选择行为[34-39]，但是在考虑社会影响的同时，从理论模型角度分析用户的选择行为却往往被忽略。本节构建了一个同时考虑社会影响与用户偏好的网络模型，并从理论上解析了用户-产品二部分网络的结构特性，最后举例分析并作了数值模拟。

3.5.1　社会影响与用户偏好网络模型建立及其结构特性

1. 模型建立

首先，假设用户数为 N，产品数为 M，用户的偏好属性 λ 服从 $\rho_1(\lambda)$ 分布，产品的内在属性 κ 服从 $\rho_2(\kappa)$ 分布，社会影响 ξ 服从 $\rho_3(\xi)$ 分布，并且这些分布都独立于网络规模。其次，假设用户数和产品数处于同一数量级，即 $N \propto M$。则模型可以构建如下。

（1）初始状态，给用户 i 赋予偏好属性 λ_i，给产品 α 赋予内在属性 κ_α 和社会影响 ξ_α，如图 3-25（a）所示。

（2）每个用户和产品间的连接概率是 $p(\lambda_i;\kappa_\alpha,\xi_\alpha)$，且

$$p(\lambda;\kappa,\xi)=\varphi(\lambda;\kappa,\xi) \tag{3-19}$$

其中，$\varphi(\lambda;\kappa,\xi)$ 为偏好属性为 λ 的用户与内在属性为 κ 且社会影响为 ξ 的产品连接的概率，任何 $p(\lambda_i;\kappa_\alpha,\xi_\alpha)\in[0,1]$。

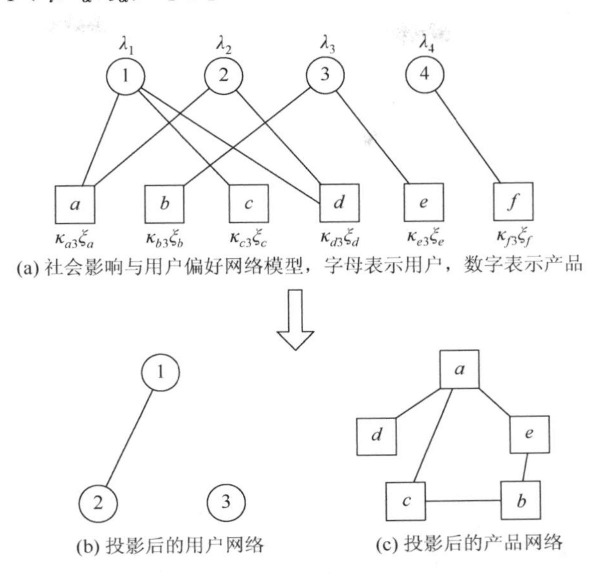

图 3-25　用户-产品二部分网络投影成单独网络

2. 用户-产品网络度分布

用户度分布 $p_1(k)$ 定义为一个用户选择了 k 个产品的概率。要计算度分布 $p_1(k)$，需要计算条件概率 $g(k/\lambda)$。$g(k/\lambda)$ 表示偏好属性为 λ 的用户，该用户度为 k 的概率。从而用户的度分布 $p_1(k)$及偏好属性为 λ 的用户的平均度 $\overline{k}(\lambda)$ 为

$$p_1(k)=\sum_{\lambda}g(k/\lambda)\rho_1(\lambda) \tag{3-20}$$

$$\overline{k}(\lambda)=\sum_{k}kg(k/\lambda) \tag{3-21}$$

因此用户的平均度 $\overline{k}$ 为

$$\overline{k}=\sum_{k}kp_1(k)=\sum_{\lambda}\overline{k}(\lambda)\rho_1(\lambda) \tag{3-22}$$

为了计算 $g(k/\lambda)$，首先引进 $g_i^{\kappa_i,\xi_i}(k_i/\lambda)$，将其定义为偏好属性为 λ 的用户与内在属性为 k_i 和社会影响为 ξ_i 的产品有 k_i 条连边的概率。由于这些用户-产品连接对之间是相互独立的，因此条件概率 $g_i^{\kappa_i,\xi_i}(k_i/\lambda)$ 可以用二项式分布表示：

$$g_i^{\kappa_i,\xi_i}(k_i/\lambda)=\begin{pmatrix}M_{\kappa_i,\xi_i}\\ k_i\end{pmatrix}p(\lambda;\kappa_i,\xi_i)^{k_i}[1-p(\lambda;\kappa_i,\xi_i)]^{M_{\kappa_i,\xi_i}-k_i} \tag{3-23}$$

其中，$M_{\kappa_i,\xi_i}=Mh(\kappa_i,\xi_i)$ 是内在属性为 κ_i 和社会影响为 ξ_i 的产品总数，$h(\kappa,\xi)$ 表示内在属性为 κ 和社会影响为 ξ 的产品的概率。假设内在属性和社会影响之间是

相互独立的，那么有

$$h(\kappa,\xi)=\rho_2(\kappa)\rho_3(\xi) \tag{3-24}$$

因此

$$g(k/\lambda)=\sum_{\sum k_i=k}\prod_i g_i^{\kappa_i,\xi_i}(k_i/\lambda) \tag{3-25}$$

式（3-25）中的乘积遍历所有内在属性为 κ 且社会影响为 ξ 的产品，下标 $\sum k_i=k$ 表示用户 i 选择的所有可能的 k_i 个产品总和为 k 的产品组合。$g(k/\lambda)$ 的生成函数 $\hat{g}(z/\lambda)$ 为

$$\hat{g}(k/\lambda)=\sum_k g(k/\lambda)z^k \tag{3-26}$$

同理，生成函数 $\hat{g}(z/\lambda)$ 可以表示为

$$\hat{g}(k/\lambda)=\prod_{\kappa,\xi}\hat{g}^{\kappa,\xi}(z/\lambda) \tag{3-27}$$

$$\hat{g}^{\kappa,\xi}(z/\lambda)=\sum_k g^{\kappa,\xi}(k/\lambda)z^k \tag{3-28}$$

联合式（3-24）～式（3-28）可得 $g^{\kappa,\xi}(k/\lambda)$ 的生成函数为

$$\hat{g}^{\kappa,\xi}(z/\lambda)=[1-(1-z)p(\lambda;\kappa,\xi)]^{M_{\kappa,\xi}} \tag{3-29}$$

将式（3-29）代入式（3-27），并对等式两边求对数，得

$$\ln\hat{g}(z/\lambda)=M\sum_{\kappa,\xi}h(\kappa,\xi)\ln[1-(1-z)p(\lambda;\kappa,\xi)] \tag{3-30}$$

对式（3-26）的 $\hat{g}(z/\lambda)$ 求 z 的一阶导数，并令 $z=1$，可得 $g(z/\lambda)$ 的一阶矩，再联合式（3-30）得

$$\bar{k}(\lambda)=M\sum_{\kappa,\xi}h(\kappa,\xi)p(\lambda;\kappa,\xi) \tag{3-31}$$

将式（3-31）代入式（3-22）得到用户的平均度为

$$\bar{k}=M\sum_{\lambda}\sum_{\kappa,\xi}h(\kappa,\xi)p(\lambda;\kappa,\xi) \tag{3-32}$$

网络的总边数为 $E=N\bar{k}=M\bar{\rho}$，$\bar{\rho}$ 是产品的平均度。因此

$$E=NM\sum_{\lambda}\sum_{\kappa,\xi}h(\kappa,\xi)p(\lambda;\kappa,\xi) \tag{3-33}$$

对于稀疏的用户-产品二部分网络，$E\propto N\propto M$，由于 $\rho_1(\lambda)$ 和 $h(\kappa,\xi)$ 与网络规模无关，所以连接概率 $p(\lambda;\kappa,\xi)$ 有如下形式：

$$p(\lambda;\kappa,\xi)=\varphi(\lambda;\kappa,\xi)\propto\hat{\varphi}(\lambda;\kappa,\xi)/(2M) \tag{3-34}$$

其中，$\hat{\varphi}(\lambda;\kappa)$ 和 $\hat{\varphi}(\lambda;\xi)$ 与网络规模无关。对于稀疏网络，将式（3-30）进行泰勒展开，并取到一阶导数项，得

$$\ln\hat{g}(z/\lambda)\approx\frac{1}{2}(z-1)\sum_{\kappa,\xi}h(\kappa,\xi)\hat{\varphi}(\lambda;\kappa,\xi) \tag{3-35}$$

可知生成函数 $\hat{g}(z/\lambda)$ 是指数形式，从而条件概率 $g(k/\lambda)$ 近似泊松分布，即

$$g(k/\lambda) \approx \mathrm{e}^{-\bar{k}(\lambda)}[\bar{k}(\lambda)]^k / k! \tag{3-36}$$

将式（3-31）和式（3-36）代入式（3-20），可得用户的度分布为

$$p_1(k) = \sum_{\lambda} \rho_1(\lambda) \mathrm{e}^{-\bar{k}(\lambda)}[\bar{k}(\lambda)]^k / k! \tag{3-37}$$

3. 用户-产品网络投影后的度分布

在投影后的用户网络中，若两个用户至少选择了一个相同的产品，那么这两个用户之间就有连边，如图 3-25（b）和（c）所示。因而首先要计算 $p_0(\lambda_1;\lambda_2)$，也就是偏好属性为 λ_1 和偏好属性为 λ_2 的用户没有选择共同的产品的概率。$p_0(\lambda_1;\lambda_2)$ 可表达为

$$p_0(\lambda_1;\lambda_2) = \prod_i [1 - p(\lambda_1;\kappa_i,\xi_i) p(\lambda_2;\kappa_i,\xi_i)] \tag{3-38}$$

其中，乘积遍历所有的产品。偏好属性为 λ_1 和偏好属性为 λ_2 的用户选择了共同的产品的概率为 $p_u(\lambda_1;\lambda_2) = 1 - p_0(\lambda_1;\lambda_2)$。对式（3-38）两边取对数再联合式（3-34）可以近似得出

$$\begin{aligned} p_u(\lambda_1;\lambda_2) &= 1 - \mathrm{e}^{M\sum_{\kappa,\xi} h(\kappa,\xi)\ln[1-p(\lambda_1;\kappa,\xi)p(\lambda_2;\kappa,\xi)]} \\ &\approx M\sum_{\kappa,\xi} h(\kappa,\xi) p(\lambda_1;\kappa,\xi) p(\lambda_2;\kappa,\xi) \end{aligned} \tag{3-39}$$

为求出条件概率 $p(k_u/\lambda)$，即偏好属性为 λ 的用户，在投影后的单部分网络中度为 k_u 的概率，本节引进 $p_i^{\lambda_i'}(n_i/\lambda)$。$p_i^{\lambda_i'}(n_i/\lambda)$ 定义为偏好属性为 λ 的用户，在投影后的单部分网络中，与偏好属性为 λ_i' 的用户有 n_i 条连边的概率。由于偏好属性为 λ 的用户与 $N\lambda_i'$ 个偏好属性为 λ_i' 的用户有 n_i 条连边是相互独立的，$N\lambda_i' = N\rho_1(\lambda')$，$N\lambda_i'$ 为偏好属性为 λ_i' 的用户总数。当 $n_i \ll M$ 时，有

$$g_i^{\lambda_i'}(n_i/\lambda) = \begin{pmatrix} N_{\lambda_i'} \\ n_i \end{pmatrix} p_u(\lambda;\lambda_i')^{n_i}[1 - p_u(\lambda;\lambda_i')]^{N_{\lambda_i'}-n_i} \tag{3-40}$$

与式（3-25）类似，$p(k_u/\lambda)$ 以及它的生成函数可表示为

$$p(k_u/\lambda) = \sum_{\sum n_i = k_u} \prod_i p_i^{\lambda_i'}(n_i/\lambda) \tag{3-41}$$

$$\hat{g}(z/\lambda) = \sum_{k_u} p(k_u/\lambda) z^{k_u} \tag{3-42}$$

同理，有

$$\ln \hat{g}(z/\lambda) = N\sum_{\lambda_i'} \ln[1 - (1-z) p_u(\lambda;\lambda_i')] \tag{3-43}$$

可知在稀疏网络中，概率 $p(k_u/\lambda)$ 近似泊松分布：

$$p(k_u/\lambda) \approx \mathrm{e}^{-\bar{k}_u(\lambda)}[\bar{k}_u(\lambda)]^{k_u} / k_u! \tag{3-44}$$

与 $\bar{k}(\lambda)$ 推导过程类似，可以得出在投影后单部分网络中，偏好属性为 λ 的用

户的平均度 $\overline{k}_u(\lambda)$：

$$\overline{k}_u(\lambda) = N\sum_{\lambda'} \rho_1(\lambda') p_u(\lambda;\lambda') \tag{3-45}$$

同理，内在属性和社会影响分别为 κ 和 ξ 的产品平均度 $\overline{\rho}(\kappa,\xi)$：

$$\overline{\rho}(\kappa,\xi) = N\sum_{\lambda} \rho_1(\lambda) p(\lambda;\kappa,\xi) \tag{3-46}$$

对于稀疏网络，通过式（3-25）和式（3-45），式（3-46）可以变换为

$$\overline{k}_u(\lambda) = M\sum_{\kappa,\xi} \overline{\rho}(\kappa,\xi) h(\kappa,\xi) p(\lambda;\kappa,\xi) \tag{3-47}$$

因此，可得投影后用户的平均度 $\overline{k}_u$ 及投影后用户的度分布：

$$\overline{k}_u = \sum_{\lambda} \rho_1(\lambda)\overline{k}_u(\lambda) = \frac{M}{N}\sum_{\kappa,\xi} \overline{\rho}(\kappa,\xi)^2 h(\kappa,\xi) \tag{3-48}$$

$$p_2(k_u) = \sum_{\lambda} p(k_u / \lambda)\rho_1(\lambda) \tag{3-49}$$

4. 度相关性

度相关可以用条件概率 $p(\rho/k)$ 和 $p(k/\rho)$ 描述。$p(\rho/k)$ 和 $p(k/\rho)$ 分别为度为 k 的用户连接到度为 ρ 的产品或者度为 ρ 的产品连接到度为 k 的用户的概率。要求出条件概率 $p(\rho/k)$，先引进条件概率 $v_1((\kappa,\xi)/\lambda)$，即偏好属性为 λ 的用户，选择了内在属性为 κ 和社会影响为 ξ 的产品的概率。依据定义可得

$$v_1((\kappa,\xi)/\lambda) = \frac{E_{\lambda;\kappa,\xi}}{N_\lambda \overline{k}(\lambda)} \tag{3-50}$$

同理

$$v_2(\lambda/(\kappa,\xi)) = \frac{E_{\lambda;\kappa,\xi}}{M_{\kappa,\xi}\overline{\rho}(\kappa,\xi)} \tag{3-51}$$

其中，$E_{\lambda;\kappa,\xi}$ 表示偏好属性为 λ 的用户与内在属性为 κ 和社会影响为 ξ 的产品连接的总边数；N_λ 为偏好属性为 λ 的用户的总数。从而 $p(\rho/k)$ 可表示为

$$p(\rho/k) = \sum_{\lambda}\sum_{\kappa,\xi} f((\rho-1)/(\kappa,\xi)) v_1((\kappa,\xi)/\lambda) g^*(\lambda/k) \tag{3-52}$$

其中，条件概率 $f((\rho-1)/(\kappa,\xi))$ 表示内在属性为 κ 和社会影响为 ξ 的产品，度为 ρ 的概率（其中一条边已经考虑在 $v_1((\kappa,\xi)/\lambda)$ 中）。条件概率 $g^*(\lambda/k)$ 定义为度为 k 的用户，其偏好属性为 λ 的概率。由贝叶斯公式[40]得

$$p_1(k) g^*(\lambda/k) = \rho_1(\lambda) g(k/\lambda) \tag{3-53}$$

通过式（3-52）和式（3-53），得

$$p(\rho/k) = \frac{1}{p_1(k)}\sum_{\lambda}\sum_{\kappa,\xi} \rho_1(\lambda) f((\rho-1)/(\kappa,\xi)) v_1((\kappa,\xi)/\lambda) g(k/\lambda) \tag{3-54}$$

因此，度为 k 的用户的邻居节点平均度 $\overline{\rho}_{nn}(k)$ 为

$$\bar{\rho}_{nn}(k)=\sum_{\rho}\rho p(\rho/k)=1+\frac{1}{p_1(k)}\sum_{\lambda}\bar{\rho}_{nn}(\lambda)\rho_1(\lambda)g(k/\lambda) \tag{3-55}$$

其中，$\bar{\rho}_{nn}(\lambda)$ 定义为偏好属性为 λ 的用户的邻居节点平均度，表达式为

$$\bar{\rho}_{nn}(\lambda)=\sum_{\kappa,\xi}\bar{\rho}(\kappa,\xi)v_1((\kappa,\xi)/\lambda) \tag{3-56}$$

其中，$\bar{\rho}(\kappa,\xi)$ 可由式（3-57）近似得出

$$\bar{\rho}(\kappa,\xi)\approx\sum_{\rho}(\rho-1)f((\rho-1)/(\kappa,\xi)) \tag{3-57}$$

5. 共同邻居节点数

偏好属性分别为 λ_1 和 λ_2 的用户，m 个共同的产品的概率 $p_{\lambda_1;\lambda_2}(m)$ 可表达为

$$p_{\lambda_1;\lambda_2}(m)=\sum_{\sum m_i=m}\prod_i p_{\lambda_1;\lambda_2}(m_i/(\kappa_i,\xi_i)) \tag{3-58}$$

其中，概率 $p_{\lambda_1;\lambda_2}(m_i/(\kappa_i,\xi_i))$ 为偏好属性分别为 λ_1 和 λ_2 的用户有 m_i 个共同的内在属性为 κ_i 社会影响为 ξ_i 的产品的概率。方程中的乘积遍历所有的产品的属性，累加则表示所有可能的个数 m_i，且这些 m_i 之和为 m。

连接概率 $H_{\kappa,\xi}(\lambda_1;\lambda_2)$ 定义为偏好属性分别为 λ_1 和 λ_2 的用户与内在属性和社会影响分别为 κ 和 ξ 的产品的连接概率，得

$$H_{\kappa,\xi}(\lambda_1;\lambda_2)=p(\lambda_1;\kappa,\xi)p(\lambda_2;\kappa,\xi) \tag{3-59}$$

从而

$$p_{\lambda_1;\lambda_2}(m/(\kappa_i,\xi_i))=\binom{M_{\kappa,\xi}}{m}H_{\kappa,\xi}(\lambda_1;\lambda_2)^m[1-H_{\kappa,\xi}(\lambda_1;\lambda_2)]^{M_{\kappa,\xi}-m} \tag{3-60}$$

且相应的生成函数：

$$\hat{p}_{\lambda_1;\lambda_2}(z/(\kappa,\xi))=[1-(1-z)H_{\kappa,\xi}(\lambda_1;\lambda_2)]^{M_{\kappa,\xi}} \tag{3-61}$$

同理，可以得出 $p_{\lambda_1;\lambda_2}(m)$ 的生成函数：

$$\hat{p}_{\lambda_1;\lambda_2}(z)=\prod_i\hat{p}_{\lambda_1;\lambda_2}(z/\kappa_i,\xi_i)) \tag{3-62}$$

联合式（3-61）和式（3-62），得

$$\ln\hat{p}_{\lambda_1;\lambda_2}(z)=M\sum_{\kappa,\xi}h(\kappa,\xi)\ln[1-(1-z)H_{\kappa,\xi}(\lambda_1;\lambda_2)] \tag{3-63}$$

与 $\bar{k}(\lambda)$ 推导过程类似，偏好属性分别为 λ_1 和 λ_2 的用户的平均共同邻居节点数 $\bar{m}(\lambda_1;\lambda_2)$ 为

$$\bar{m}(\lambda_1;\lambda_2)=M\sum_{\kappa,\xi}h(\kappa,\xi)H_{\kappa,\xi}(\lambda_1;\lambda_2) \tag{3-64}$$

从某种程度上，$\bar{m}(\lambda_1;\lambda_2)$ 可以用来度量用户之间的相似性。

6. 集聚系数

节点 i 的集聚系数定义为节点 i 的邻居也是邻居的比例。二部分网络中，本节采用 Zhang 等的集聚系数公式[41]：

$$C(i)=\frac{\sum_{m>n} q_{imn}}{\sum_{m>n}(q_{imn}+k_m+k_n-2\eta_{imn})} \tag{3-65}$$

其中，$\sum_{m>n}$ 表示遍历节点 i 的所有有序邻居节点；q_{imn} 为节点 m 和 n 除节点 i 外的总的邻居节点数；k_m 和 k_n 分别为节点 m 和 n 的度；$\eta_{imn}=1+q_{imn}+e_{mn}$，如果节点 m 和 n 之间有连边，那么 $e_{mn}=1$，否则 $e_{mn}=0$。对于二部分网络，$e_{mn}=0$。用户 i 的集聚系数的定义可转化为

$$C(i)=\frac{\sum_{j>l}(m_{jl}-1)}{\sum_{j>l}(k_j+k_l-m_{jl}-1)} \tag{3-66}$$

其中，$\sum_{j>l}$ 表示遍历节点 i 的所有有序邻居节点；m_{jl} 为节点 j 和 l 的总的邻居节点数；k_j 和 k_l 分别为节点 j 和 l 的度。由于分子的总和和分母的总和是互相独立的，因此可以通过分别计算分子和分母平均数来计算偏好属性为 λ 的用户的平均集聚系数 $\bar{C}(\lambda)$：

$$\bar{C}(\lambda)=\frac{\sum_{\kappa_1,\xi_1}\sum_{\kappa_2,\xi_2} v_1((\kappa_1,\xi_1)/\lambda)v_1((\kappa_2,\xi_2)/\lambda)\bar{m}(\kappa_1,\xi_1;\kappa_2,\xi_2)}{2[\bar{\rho}_{nn}(\lambda)-1]-\sum_{\kappa_1,\xi_1}\sum_{\kappa_2,\xi_2} v_1((\kappa_1,\xi_1)/\lambda)v_1((\kappa_2,\xi_2)/\lambda)\bar{m}(\kappa_1,\xi_1;\kappa_2,\xi_2)} \tag{3-67}$$

其中，$\bar{m}(\kappa_1,\xi_1;\kappa_2,\xi_2)$ 表示内在属性为 κ_1 且社会影响为 ξ_1 的产品与内在属性为 κ_2 且社会影响为 ξ_2 的产品平均的共同邻居节点数。从而，可以得出度为 k 的用户的平均集聚系数：

$$\bar{C}(k)=\frac{1}{p_1(k)}\sum_{\lambda}\rho_1(\lambda)g(k/\lambda)\bar{C}(\lambda) \tag{3-68}$$

可得用户的平均集聚系数为

$$\bar{C}=\sum_{\lambda}\rho_1(\lambda)\bar{C}(\lambda)=\sum_{k}p_1(k)\bar{C}(k) \tag{3-69}$$

3.5.2　网络数据分析

1. 数据介绍

由于产品的排名列表极大地影响了用户的选择行为，本节研究了 6 种不同的用户-产品二部分网络的数据，即 Amazon[42]、Bookcrossing[43]、Last.fm[44]、MovieLens[45]、Delicious[46]和 Netflix[47]数据。Amazon 数据集由 2036091 条打分为 1～5 分的数据组成，用户和产品数分别为 645056 和 99622 个。产品的打分值越高，意味着用户对该产品的评价越好。Bookcrossing 包含了用户的打分信息，用户根据他们对产品的喜好程度给予 1～10 的分数。Last.fm 的数据含有用户社会网络，产品标签和排名列表。MovieLens 数据为用户对看过的产品的打分，打分范围为 1～5 分。Delicious 提供了一种简单的共享网页的方法，它为无数互联网用户提供共享及分类用户所喜欢的网页的书签。Netflix 数据包含 701947 条打分。其他的相关的数据信息详见表 3-8，其中，$f(k)$ 和 $g(\rho)$ 分别为用户和产品的度分布。

表 3-8　六组用户-产品二部分网络的数据的基本性质

数据集	用户数	产品数	边数	$f(k)$	$g(\rho)$
Amazon	645056	99622	2036091	$f(k)\sim k^{-2.5}$	$g(\rho)\sim \rho^{-2.1}$
Bookcrossing	99237	305955	1149780	$f(k)\sim k^{-1.7}$	$g(\rho)\sim \rho^{-2.2}$
Last.fm	1892	17632	186479	$f(k)\sim k^{-1.2}$	$g(\rho)\sim \rho^{-2.1}$
MovleLens	2113	10197	855598	$f(k)\sim k^{-1.7}$	$g(\rho)\sim \rho^{-2.3}$
Delicious	10000	232657	1233997	$f(k)\sim k^{-1.6}$	$g(\rho)\sim \rho^{-2.4}$
Netflix	480189	17699	41057857	$f(k)\sim k^{-3.5}$	$g(\rho)\sim \rho^{-1.3}$

2. 理论分析

首先假设 Amazon 和 Bookcrossing 的数据所构成的网络是不相关的稀疏二部分网络，依据表 3-8 中的信息，假设用户的偏好分布为

$$\rho_1(\lambda)=(\gamma-1)\lambda_0^{\gamma-1}\lambda^{-\gamma} \tag{3-70}$$

其中，λ_0 为用户偏好属性最小值；$-\gamma$ 为幂律指数。

假设产品的内在属性服从 δ 分布：

$$\rho_2(k)=\delta(k-k_0) \tag{3-71}$$

当产品的属性值等于 k_0 时，$\rho_2(k)=1$，否则 $\rho_2(k)=0$。例如，用户要选择红色的产品，如果产品是其他颜色，那么将此产品排除。

假设社会影响服从幂律分布，即

$$\rho_3(\xi)=(\gamma'-1)\xi_0^{\gamma'-1}\xi^{-\gamma'} \tag{3-72}$$

其中，ξ_0 是最小的 ξ 值。

利用参考文献[10]和[41]，可以推导出条件概率为

$$v_1((\kappa,\xi)/\lambda)=\frac{h(\kappa,\xi)p(\lambda;\kappa,\xi)}{\sum\limits_{\kappa',\xi'}h(\kappa',\xi')p(\lambda;\kappa',\xi')} \tag{3-73}$$

$$v_2(\lambda/(\kappa,\xi))=\frac{\rho_1(\lambda)p(\lambda;\kappa,\xi)}{\sum\limits_{\lambda'}\rho_1(\lambda')p(\lambda';\kappa,\xi)} \tag{3-74}$$

在不相关的稀疏二部分网络中，如果节点之间的连接是随机的，那么两个随机选择的度分别为 k 和 ρ 的节点相连接的概率是 $p(k,\rho)=\dfrac{k\rho}{E}$。因此，可以得出对于用户-产品二部分网络，偏好属性为 λ 的用户与内在属性为 κ 且社会影响为 ξ 的产品相连接的概率为

$$\varphi(\lambda;\kappa,\xi)=\frac{\kappa\lambda+\xi\lambda}{c} \tag{3-75}$$

其中，c 是归一化常数。由于 κ 和 ξ 是相互独立的，因此平均值 $\overline{\kappa+\xi}=\bar{\kappa}+\bar{\xi}$。

在热力学极限条件下，$\varphi(\lambda;\kappa,\xi)$ 趋于 0。不失一般性，令 $c=M$，并将式（3-75）代入式（3-31），得

$$\bar{k}(\lambda)=(\bar{\kappa}+\bar{\xi})\lambda \tag{3-76}$$

联合式（3-76）和式（3-22），可以得出用户的平均度为

$$\bar{k}=(\bar{\kappa}+\bar{\xi})\bar{\lambda} \tag{3-77}$$

将式（3-76）代入式（3-37）得

$$g(k/\lambda)=\mathrm{e}^{-(\bar{\kappa}+\bar{\xi})\lambda}[(\bar{\kappa}+\bar{\xi})\lambda]^k/k! \tag{3-78}$$

与推导式（3-76）的过程类似，内在属性为 κ，社会影响为 ξ 的产品的平均度为

$$\bar{\rho}(\kappa,\xi)=\frac{N\bar{\lambda}}{M}(\kappa+\xi) \tag{3-79}$$

因此产品的平均度为

$$\bar{\rho}=\frac{N\bar{\lambda}}{M}(\kappa_0+\bar{\xi}) \tag{3-80}$$

将式（3-78）和式（3-70）代入式（3-20），可得用户的度分布为

$$p_1(k)=(\gamma-1)\frac{(c_1\lambda_0)^{\gamma-1}\Gamma(k-\gamma+1,c_1\lambda_0)}{k!} \tag{3-81}$$

式（3-88）中的 $\Gamma(x,t)=\int_t^\infty \mathrm{e}^{-s}s^{x-1}\mathrm{d}s$ 是不完全伽马函数。当 k 很大时，得

$$p_1(k)=(\gamma-1)(c_1\lambda_0)^{\gamma-1}k^{-\gamma} \tag{3-82}$$

其中，$c_1=\overline{\kappa}+\overline{\xi}$。可以得出用户的度分布是幂律分布，且幂指数与用户偏好属性幂指数相等。

联合式（3-20）和式（3-37），对于产品，度分布为

$$\begin{aligned}q_1(\rho)&=\sum_{\kappa,\xi}\frac{h(\kappa,\xi)\mathrm{e}^{-\frac{N}{M}\overline{\lambda}(\kappa+\xi)}\left[\dfrac{N}{M}\overline{\lambda}(\kappa+\xi)\right]^\rho}{\rho!}\\&\approx\frac{(\gamma'-1)\xi_0^{\gamma'-1}\mathrm{e}^{-c_2\kappa_0}}{\rho!}[c_2^{\gamma'-1}\Gamma(\rho-\gamma'+1,c_2)+\cdots\\&\quad+c_2^{n+\gamma'-1}C_\rho^n\kappa_0^n\Gamma(\rho-n-\gamma'+1,c_2)+\cdots+c_2^{\rho+\gamma'-1}\kappa_0^\rho\Gamma(-\gamma'+1,c_2)]\end{aligned} \tag{3-83}$$

其中，$c_2=\dfrac{N}{M}\overline{\lambda}$。显然，式（3-83）近似服从泊松分布。

对于投影后的单部分网络，本节首先探讨投影后的用户网络。将式（3-71）、式（3-72）、式（3-75）和式（3-79）代入式（3-48），可得偏好属性为 λ 的用户的平均度为

$$\overline{k}_u(\lambda)=\lambda\frac{N}{M}\overline{\lambda(\kappa+\xi)^2} \tag{3-84}$$

因此

$$\overline{k}_u=\frac{N}{M}\overline{\lambda}^2\overline{(\kappa+\xi)^2} \tag{3-85}$$

与 $p_1(k)$ 的推导过程相同，投影后的用户的度分布为

$$p_2(k_u)=(\gamma-1)\frac{(c_3\lambda_0)^{\gamma-1}\Gamma(k_u-\gamma+1,c_3\lambda_0)}{k_u!} \tag{3-86}$$

当 k_u 很大时，得

$$p_2(k_u)=(\gamma-1)(c_3\lambda_0)^{\gamma-1}k_u^{-\gamma} \tag{3-87}$$

其中，$c_3=\dfrac{N}{M}\overline{\lambda(\kappa+\xi)^2}$。可以看出，投影后的用户的度分布和原始二部分网络中的用户的度分布均服从幂律分布，而且幂律指数相等。

对于投影后的产品，同理可得

$$\overline{\rho}_u(\kappa,\xi)=\frac{N(\kappa_0+\overline{\xi})\overline{\lambda^2}(\kappa+\xi)}{M} \tag{3-88}$$

和

$$\overline{\rho}_u=\frac{N(\kappa_0+\overline{\xi})^2\overline{\lambda^2}}{M} \tag{3-89}$$

当$\gamma \leqslant 3$时，$\overline{\lambda^2} \sim N^{(3-\gamma)/2}$，它的值取决于 N，并且在热力学极限条件下是发散的。在这种情况下，投影后的网络不是稀疏的，因此不能用式(3-44)和式(3-49)。当$\gamma > 3$时，在热力学极限条件下，$\overline{\lambda^2} = \dfrac{\gamma-1}{\gamma-3}\lambda_0^2$是个确定值。

与$q_1(\rho)$的推导过程相同，投影后的产品的度分布为

$$
\begin{aligned}
q_2(\rho_u) &= \sum_{\kappa,\xi} \frac{h(\kappa,\xi)\mathrm{e}^{-\bar{\rho}_u(\kappa,\xi)}[\bar{\rho}_u(\kappa,\xi)]^{\rho_u}}{\rho_u!} \\
&\approx \frac{(\gamma'-1)\xi_0^{\gamma'-1}\mathrm{e}^{-c_4\kappa_0}}{\rho_u!}[c_4^{\gamma'-1}\Gamma(\rho_u-\gamma'+1,c_4)+\cdots \\
&\quad + c_4^{n+\gamma'-1}C_{\rho_u}^n\kappa_0^n\Gamma(\rho_u-n-\gamma'+1,c_4)+\cdots+c_4^{\rho+\gamma'-1}\kappa_0^{\rho_u}\Gamma(-\gamma'+1,c_4)]
\end{aligned} \tag{3-90}
$$

其中，$c_4 = \dfrac{N}{M}\overline{\lambda^2}(\kappa_0+\bar{\xi})$。

由式（3-72）和式（3-75），可以得出以下两个条件概率方程式：

$$v_1((\kappa,\xi)/\lambda) = \frac{h(\kappa,\xi)(\kappa+\xi)}{\kappa_0+\bar{\xi}} \tag{3-91}$$

$$v_2(\lambda/(\kappa,\xi)) = \frac{\rho_1(\lambda)\lambda}{\bar{\lambda}} \tag{3-92}$$

联合式（3-56）和式（3-57），用户和产品的邻居节点平均度为

$$\bar{\rho}_{nn}(k) = 1 + \frac{N\bar{\lambda}\overline{(\kappa+\xi)^2}}{M(\kappa_0+\bar{\xi})} \tag{3-93}$$

$$\bar{k}_{nn}(\rho) = 1 + \frac{\overline{\lambda^2}(\kappa_0+\bar{\xi})}{\bar{\lambda}} \tag{3-94}$$

其中，$\bar{k}_{nn}(\rho)$表示度为ρ的产品的邻居节点平均度。从式（3-93）和式（3-94）可以看出，用户或产品的邻居节点平均度与它们的度无关，只与内在属性及社会影响分布有关，是个常数。

联合式（3-77）和式（3-82），可以得出用户和产品的平均共同邻居节点数：

$$\bar{m}(\lambda_1;\lambda_2) = \lambda_1\lambda_2\frac{\overline{(\kappa+\xi)^2}}{M} \tag{3-95}$$

$$\bar{m}(\kappa_1,\xi_1;\kappa_2,\xi_2) = \frac{N\overline{\lambda^2}}{M^2}(\kappa+\xi_1)(\kappa+\xi_2) \tag{3-96}$$

将式（3-57）、式（3-79）、式（3-91）、式（3-92）和式（3-67）代入式（3-69），可以得出用户平均集聚系数：

$$\bar{C} = \frac{\overline{\lambda^2}}{2M\bar{\lambda}(\kappa_0 + \bar{\xi})}\overline{(\kappa + \xi)^2} \tag{3-97}$$

为了论证我们理论解析结果的正确性，下面进行数值模拟。

3.5.3　数值模拟

对于 Amazon 和 Bookcrossing 数据，本节分别分析了它们的度分布，它们均服从幂律分布，如图 3-26 所示。在 Amazon 数据中，用户的度分布为 $f(k) \sim k^{\beta_1}$，产品的度分布为 $g(\rho) \sim \rho^{\beta_2}$，其中，$\beta_1 = -2.5 \pm 0.1$，$\beta_2 = -2.1 \pm 0.1$。Bookcrossing 数据的用户的度分布为 $f(k) \sim k^{\beta_3}$，产品的度分布为 $g(\rho) \sim \rho^{\beta_4}$，其中，$\beta_3 = -1.7 \pm 0.1$，$\beta_4 = -2.2 \pm 0.1$。

在模拟初期，设用户和产品的数量分别为 N 和 M，每个用户和产品的度都为 0，每个用户的属性值服从 $\rho_1(\lambda) = (\gamma - 1)\lambda_0^{\gamma-1}\lambda^{-\gamma}$。对于产品，假设其内在属性分布为 δ 分布，即 $\rho_2(\kappa) = \delta(\kappa_0 - \kappa)$。假设社会影响属性服从幂律分布，分布函数为 $\rho_3(\xi) = (\gamma' - 1)\xi_0^{\gamma'-1}\xi^{-\gamma'}$。最后，根据式（3-75）生成网络边。

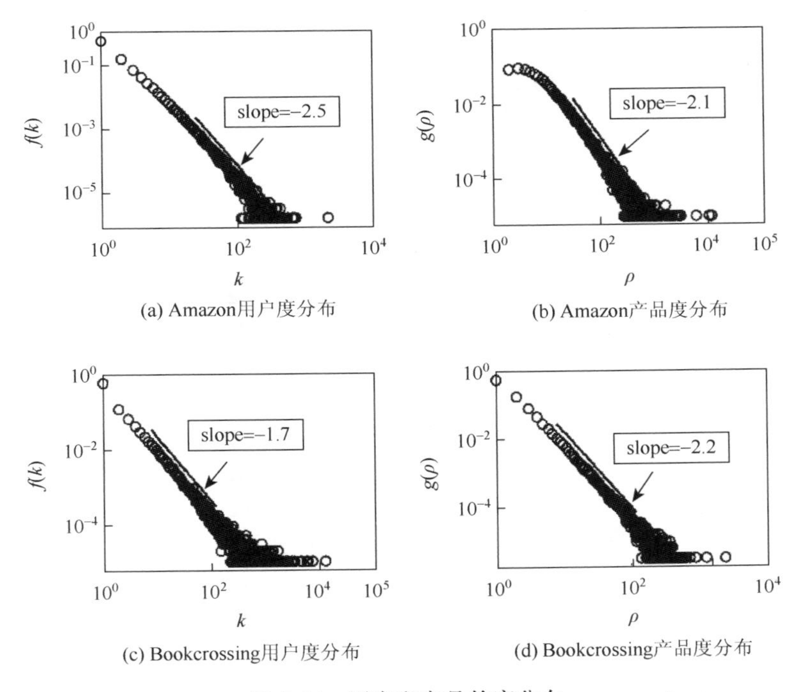

(a) Amazon用户度分布　(b) Amazon产品度分布

(c) Bookcrossing用户度分布　(d) Bookcrossing产品度分布

图 3-26　用户和产品的度分布

1. 利用 Amazon 数据得到的一些结论

对于 Amazon 数据，用户和产品数分别为 645056 和 99622，它们之间的连边为 2036091 条。在数值模拟中，为了简化程序运行时间，本节进行了同比放缩，令用户数、产品数及它们之间的连边数分别为 10000、1544 和 31565。相应于该数据的用户和产品的度分布，令 $\gamma = 2.5$ ，$\lambda_0 = 1$ 及 $\kappa_0 = 1$ ，为了排除度相关，设 $\lambda_{\max} \sim N^{1/2}$ [48]。因此可以得到

$$\overline{\lambda^2} \sim N^{(3-\gamma)/2} \tag{3-98}$$

对于 $\rho_3(\xi)$ ，令 $\gamma' = 2.1$ 和 $\xi_0 = 1$ 。代入参数计算，从而得出 $\bar{\lambda} = 2.7$ ，$\overline{\lambda^2} = 27$ ，$\bar{\xi} = 3.4$ ，$\overline{\xi^2} = 32.6$ ，$\overline{\kappa_0^2} = 1$ 及 $c = 3.8M$ （由式（3-67）可得）。图 3-27 为数值模拟结果与理论分析结果（实线），包括用户和产品的度分布、投影后的度分布、邻居节点平均度及集聚系数。从图 3-27（a）中可以看出，用户度分布（U）和投影后的用户度分布（UP）都是幂律分布，且幂律指数都为 2.5。由图 3-27（b）可知，产品的度分布（P）近似为泊松分布且平均度为 20.4，这与式（3-82）的结果很吻合。当用户度很大时，有 $p_2(k_u) > p_1(k)$ 。图 3-27（c）表明了用户邻居节点的平均度（U）和产品的邻居节点的平均度（P）分别约为 22.4 及 11.8，由式（3-85）和式（3-86）可以得出，用户和产品的邻居节点的平均度分别为 42.9 和 12.68。其中的误差主要是因为在推导这些表达式时，用了泰勒公式，并且只保留到泰勒公式的一阶导数项，此外模型中的用户数、产品数及相应的边数都较小，并不是无限大，因此也会对结果造成影响。用户邻居节点平均度越小，表明该用户选择的产品绝大多数为冷门（度小）的产品。在不相关的网络中，因为 $\overline{\lambda^2} \sim N^{(3-\gamma)/2}$ ，结合式（3-89），可得用户平均集聚系数的分布为 $\bar{C} \sim N^{-\eta}$ ，其中 $\eta = (\gamma - 1)/2$ ，这与图 3-27（d）的数值模拟结果很吻合。用户的集聚系数越大，意味着该用户选择的产品绝大多数为热门（度大）的产品。

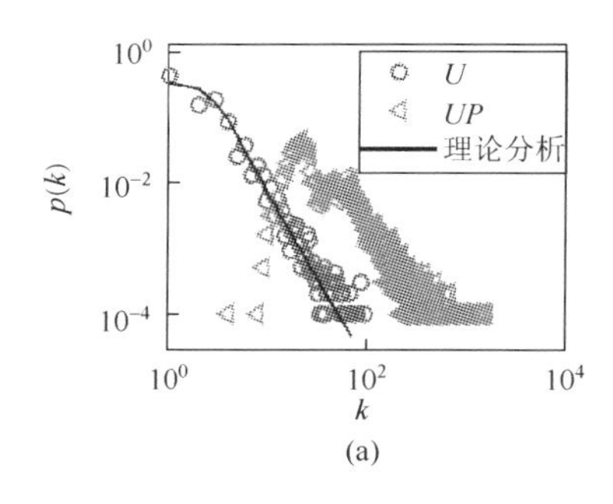

(a)

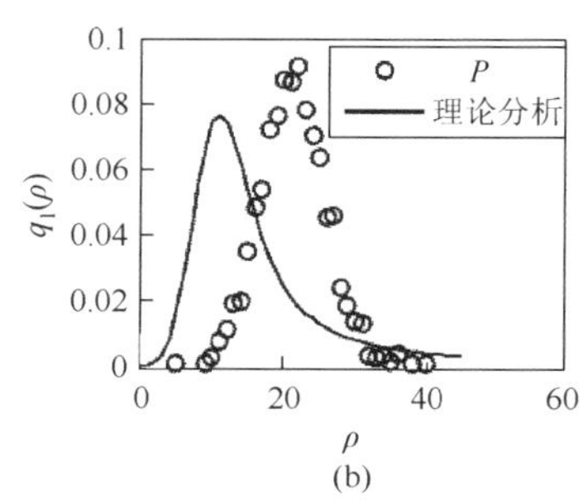

(b)

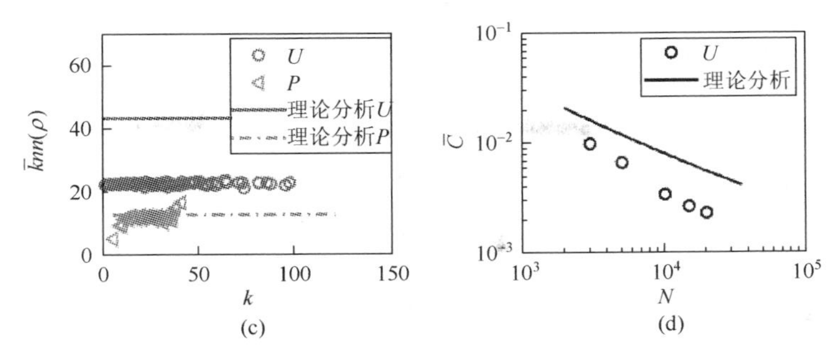

图 3-27　Amazon 数据的理论解析结果和数值模拟结果

2. 利用 Bookcrossing 数据得到的一些结论

在 Bookcrossing 数据中，用户和产品的数量分别为 99237 和 305955，它们之间的边数为 1149780。在这数值模拟进程中，设用户数、产品数及边数分别为 3244、10000 及 37580，同理进行了等比放缩。基于 Bookcrossing 数据中用户和产品的度分布，设 $\gamma=1.7$，$\lambda_0=1$，$\kappa_0=1$，$\xi_0=1$ 及 $\gamma'=2.2$。同理，可以得出 $\overline{\lambda}=5.85$，$\overline{\lambda^2}=109$，$\overline{\xi}=3.6$，$\overline{\xi^2}=58.4$，$\overline{\kappa_0^2}=1$ 及 $c=2.34M$（由式（3-75）可得）。图 3-28 为数值模拟结果和理论解析结果（实线）。从图 3-28（a）中可以发现，用户的度

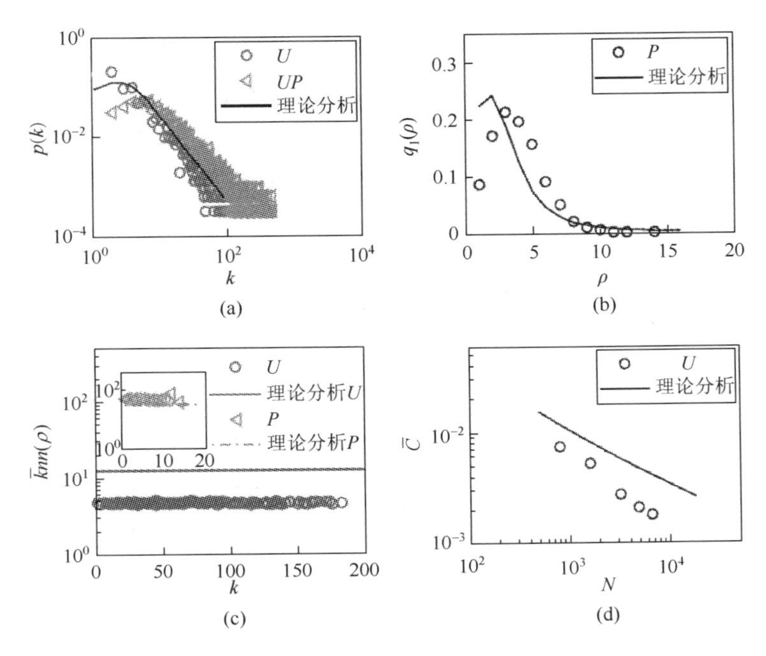

图 3-28　Bookcrossing 数据的理论解析和数值模拟结果

分布（*U*）和投影后的用户度分布（*UP*）都是幂律分布，且幂律指数为 1.7，这与式（3-81）和式（3-86）的理论解析结果很吻合，实线为理论分析的用户度分布形式，即式（3-81）。图 3-28（b）中，产品的度分布（*P*）近似服从泊松分布且平均度约为 3.76，这与式（3-83）很吻合。图 3-28（c）为用户邻居节点的平均度分布（*U*）和产品的邻居节点的平均度分布（*P*），实线分别对应式（3-93）和式（3-94）。图 3-28（d）为用户的集聚系数随网络规模的变化情况，可以看出用户的集聚系数与网络规模的关系为幂律分布，且指数为$(1-\gamma)/2$，这与式（3-97）非常吻合。对于产品的集聚系数，也有同样的结论。

社会影响在用户群聚行为中扮演着很重要的角色。本节从理论上分析了社会影响对于用户选择行为的影响。在模型中，只要给出了用户属性分布$\rho_1(\lambda)$，产品属性分布$\rho_2(\kappa)$及社会影响分布$\rho_3(\xi)$，用户-产品二部分网络的结构性质就可以理论解析。通过对 Amazon 和 Bookcrossing 的数据进行分析得出，用户和产品的度分布都近似为幂律分布。因此，本节假设用户的属性分布和社会影响分布为幂律分布，产品的属性分布为δ分布。理论分析和数值模拟结果表明，用户的度分布和投影后的用户度分布均为幂律分布，且幂律指数相等。对于产品及投影后的度分布则服从泊松分布，用户邻居节点平均度则是与用户或产品度无关的常数。有趣的是集聚系数是网络规模的幂律函数，指数为$(1-\gamma)/2$。数值模拟结果与理论解析结果比较吻合，证明了方法是可行的。但用户和产品的邻居节点平均度有较大的误差，这主要是因为在推导这些表达式时，用了泰勒公式，并且只用到一阶泰勒展开式，此外所取的用户数、产品数及相应的边数都较小，并不是无限大，因此也会对结果造成影响。

参 考 文 献

[1] 项亮，陈义，王益. 推荐系统实践[M]. 北京：人民邮电出版社，2012：35-36.

[2] Huang Z，Zeng D D，Chen H. Analyzing consumer-product graphs：Empirical findings and applications in recommender systems[J]. Management Science，2007，53（7）：1146-1164.

[3] Liu J G，Zhou T，Wang B H，et al. Effects of user's tastes on personalized recommendation[J]. International Journal of Modern Physics C，2009，20（12）：1925-1932.

[4] Song C，Koren T，Wang P，et al. Modelling the scaling properties of human mobility[J]. Nature Physics，2010，6（10）：818-823.

[5] Ye M，Sandholm T，Wang C，et al. Collective attention and the dynamics of group deals[C]//Proceedings of the 21st International Conference Companion on World Wide Web. New York：ACM，2012：1205-1212.

[6] Onnela J P，Reed-Tsochas F. Spontaneous emergence of social influence in online systems[J]. Proceedings of the National Academy of Sciences，2010，107（43）：18375-18380.

[7] Bianconi G，Laureti P，Yu Y K，et al. Ecology of active and passive players and their impact on information selection[J]. Physica A：Statistical Mechanics and its Applications，2004，332：519-532.

[8] Guo Q，Liang G，Fu J，et al. Roles of mixing patterns in the network reconstruction[J]. Physical Review E，2016：052303.

[9] Salganik M J，Watts D J. Web-based experiments for the study of collective social dynamics in cultural markets[J]. Topics in Cognitive Science，2009，1（3）：439-468.

[10] Liu J G，Zhou T，Guo Q. Information filtering via biased heat conduction[J]. Physical Review E，2011，84（3）：037101.

[11] Liu J G，Shi K，Guo Q. Solving the accuracy-diversity dilemma via directed random walks[J]. Physical Review E，2012，85（1）：016118.

[12] Lind P G，González M C，Herrmann H J. Cycles and clustering in bipartite networks[J]. Physical Review E，2005，72（5）：056127.

[13] Lind P G，Herrmann H J. New approaches to model and study social networks[J]. New Journal of physics，2007，9（7）：228.

[14] Liu J，Hou L，Zhang Y L，et al. Empirical analysis of the clustering coefficient in the user-object bipartite networks[J]. International Journal of Modern Physics C，2013，24（8）：1350055.

[15] Ni J，Zhang Y L，Hu Z L，et al. Ceiling effect of online user interests for the movies[J]. Physica A：Statistical Mechanics and its Applications，2014，402：134-140.

[16] Shannon C E. A mathematical theory of communication[J]. Bell System Tech. J.，1948，27（379）：623.

[17] Zhou T，Kuscsik Z，Liu J G，et al. Solving the apparent diversity-accuracy dilemma of recommender systems[J]. Proceedings of the National Academy of Sciences，2010，107（10）：4511-4515.

[18] Koren Y，Siu J. （Ord Rel：an ordinal model for predicting personalized item rating distributions[C]//Proceedings of the Fifth ACM Conference on Recommender systems. Chicago：ACM，2011：117-124.

[19] Yang Z，Zhang Z K，Zhou T. Anchoring bias in online voting[J]. EPL（Europhysics Letters），2013，100：68002.

[20] Alon N，Babaioff M，Karidi R，et al. Sequential Voting with externalities：Herding in social network[C]. Proceedings of the 13th ACM Internationalconference on Electronic Commerce. Valencia：ACM，2012：36.

[21] Huang J，Cheng X Q，Shen H W，et al. Exploring social influence via posterior effect of word-of-mouth recommendation[C]. Proceedings of the 5th ACM International Conferenceon Web Search and Data Mining. Seattle，2012：573.

[22] Díaz M B，Porter M A，Onnela J P. Competition for popularity in bipartite networks[J]. Chaos：An Interdisciplinary Journal of Nonlinear Science，2010，20（4）：043101.

[23] 王晓光. 微博客用户行为特征与关系特征实证分析——以“新浪微博”为例[J]. 图书情报工作，2010，（14）：66-70.

[24] Han S. Analysis of topological characteristics of huge online social networking services[C]//Procedings of the 16th International conference on Word Wide Web. New York：ACM Press，2007：835-844.

[25] Golder S A，Wilkinson D M，Huberman B A. Rhythms of social interaction：Messaging wthin a massive online network[M]//Communities and Technologies 2007. London：Springer，2007：41-66.

[26] McCarty C，Killworth P D，Bernard H R，et al. Comparing two methods for estimating network size[J]. Human Organization，2001，60（1）：28-39.

[27] Goncalves B，Perra N，Vespigni A. Modeling users’ activity on twitter networks：Validation of Dunbar’s number[J]. PLoS One，2011，6（8）：e22656.

[28] Zhao J，Wu J，Liu G，et al. Being rational or aggressive？ A revisit to Dunbar’s number in online social

networks[J]. Neurocomputing，2014，142：343-353.

[29] Liben-Nowell D，Novak J，Kumar R，et al. Geographic routing in social networks[J]. Proceedings of the National Academy of Sciences of the United States of America，2005，102（33）：11623-11628.

[30] Viswanath B，Mislove A，Cha M，et al. On the evolution of user interaction in Facebook [C]//2nd ACM SIGCOMM Workshop on Social Networks. New York：ACM press，2009：37-42.

[31] Laherrere J，Sornette D. Stretched exponential distributions in nature and economy：“Fat tails” with characteristic scales[J]. The European Physical Journal B：Condensed Matter and Complex Systems，1998，2（4）：525-539.

[32] Shang M S，Lü L，Zhang Y C，et al. Empirical analysis of web-based user-object bipartite networks[J]. EPL，2010，90（4）：48006.

[33] Kitsak M，Krioukov D. Hidden variables in bipartite networks[J]. Physical Review E，2011，84（2）：026114.

[34] Liu J G，Shi K，Guo Q. Solving the accuracy-diversity dilemma via directed random walks[J]. Physical Review E，2012，85（1）：016118.

[35] Uchyigit G，Ma M Y. Personalization Techniques and Recommender Systems[M]. Singapore：World Scientific，2008.

[36] Holme P，Liljeros F，Edling C R，et al. Network bipartivity[J]. Physical Review E，2003，68（5）：056107.

[37] Shang M S，Lü L，Zhang Y C，et al. Empirical analysis of web-based user-object bipartite networks[J]. Europhysics Letters，2010，90（4）：48006.

[38] Guo Q，Shao F，Hu Z L，et al. Statistical properties of the online social interaction pattern in the Facebook[J]. Europhysics Letters，2013，104：28004.

[39] Salganik M J，Dodds P S，Watts D J. Experimental study of inequality and unpredictability in an artificial cultural market[J]. Science，2006，311（5762）：854-856.

[40] Gnedenko B V. The Theory of Probability and the Elements of Statistics[M]. Procidence：American Mathematical Soc.，2005.

[41] Zhang P，Wang J，Li X，et al. Clustering coefficient and community structure of bipartite networks[J]. Physica A：Statistical Mechanics and its Applications，2008，387（27）：6869-6875.

[42] http：//www.amazon.com.

[43] http：//www.bookcrossing.com/.

[44] http：//www.lastfm.com/.

[45] http：//www.imdb.com/.

[46] http：//www.delicious.com/.

[47] http：//www.netflix.com.

[48] Burda Z，Krzywickv A. Vncorrelated random networks[J]. Physical Review. E，2013，67（4）：046118.

第 4 章　网络中的节点重要性度量

伴随着信息技术的迅猛发展，人类的社会活动日趋网络化。人们的生活被各种网络包围着[1-3]，例如，与他人交流的在线社会网络、通信网络、科研合作网络；与生活密切相关的互联网、交通网络、电力网络；与人自身相关的新陈代谢网络、神经网络、基因调控网络，等等。研究者通过收集不同复杂系统的数据，分析网络的统计特征，进一步认识网络的动力学行为[4-6]。然而这些网络的结构非常复杂，而且网络数据规模也越来越庞大[7-9]。例如，Facebook 拥有超过 10 亿用户，腾讯即时通信工具 QQ 的注册用户超过 10 亿，活跃用户超过 7 亿，互联网具有超过万亿的统一资源定位符（URL），大脑神经元网络有数百亿节点。如何用定量分析的方法度量大规模网络中节点重要程度是复杂网络研究中亟待解决的重要问题之一[10-12]。

随着网络科学的蓬勃发展，节点重要性的研究进一步受到人们的关注，王林等[13]、赫南等[14]介绍了复杂网络中几种常用的网络中心性指标，指出了中心性指标的特点及应用场合。孙睿等[15]介绍了国内外关于网络舆论中节点重要性评估的研究现状，从基于网络拓扑结构和基于节点属性两个方面总结了现有评价节点重要性的模型和方法。近几年有不少学者已从新的视角研究网络节点重要性排序，例如，Kitsak 等[16]于 2010 年首次提出了节点重要性依赖于其在整个网络中的位置的思想，并且利用 k-核分解获得了比度、介数更为准确的节点重要性排序指标。在短短两年半内该文在 Google Scholar 中的引用次数已高达 200 余次。因此有必要从不同角度总结目前的研究进展，并对未来可能的研究方向进行探讨。

本章简要地回顾了网络节点重要性排序的研究进展。首先介绍了基于网络结构的节点重要性排序度量指标，对于这类指标研究主要从网络的局部属性、全局属性、网络的位置和随机游走等四个方面展开，同时对这些方法的优缺点及适用范围进行分析；然后介绍了传播动力学与节点重要性度量指标的关系；最后在总结语部分指出了当前面临的问题和可能的发展方向。

4.1　网络中节点重要性排序的研究进展

假设网络 $G=(V,E)$ 是由 $|V|=N$ 个节点和 $|E|=M$ 条连接所组成的一个无向网络。网络的邻接矩阵记为 $A=\left[a_{ij}\right], a_{ij}=1$ 表示节点 i 与节点 $j(i\neq j)$ 之间直接连接，

否则 $a_{ij}=0$。网络中节点重要性排序方法的准确性常用传播动力学进行度量，一般以网络节点为传播源，利用传播动力学模型仿真，通过计算网络中目标节点的影响范围来度量节点在传播过程中的影响力。另一种方法是考虑节点删除前后图的连通状况的变化[17-20]，将节点的重要性等价为该节点被删除后对网络的破坏性。假设在一个网络中，某个节点被删除，则同时移走了与该节点相连的所有边，从而可能使得网络的连通性变差。节点被删去后网络连通性变得越差，则表明该节点越重要。经过网络抗毁性实验得出的节点重要性排序与先前的节点重要性排序方法的结果越相似，则认为该排序方法越准确。

4.1.1　基于网络结构的节点重要性排序方法

重要性可以是节点的影响力、地位或者其他因素的综合。从网络拓扑结构入手是研究这一问题常用的方法之一。最早对这一问题进行研究的是社会学家，随后其他领域的学者也开始研究这一问题，提出了一系列的评估指标。本节从网络的局部属性、全局属性、网络的位置以及随机游走等四个角度出发，介绍了基于网络结构的节点重要性排序的不同指标。

1. 基于网络局部属性的指标

基于网络局部属性的节点重要性排序指标主要考虑节点自身信息和其邻居信息，这些指标计算简单，时间复杂度低，可以用于大型网络。

节点的度（degree）定义为该节点的邻居数目，具体表示为

$$k(i)=\sum_{j\in G}a_{ij} \tag{4-1}$$

度指标直接反映一个节点对于网络中其他节点的直接影响力。在一个社交网络中，有大量邻居数目的节点可能有更大的影响力，更多获取信息的途径，或有更高的声望。又如在引文网络中，文章的被引用次数可以用来评价科学论文的影响力[21]。

王建伟等[22]认为网络中节点的重要性不但与自身的信息具有一定的关系，而且与该节点的邻居节点的度也存在一定的关联，即该节点的度及其邻居节点的度越大，节点就越重要。

Chen 等[23]考虑节点最近邻居和次近邻居的度信息，定义了一个多级邻居信息指标（local centrality）来对网络中节点的重要性排序。节点 i 的多级邻居信息值 $L_C(i)$，具体定义如下：

$$L_C(i)=\sum_{j\in\Gamma(i)}\sum_{u\in\Gamma(j)}N(u) \tag{4-2}$$

其中，$\Gamma(i)$ 为节点 i 最近邻居集合；$\Gamma(j)$ 为节点 j 最近邻居集合；$N(u)$ 为节点 u

最近邻居数和次近邻居数之和。

Ren 等[24]综合考虑节点的邻居个数，以及其邻居之间连接的紧密程度，提出了一种基于邻居信息与集聚系数的节点重要性评价方法 $P(i)$，具体表示为

$$P(i)=\frac{f_i}{\sqrt{\sum_{j=1}^{N} f_j^2}}+\frac{g_i}{\sqrt{\sum_{j=1}^{N} g_j^2}} \tag{4-3}$$

其中，f_i 为节点 i 自身度与其邻居度之和，即 $f_i=k(i)+\sum_{u\in\Gamma(i)} k(u)$，其中 $k(u)$ 表示节点 u 的度，$u\in\Gamma(i)$ 表示节点 i 的邻居节点集合；g_i 表示为

$$g_i=\frac{\max_{j\in G}\left\{\frac{c_j}{f_j}\right\}-\frac{c_i}{f_i}}{\max_{j\in G}\left\{\frac{c_j}{f_j}\right\}-\min_{j\in G}\left\{\frac{c_j}{f_j}\right\}} \tag{4-4}$$

其中，c_i 为节点 i 的集聚系数。该方法只需要考虑网络局部信息，适合于对大规模网络的节点重要性进行有效分析。Centol[25]研究在线社会网络的传播行为，发现在高聚集类网络传播得更快，节点在传播中的重要性与该节点的集聚性有关。Ugander 等[26]通过研究 Facebook 系统中朋友关系演化特性发现邻居节点的绝对数目不是节点重要性的决定性因素，起决定作用的是邻居节点之间形成的连通子图的数目。

2. 基于网络全局属性的指标

基于网络全局属性的节点重要性排序指标主要考虑网络全局信息，这些指标一般准确性比较高，但时间复杂度高，不适用于大型网络。

特征向量（eigenvector）[27, 28]是度量网络节点重要性的一个重要指标。度指标把周围邻居视为同等重要，而实际上这些邻居的重要性是不一样的，考虑到节点邻居的重要性对该节点的重要性有一定的影响。如果邻居节点在网络中很重要，这个节点的重要性可能很高；如果邻居的重要性不是很高，即使该节点的邻居很多，则该节点不一定很重要。通常称这种情况为邻居节点的重要性反馈。特征向量指标是网络邻接矩阵对应的最大特征值的特征向量。具体定义如下：

$$C_e(i)=\lambda^{-1}\sum_{j=1}^{N} a_{ij}e_j \tag{4-5}$$

其中，λ 为节点的邻接矩阵 A 的最大特征值；$e=(e_1,e_2,\cdots,e_n)^{\mathrm{T}}$ 为邻接矩阵 A 所对应最大特征值的特征向量。特征向量指标是从网络中节点的地位或声望角度考虑，将单个节点的声望看成所有其他节点声望的线性组合，从而得到一个线性方程组。

该方程组的最大特征值所对应的特征向量就是各个节点的重要性。

Poulin 等[29]在求解特征向量映射迭代方法的基础上提出累计提名（cumulated nomination）的方法，该方法计算网络中的其他节点对目标节点的提名值总和。节点的累计提名值越高，其重要性就越高。累计提名方法计算量较少、收敛速度较快，适用于大型网络和多分支网络。

Katz 指标[30]同特征向量一样，可以区分不同的邻居对节点的影响力。不同的是 Katz 指标赋予邻居不同的权重，对于短路径赋予较大的权重，而长路径赋予较小的权重。具体定义为

$$S=\beta A+\beta^2A^2+\beta^3A^3+\cdots=(I-\beta A)^{-1}-I \tag{4-6}$$

其中，I 为单位矩阵；A 为网络的邻接矩阵；β 为权重衰减因子。为了保证数列的收敛性，β 的取值必须小于邻接矩阵 A 最大特征值的倒数，然而该方法权重衰减因子的最优值只能通过大量的实验获得，因此具有一定的局限性。

紧密度（closeness）[31]可以用来度量网络中的节点通过网络对其他节点施加影响的能力。节点的紧密度越大，表明该节点越居于网络的中心，在网络中就越重要。紧密度具体定义如下：

$$C_c(i)=\frac{N-1}{\sum_{j=1}^{N}d_{ij}} \tag{4-7}$$

其中，d_{ij} 表示节点 i 到节点 j 的最短距离。紧密度依赖于网络的拓扑结构，对类似于星形结构的网络，可以准确地发现中心节点，但是对于随机网络则不适合，而且该方法的计算时间复杂度为 $O(N^3)$。

Zhang 等[32]考虑节点的影响范围，定义了 kernal 函数法，具体定义如下：

$$U(i)=\sum_{j=1}^{N}\mathrm{e}^{-\frac{d_{ij}^2}{2h^2}} \tag{4-8}$$

其中，d_{ij} 表示节点 i 到节点 j 的最短距离；h 表示 kernal 函数的宽度，h 越大，$U(i)$ 函数越平滑，节点影响范围越大；反之亦然。考虑到非最短路径的信息，kernal 函数法另一表述为

$$U(i)=\sum_{j=1}^{N}\mathrm{e}^{-\frac{d_{ij}^2}{2h^2}}+\sum_{j=1}^{N}\mathrm{e}^{-\frac{L(p)^2}{2h^2}} \tag{4-9}$$

其中，p 表示节点 i 到其余节点的非最短距离路线；$L(p)$表示这些非最短路线的长度。虽然 kernal 函数法较紧密度更准确，但时间复杂度依然没有降低，不适用于大型网络。

Huang 等[33]分析了美国 1996～2006 年公司董事网络的结构，在该网络中，节点由公司的董事构成，两位董事在同一个公司任职则表示他们有连接关系。Huang

等认为公司董事的影响力取决于该董事手中掌握多少获取公司信息的渠道，提出一种识别公司董事影响力的方法。将网络中节点 i 的影响力记为

$$I(i)=\frac{\sum_{j=1}^{N} w_j r_{j1} r_{j2} \cdots r_{jd_j}}{\sum_{j=1}^{N} w_j} \tag{4-10}$$

其中，w_j 表示该公司的市值；d_j 表示董事 i 与董事 j 之间的最短路径；r_j 表示信息在传递过程中的衰减率。

Freeman 于 1977 年在研究社会网络时提出介数指标（betweenness）[34, 35]，该指标可以用于衡量个体社会地位。节点 i 的介数为网络中所有的最短路径之中经过节点 i 的数量，记为

$$C_c(i)=\sum_{s<t} \frac{n_{st}^{i}}{g_{st}} \tag{4-11}$$

其中，g_{st} 表示节点 s 到节点 t 之间的最短路径数；n_{st}^{i} 表示节点 s 和节点 t 之间经过节点 i 的最短路径数。节点的介数值越高，这个节点就越有影响力，即这个节点也就越重要。例如，判断社交网络中某人的重要程度，某个人在关系网络中长袖善舞能够使其与各色人群打交道，其拥有人脉越广泛，则其影响范围越大，其他人与此人也就越密切相关，因此此人也就越重要。

Travencolo 等[36]提出了节点可达性指标（accessibility）。可达性指标是描述节点在随机游走的前提下，h 步之后该节点能够访问不同目标节点的数目的可能性，具体定义为

$$E(\Omega,i)=-\sum_{j=1}^{N}\begin{cases}0, & p_h(j,i)=0 \\ p_h(j,i)\ln(p_h(j,i)), & p_h(j,i)\neq 0\end{cases} \tag{4-12}$$

$$E(\Omega,i)=-\sum_{j=1}^{N}\begin{cases}0, & p_h(j,i)=0 \\ \left(\dfrac{p_h(j,i)}{N-1}\right)\left(\ln\dfrac{p_h(j,i)}{N-1}\right), & p_h(j,i)\neq 0\end{cases} \tag{4-13}$$

其中，$p_h(j,i)$ 表示从 i 点出发到 j 点的可能性，h 表示步长；$p_h(j,i)$ 为从 i 点到 j 点游走 h 步的不同路径数与总的得到的不同路径数之比。这里 Ω 是指除 i 以外的所有节点。除此之外，随机游走遇到以下三种情况时将会停止：①游走达到所定义的最大步长 H；②游走达到一个点，而该点的度数为 1，即无法再行走下去；③游走无法再进行下去，因为所有与该点相邻的点都已经被访问过了。Travencolo 等为了完善多样性的概念，提出了对外可达性 $\mathrm{OA}_h(i)$和对内可达性 $\mathrm{IA}_h(i)$两个指标，分别记为

$$\mathrm{OA}_h(i)=\frac{\exp(E(\Omega,i))}{N-1} \tag{4-14}$$

$$\mathrm{IA}_h(i)=\frac{\exp(E(i,\Omega))}{N-1} \tag{4-15}$$

对外可达性指在行走 h 步之后，起始点 i 达到所有剩下点的可能性，对内可达性是指从每个点出发行走 h 步后，能够到达点 i 的可能性，也可理解为到达频率。Travencolo 等的实验结果显示，处于中心区域的节点有较高的对外可达性，可以被近似看成现实中的“交流区”，而处于网络边缘的节点对外可达性较低。

Comin 等[37]考虑介数与度的关系，定义了一个节点重要性排序的指标 $\widehat{B}(i)$，具体定义为

$$\widehat{B}(i)=\frac{B(i)}{(k(i))^{\lambda}} \tag{4-16}$$

其中，$B(i)$ 为节点 i 的介数值；$K(i)$ 为节点 i 的度；λ 为最优参数。该指标值越大，则认为该节点越重要。虽然该方法较介数和度指标的准确性要高，但时间复杂度并没有降低，而且引入了参数，使得其实用性不强。

还有其他一些基于网络路径的全局方法。例如，李鹏翔等[38]提出用节点被删除后形成的所有不连通节点之间的距离（最短路）的倒数之和来度量所删节点的重要性。谭跃进等[39]定义了网络的凝聚度，在此基础上提出了一种评估复杂网络节点重要性的节点收缩方法，认为最重要的节点会在该节点收缩后使网络的凝聚度最大。该方法综合考虑了节点的连接度以及经过该节点最短路径的数目。余新等[40]通过计算网络中的节点被移除时网络直径和网络连通度变化梯度来评估网络中节点的重要性，利用该算法对美国 ARPA 网络中节点的重要程度进行了分析。饶育萍等[41]提出了一种基于全网平均等效最短路径数的网络抗毁评价模型，认为全网平均等效最短路越多，网络的抗毁能力越强。并在此基础上，提出一种节点重要性评价方法。如果节点失效后网络抗毁能力下降越多，则该节点在网络中的重要性越大。程克勤等[42]根据有权网络中边的权值计算节点的边权值，并依据边的权值计算全网平均最短路径，以此度量节点重要性。

3. 基于网络位置属性的指标

Kitsak 等[16]于 2010 年首次提出了节点重要性依赖于其在整个网络中的位置的思想，并且利用 *k*-核分解获得了节点重要性排序指标（*k*-shell)，该指标时间复杂度低，适用于大型网络，而且比度、介数指标更能准确识别在疾病传播中最有影响力的节点。近几年不少学者受到这种思想的启发，对 *k*-核进行了扩展和改进，使其应用范围更广，准确性更好。

k-核分解方法[16, 43]是通过递归地移去网络中所有度值小于或等于 k 的节点直至网络中剩下的节点的度值都不小于 k。*k*-核的定义如下：由集合推导出的子网络 $H=(C,E\mid C)$，满足 C 中的任意节点 V，其度值均大于 k 的最大子网络被称为 *k*-

核，其中满足 k-核值等于 k 小于 $k+1$ 的那部分节点称为 k-shell，简称 k_s 。k-核分解示意图如图 4-1 所示，该网络被划分为 3 个不同的层。

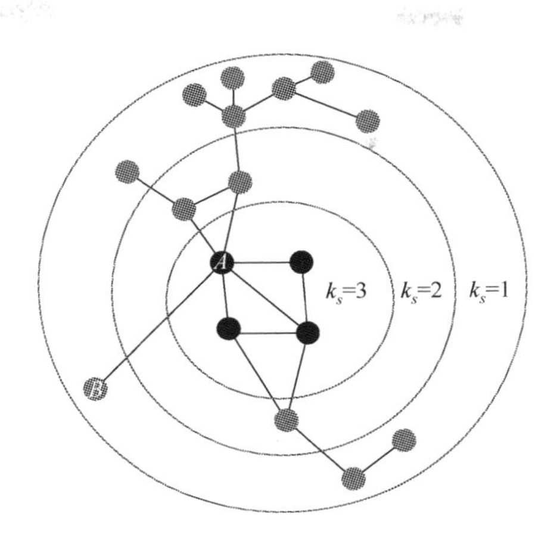

图 4-1　k-核分解示意图

一些学者认为网络中的 Hub 节点或者高介数的节点是传播中最有影响力的节点。这是因为 Hub 节点拥有更多的人际关系，而高介数的节点有更多的最短路径通过，于是疾病控制要确定这样的节点。但是，Kitsak 等[16]调查了社交网络、邮件网络、患者接触网络、演员合作网络等实证网络，并且通过传播动力学的建模分析指出，对于单个传播源情形，Hub 节点或者高介数的节点不一定是最有影响力的节点，而通过 k-核分解分析确定的网络核心节点（即 k_s 值大的节点）才是最有影响力的节点。在存在多个传播源的情况下，度大的 Hub 节点往往比 k_s 大的节点具有更高传播效率。然而 k_s 指标赋予大量节点以相同的值，例如，Barabasi-Albert（BA）网络模型的所有节点的 k_s 值都相等，从而导致 k_s 指标无法衡量其节点的重要性。

Zeng 等[44]考虑节点的 k_s 信息和经过 k-核分解后被移除节点的信息，提出了混合度分解方法（MDD）：

$$k(i)_m = k(i)_r + \lambda k(i)_e \tag{4-17}$$

核分解后节点的度信息，即节点的 k_s 值，$k(i)_e$ 表示经过 k-核分解后，被移除节点的度信息。当 $\lambda=0$ 时，$k(i)_m$ 表示节点 i 的 k_s 值，当 $\lambda=1$ 时，$k(i)_m$ 表示节点的度信息。MDD 的分解流程如下。

（1）在初始状态下，网络中节点的 $k(i)_m$ 值与 $k(i)_r$ 相等。

（2）移去网络中 $k(i)_m$ 值最小的节点，这些节点被称为 M-shell。

（3）采用公式 $k(i)_m = k(i)_r + \lambda k(i)_e$ 更新网络剩余节点的 k_m，并通过依次移除网络中 $k(i)_m$ 值小于或等于 M 的节点，将这类节点赋值为 M-shell，直至网络中所

有剩余节点的 k_m 值大于 M。

随着 M 值变大，重复步骤（2）和（3），直到网络中所有节点都能获得其对应的 M 值，具体分解方法如图 4-2 所示。

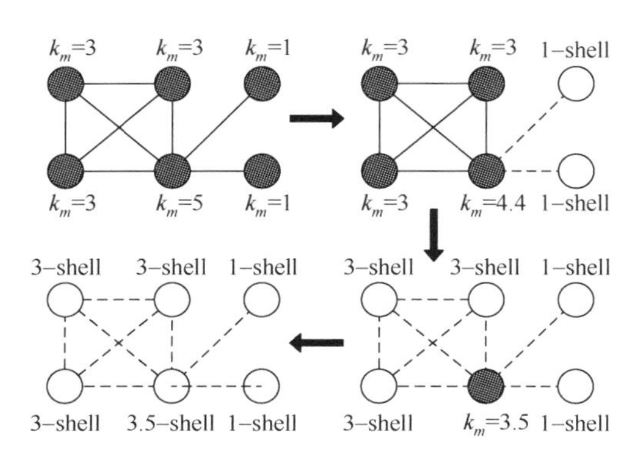

图 4-2　混合度分解方法示意图 $(\lambda = 0.7)$ [44]

Garas 等[45]先将加权网络转变成无权网络，再进行经典的 k-核分解，加权网络的 k-核分解具体计算如下：

$$k(i)_w = \left[k(i)^{\alpha} \left(\sum_{j}^{k(i)} w_{ij} \right)^{\beta} \right]^{\frac{1}{\alpha+\beta}} \tag{4-18}$$

其中，$k(i)$ 为节点 i 的度；$\sum_{j}^{k(i)} w_{ij}$ 为节点 i 的边权值之和，其中 α、β 为可调参数。如图 4-1 所示，假设边 AB 的权重为 3，其他所有的边的权重为 1，其中 $\alpha = \beta = 1$，通过公式计算可得，$k(A)_w = 2, k(B)_w = 2$，此时 $k_s(B) = 2$。

Liu 等[46]综合考虑目标节点自身 k-核的信息和目标节点与网络最大 k-核的距离，提出了新的度量节点重要性的指标。该指标解决了 k_s 指标赋予网络中大量节点以相同的值导致其无法准确衡量其节点重要性的缺陷。具体定义如下：

$$\theta(i \mid k_s) = (k_s^{\max} - k_s + 1)\sum_{j \in J} d_{ij}, \quad i \in S_{k_s} \tag{4-19}$$

其中，$k_s^{\max}$ 为网络最大 k-核值；d_{ij} 表示节点 i 到节点 j 的最短距离。节点集合 J 定义为网络中的最大 k-核值的节点，S_{k_s} 定义为节点的 k-核值为 k_s 的节点集合。

由于最小 k-核节点的 k_s 值是相同的，而且根据 k-核分解原理，度为 1 以及大部分介数为 0 的节点属于最小 k-核节点，因此仅仅依靠节点自身 k-核、度或介数信息不能很好地区分这类节点的传播能力。Ren 等[47]提出了基于最小 k-核节点邻居集合中最大 k_s 值的深度指标 $H(i)$，该指标依靠最小 k-核节点与网络中的其他层级节点的连接关系，判断最小 k-核节点的重要性。表示为

$$H(i)=\max\{k_{s_j}\},\quad j\in J(i) \tag{4-20}$$

其中，$J(i)$ 为节点 i 的邻居集合；k_{s_j} 为节点 j 的 k_s 值。

Hou 等[48]考虑度、介数、k-核三个不同的指标对节点重要性的影响，采用欧拉距离公式，计算度、介数、k-核等三个不同的指标的综合作用。该指标记为

$$D(i)=\sqrt{k^2(i)+C_b^2(i)+k_s^2(i)} \tag{4-21}$$

其中，$k(i)$、$Cb(i)$、$k_s(i)$表示节点 i 的度、介数、k-核。

4. 基于随机游走的节点重要性排序

基于随机游走的节点重要性排序方法是基于网页之间的链接可以解释为网页之间的相互关联和相互支持，据此判断出网页的重要程度。

1）PageRank 算法[49, 50]

当网页 A 有一个链接指向网页 B 时，就认为网页获得了一定的分数，该分数的高低取决于网页 A 的重要程度，即网页 A 的重要性越大，网页 B 获得的分数就越高。由于网页上链接的相互指向非常复杂，因此该分数的计算是一个迭代过程，最终将依照网页所得的分数排序并将检索结果送交用户，这个量化了的分数就是 PageRank 值。算法流程及规则如下。

首先，给定所有节点的初始 PageRank 值 $\mathrm{PR}_i(0)(i=1,2,3,\cdots,N)$，满足

$$\sum_{i=1}^{N}\mathrm{PR}_i(0)=1 \tag{4-22}$$

其次，依据 PageRank 校正规则，给定一个标度常数 $s\in(0,1)$。首先按照基本的 PageRank 校正规则计算各个节点的 PR 值，然后把每个节点的 PR 值通过比例因子 s 进行缩减。这样，所有节点的 PR 值之和也就缩减为 s，再把 $1-s$ 平均分给每个节点的 PR 值，以保持网络总的 PR 值为 1。即

$$\mathrm{PR}_i(k)=s\sum_{j=1}^{N}a_{ij}P \tag{4-23}$$

其中，如果节点 i 指向连接节点 j，则 $a_{ij}=1$，否则为 0。用户在每一步都以一个较小概率 $1-s$ 随机访问互联网上的任何一个网站，同时保持以概率 s 访问当前网页所提供的链接。同时加入最后一项可以保证算法可以走出“悬挂节点”（dangling node）以及避免死循环。PageRank 算法能够根据用户查询的匹配程度在网络中准确定位节点的重要程度，而且计算复杂度不高，为 $O(MI)$，其中 M 为网络中边的数目，I 为算法达到收敛所需的迭代次数。

2）LeaderRank 算法

当网络中存在孤立节点或社团时，采用 PageRank 算法对网络中节点进行排序会出现排序不唯一的问题。Lü 等[51]提出的 LeaderRank 弥补了这一缺陷，具体

方法是在已有节点外，另加一个节点（ground node），并且将它与已有的所有节点双向连接，于是得到 N+1 个节点的网络（图 4-3），这个新的网络是一个强连通网络，再按 LeaderRank 算法对网络节点进行排序，结果表明 LeaderRank 算法比 PageRank 算法排序更精准，而且对网络噪声（节点随机加边或删边）有更好的容忍性。算法流程如下。

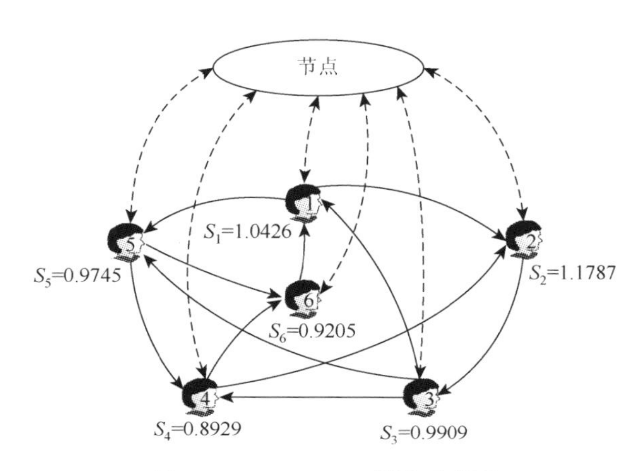

图 4-3　LeaderRank 算法示意图

第一步，每个节点的初始分数 $s_i(0)=1$，其中 Ground Node 的分数为 $s_g(0)=0$ 。

第二步，在时间步 t，节点 i 分数为 $s_i(t)$，如果节点 i 指向节点 j，则 $a_{ij}=1$，否则为节点 j 的出度，有

$$s_i(t+1)=\sum_{j=1}^{N+1}\frac{a_{ij}}{k_j^{\text{out}}}s_i(t) \tag{4-24}$$

第三步，不断重复第二步，直到时间步 t_c，节点 i 的分数不变，收敛于一个定值 $s_i(t_c)$，此时节点的分数记为 $s_g(t_c)$ 。

于是经过上面的步骤，节点 i 的影响力值 s_i 满足

$$s_i=s_i(t_c)+\frac{s_g(t_c)}{N} \tag{4-25}$$

3）其他方法

Radicchi 等[52, 53]提出一种扩散算法分析了有向加权网络的节点重要性排名，并给出了科学家的科研影响力和职业运动员的影响力排名的实例分析，该排名算法类似 PageRank。具体计算如下：

$$P(i)=(1-q)\sum_{j=1}^{N}P(j)\frac{w_{ij}}{s_j^{\text{out}}}+\frac{q}{N}+\frac{1-q}{N}\sum_{j=1}^{N}P(j)\delta(s_j^{\text{out}}) \tag{4-26}$$

其中，初始状态下 $P(i)=1/N$，N 为网络节点数；$q\in[0,1]$ 为可调参数；w_{ij} 表示节边 ij 的权重，$\delta(x)$ 函数，其中当 $x=0$ 时，$\delta(x)=1$；当 $x=1$ 时，$\delta(x)=0$。

Masuda 等[54]对基于拉普拉斯算子的节点中心性度量方法进行了扩展，扩展后的方法与 PageRank 算法类似。该方法不仅适用于强连通的有向网络，也适用于有孤立社团的网络，所不同的是，前者是连续时间的简单随机游走，而后者为离散时间的简单随机游走。

Kleinberg 于 1999 年提出 HITS（hypertex-induced topic search）算法[55]。他将网页分为两类，即表达某一特定主题的 Authoritie 和把 Authoritie 串连起来的 Hub.Authoritie 为具有较高价值的网页，其重要性依赖于指向它的页面；而 Hub 为指向较多 Authoritie 的网页，依赖于它所指向的页面，每个节点引入两个权值：Authority 权值和 Hub 权值。HITS 算法的目标就是通过一定的迭代计算得到针对某个检索提问的最具价值的网页，即 Authority 权值排名最高的网页。HITS 算法在学术界应用较为广泛，其计算复杂度为 O（NI），其中 N 为网络中节点的数目，I 为算法达到收敛所需的迭代次数。然而 HITS 算法不能识别非正常目的的网页引用，导致计算结果与实际结果有偏差。

5. 基于网络结构的其他方法

除以上四类方法外，还有指标分别从网络的连通性、节点删除法、边权值、节点效率等其他视角度量节点重要性。例如，陈勇等[56]提出了一种对通信网中节点重要性进行评价的方法，通过比较生成树的数目，可以判断图中任意数目的两组节点的相对重要性。从图中去掉节点以及相关联的链路后，所得到的图对应的生成树数目越少，则该组节点越重要。安世虎等[57]利用节点删除的研究思想，提出节点赋权网络中节点重要性的综合测度法，给出该方法在知识共享网络中的应用。吴俊等[58]提出了一个基于负载重分配的复杂负载网络级联失效模型的网络节点重要度评估方法。该方法有助于发现网络中一些潜在的“关键节点”。陈静等[59]提出了一种基于节点接近度和节点在其邻域中的关键度评估复杂网络中节点重要性的方法。该方法综合了节点的全局和局部重要性，即在复杂网络中，节点的接近度越大，该节点越居于网络的中心，在网络中就越重要；节点在其邻域中的关键度越大，该节点对其邻域就越重要。肖连杰等[60]用学术期刊论文的作者信息构建了作者科研合作网络，在此基础上，通过计算网络中节点的权值来评价作者的学术贡献，通过计算与该节点相连的边的权值来评价作者的科研产出能力，最后通过对节点和边的综合考察来判断节点的重要性。叶春森等[61]提出了基于节点的度和凝聚度线性加权的节点的重要性指标，并用供应链网络案例说明了该方法的有效性和优越性。周漩等[62]通过定义节点效率和节点重要度评价矩阵，综合考虑节点效率、节点度值和相邻节点重要度贡献，用节点度值和效率值表征其对相邻节点的重要度贡献，提出了一种利用重要度评价矩阵来确定复杂网络重要节点的方法。该方法较节点删除法、节点收缩法、介数指标等时间复杂度较低。

4.1.2　基于传播动力学的节点重要性排序方法

Yan 等[63]在加权无标度网络上的病毒传播实验表明不仅网络拓扑结构会影响疾病传播过程，网络中边权也会影响传播过程，强度越大的节点越易被感染。Borge-Holthoefer 等[64]研究了在线社会网络的信息扩散机制，发现网络中只有少量的度非常大的节点时，度指标能准确识别网络中最有影响力的节点，而在信息以“级联效应”爆发扩散到整个网络的情况下，k-核指标更适合识别网络中最有影响力的节点。Borge-Holthoefer 等[65]也认为在真实网络的谣言传播过程中，节点的重要性不是由该节点的 k-核位置决定的，而是由谣言传播扩散机制决定的。Klemm 等[66]提出了集群动力学中节点的重要性是由网络拓扑结构和集群动力学机制决定的观点。Aral 等[67]研究了 Facebook 网络上的 130 万用户传播行为，发现用户的影响力受年龄、性别、婚姻等因素左右，在研究节点影响力与网络拓扑结构的关系时，有影响力的节点具有集聚性，这样便于用户网络行为的传播。综上可以看出，节点重要性排序不仅由网络结构决定，还受网络行为传播机制以及节点自身特性的影响（表 4-1）。

表 4-1　基于网络结构的节点重要性排序指标的特点

指标	优点	缺点	时间复杂度
Degree	简单直观	只反映了节点局部特征	$O(N)$
Local	时间复杂度低，适合大型网络	没有考虑邻居之间的紧密程度	$O\left(N^2\langle k\rangle\right)$
Eigenvector	考虑了节点邻居的重要性	简单地将各节点的拓扑性质线性叠加	$O(N^2)$
Katz	区分不同邻居对节点的影响力	不易获得权重衰减因子的最优值	$O(N^2)$
Closeness	通过网络对部分节点产生全局影响	不适合随机网络和大型网络	$O(N^3)$
Kernal	通过网络对所有节点产生全局影响	不适合大型网络	$O(N^3)$
Betweenness	考虑了节点的信息负载能力	不适合大型网络	$O(N^3)$
Accessibility	计算节点到达目的节点的可能性	不适合大型网络	$O(N^3)$
Ks	考虑节点在网络中位置的全局特性	不适用树状网络、BA 网络	$O(N)$
MDD	对于树状网络、BA 网络等也适用	不易确定最佳权重因子	$O(N)$
PageRank	考虑网络的全局拓扑特性	忽略了一些实际因素，排序不唯一	$O(MI)$
LeaderRank	对网络噪声有更好的容忍性	不适合无向网络	$O(MI)$
HITS	时间复杂度低	网页的非正常链接导致结果不准确	$O(NI)$

注：N 表示网络中节点数，M 表示边数，$\langle k\rangle$ 表示平均度，I 为算法达到收敛所需的迭代次数。

综上所述，节点的重要性排序的指标在涉及网络的结构信息时，都是从某一个角度对网络某一方面的结构特点进行刻画，如果目标网络的结构在该方面特征显著，即可得到较好的效果；或在复杂网络环境下，通过节点的网络传播行为的影响力与网络结构关系判断节点的重要性。复杂网络节点重要性的研究方兴未艾，还有非常多的问题没有解决[68-72]。下面列出其中部分内容。

（1）节点重要性的定义。节点的重要性含义不同，评价节点重要性排名的结果也不同。例如，2012 年美国《福布斯》全球影响力人物排行榜，美国总统奥巴马成为 2012 年度全球最具影响力人物，排名依据是看一个人物是否能影响一群人，看所在国家的人口、企业家的雇员规模、媒体受众人数、拥有的财富等。而 2012 年，美国《时代》周刊评选全球最具影响力人物，美国 NBA 篮球运动员纽约尼克斯球队控卫林书豪位居榜首。时代周刊评选规则是最具有影响力的人物不一定是全球最有权力或最有钱的人，而是一群使用想法、洞察力和行动，对民众产生实际影响力的代表。

（2）各种指标间的内在联系。各种节点重要性排序的方法层出不穷，这些指标从不同视角评价节点重要性。这些指标在不同拓扑结构网络的准确性又是怎样呢？例如，da Silva 等[73]对随机网络、小世界网络和随机集合网络等网络模型以及美国航空网络进行易染感染移除（SIR）传播仿真实验，采用 Pearson 系数，讨论了节点的拓扑性质如度、可达性、节点强度、介数、k-核指标与该节点传播能力相关程度。

（3）网络结构和网络行为是如何影响节点重要性的评价，特别是对研究社会影响力非常有帮助。Bond 等[74]以 2010 年美国大选为实例研究社会影响力，发现 Facebook 用户的社会影响力与网络结构和网络行为传播机制都相关。

（4）在时变网络中，网络结构是变化的，节点的各种指标具有动态性[75]，此刻某个节点的重要性排在某个名次，下一个时刻又可能是另一个名次。此时节点重要性指标的稳定性、准确性和计算复杂度如何，就变得特别重要[76, 77]。例如，淘宝网每天交易量达数千万笔；新浪微博平台平均每天发布超过 1 亿条微博。那么如何在这种具有大数据特征的时变网络中对节点重要性排名，将是一个极具挑战性的课题。

4.2　复杂网络中最小 k-核节点的传播能力分析

准确度量复杂网络中节点的传播能力具有十分重要的现实和理论意义[5, 78-83]，该工作对于预防网络攻击[84]，遏制计算机病毒在网络上的蔓延[85]，防止传染病在人群中的流行[86]，抑制流言在社会中的扩散[87]和引导信息在社交网络中的传播[88, 89]等方面有着非常重要的作用。节点重要性通常用中心性指标如度指标、紧密度指标[34]以及介数指标[35]等度量。度指标只能刻画节点的局部信息，紧密度与介数都因需要计算最短路径而导致算法的时间复杂性非常高。Kitsak 等[16]认为网络传播动力学中最重要的节点并非传统的度最大或介数最大的 Hub 节点，而是具有最大 k-核的节点。Chen 等[23]利用二阶度信息度量复杂网络中最重要的节点。周漩等[62]则提出重要度评价矩阵识别网络中的最重要节点。虽然这些工作较常用的度指标、紧密度指标以及介数指标更能准确找到网络中最有影响力的节点，却没有对 k-核很小节点的传播能力进行分析，而这类节点往往在网络总节点数中占很大比例。表 4-2 给出 PGP[90]（pretty good privacy）和 AS[91]（autonomous system）两个网络中这类节点所占比例，从中可以看出网络中诸如 k-核、度为 1 和介数为 0 等这类节点所占的比例非常高，而且这类节点 k-核、度或介数的值是完全相同的，因此仅仅依靠自身的 k-核、度或介数信息不能很好地区分这类节点的传播能力。本章利用其邻居集中的最大 k-核信息，提出一种度量该类节点传播能力的方法。数值实验显示，利用邻居节点的 k-核信息可以准确刻画这部分节点的传播能力。本章结构如下：首先采用 k-核分解[43]方法将网络划分不同等级层次的社团，筛选出最小 k-核节点集合；然后利用该类节点邻居集中的最大 k-核值度量其传播能力；最后通过大量真实网络的 SIR 传播仿真，分别比较度指标、介数指标、新指标的表现。结果表明该新指标能够准确度量最小 k-核节点传播能力。

表 4-2　PGP 和 AS 网络中的部分节点所占比例

网络	总节点数	k-核为 1 的比例	度为 1 的比例	介数为 0 的比例
PGP	10680	49.12%	39.61%	52.15%
AS	6201	37.97%	36.89%	52.47%

4.2.1　理论基础与方法

1. 节点的传播能力

采用 SIR[92]模型仿真网络最小 k-核节点的传播行为，SIR 模型将传染范围内的人群划分为 3 类：①S 类：易感人群（susceptible），指未得病但缺乏免疫能力，与感病者接触后容易受到感染的人群；②I 类：染病人群（infected），指染上传染病的人群；③R 类：移除人群（recovered/removed），指已经治愈并获得了免疫能力或者已经死亡、不再对相应动力学行为产生任何影响的人群。在 SIR 模型中，染病人群为传染的源头，以概率 β 把传染病传给易感人群，经过 T_r 时间后，以概率 δ 治愈或死亡。其传染过程如图 4-4 描述。

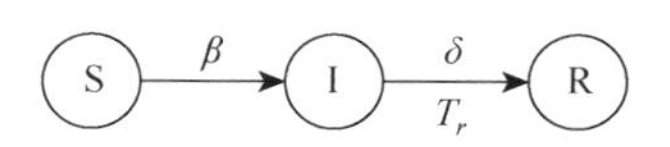

图 4-4　SIR 模型传播过程示意图

假设网络中节点 i 为传染的源头，独立此节

点 SIR 仿真 M 次，则节点 i 传播能力可以表示为

$$\overline{X_i}=\frac{1}{M}\sum_{m=1}^{M}X_i(m) \tag{4-27}$$

$$\sigma(i)=\sqrt{\frac{\sum_{m=1}^{M}[X_i(m)-\overline{X_i}]^2}{M}} \tag{4-28}$$

其中，$X_i(m)$为节点 i 在第 m 次仿真时的传播值，即每次 SIR 仿真结束时，网络中状态为 I 类与 R 类的节点个数；$\overline{X_i}$ 为节点 i 在 M 次仿真中的平均传播值；$\sigma(i)$ 为标准差，它表达了 $X_i(m)$与 $\overline{X_i}$ 的偏离程度。若 $\sigma(i)=0$，表示每次 $X_i(m)$取值相同；而 $\sigma(i)$ 较大，说明在不同仿真实验中，节点 i 的每次传播值差别较大，即该节点传播能力发散。本节用平均传播值 $\overline{X_i}$ 和标准差 $\sigma(i)$ 度量节点的传播能力。

2. *k*-核分解

k-核分解[43, 92]方法是通过递归地移去网络中所有度值小于或等于 k 的节点直到网络中剩下的节点的度值都不小于 k。它能描述网络结构特征，揭示网络层次性质。假设网络 $G=(V;E)$ 是由$|V|=N$ 个节点和$|E|=M$ 条边所组成的一个无向网络，则 k-核的定义如下：由集合推导出子网络 $H=(C;E|C)$，当且仅当对 C 中的任意节点 V，其度值均大于 k，具有这一性质的最大子网络的补集被称为 k-核，简称 k_s。k-核分解示意图如图 4-5 所示，该网络被划分为 3 层不同的核。根据 k-核分解的定义可知，最小 k-核节点为网络最外层（k_s=1）的节点，如图 4-5 所示，最小 k-核节点即为编号为 1～12 的节点。

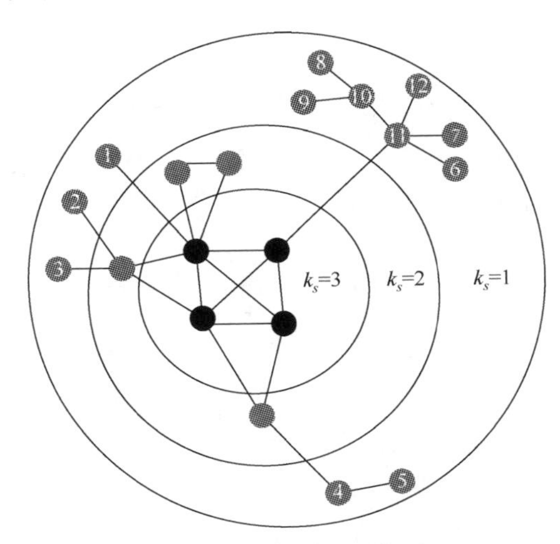

图 4-5　*k*-核分解示意图

由于最小 k-核节点的 k-核值是相同的，而且根据 k-核分解原理，度为 1 以及大部分介数为 0 的节点属于最小 k-核节点，因此仅仅依靠节点自身 k-核、度或介数信息不能很好区分这类节点的传播能力，于是本节提出了基于最小 k-核节点邻居集合中最大 k_s 值的深度指标 $d(i)$，表示为

$$d(i)=\max\{k_{s_j}\},\quad j\in J(i) \tag{4-29}$$

其中，$J(i)$ 为节 i 的邻居集合；k_{s_j} 为节点 j 的 k_s 值。该指标可以判断最小 k-核节点与网络的其他层级节点的连接关系，尤其可以用来判定一个节点是否为中心节点的邻居。表 4-3 给出了图 4-5 中最小 k-核节点的深度，如 $d(10)=1$ 表示 10 号节点的邻居集合中的最大 k-核值为 1，$d(11)=3$ 表示 11 号节点的邻居集合中的最大 k-核值为 3。

表 4-3　图 4-5 的网络中最小 k-核节点的深度值

节点编号	深度	节点编号	深度
1	3	7	1
2	2	8	1
3	2	9	1
4	2	10	1
5	1	11	3
6	1	12	1

4.2.2　数值仿真与结果分析

1. 实验数据及相关参数

实验数据采用 PGP 和 AS 网络数据。PGP 信任网是一个每个节点都包含公钥和私钥的双向信任连接的无向网络，AS 网络为 2005 年应用互联网数据分析中心（CAIDA）的路由级拓扑测量数据获得的无向网络。其基本统计特性如表 4-4 所示。

表 4-4　PGP 和 AS 网络的基本参数

网络	节点数	边数	平均度	最大 k-核
PGP	10680	24316	3.92	31
AS	6201	12170	4.6	12

2. 最小 k-核节点的传播能力分析

采用 SIR 模型分析网络最小 k-核节点传播性质。在 SIR 模型中，令 $\delta=1$，$T_r=2$，

即感染者 I 类经过 $T_r = 2$ 的时间步后变成 R 类。首先假设网络中的某个最小 *k*-核节点染病，然后独立地进行该节点 SIR 仿真 200 次。最小 *k*-核节点的平均传播值未必很小，因为没有考虑最小 *k*-核节点传播值的发散性。图 4-6 分别给出了感染率不同的两个网络中所有最小 *k*-核节点的传播值大小及标准差的分布范围。由图可知，感染率越小，最小 *k*-核节点间的传染值的差距越小，传染值的发散程度也越小。但随着感染率的增大，最小 *k*-核节点间的传染值差距明显增大，而且传染能力的发散程度加剧。这表明传染率不断增大时，最小 *k*-核节点间传播能力的差异变明显。

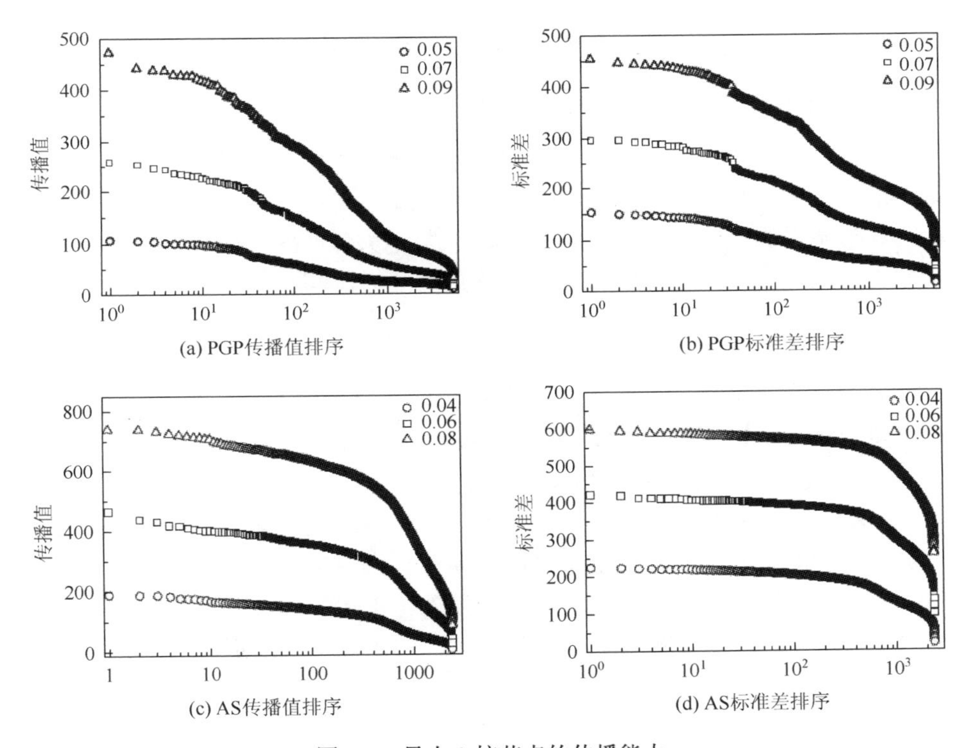

图 4-6　最小 *k*-核节点的传播能力

最小 *k*-核节点的传播能力是不一样的，为了区分最小 *k*-核节点传播能力的差异性，采用最小 *k*-核节点深度 $d(i)$度量其传播能力。图 4-7 给出了 PGP 和 AS 网络分别在感染率为 0.05 和 0.1 的情况下，最小 *k*-核节点深度与传播能力之间的关系。从中可以看出，$d(i)$越大，传播值越大，同时其传播值的标准差也越大，也就是该节点传播能力发散程度越大。

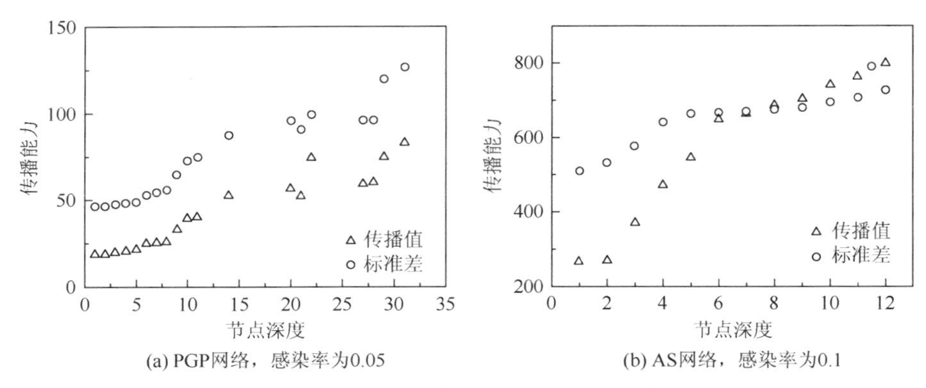

(a) PGP网络，感染率为0.05　　(b) AS网络，感染率为0.1

图 4-7　不同感染率节播能力的关系

3. 深度与节点传播能力的相关性分析

本节采用 Kendall's Tau 系数[93]比较最小 k-核节点的度、介数、深度与节点真实传播能力之间的相关性。Kendall's Tau 系数是用来描述两个序列之间相关性的指标，取值范围为[−1, 1]，Kendall's Tau 系数越大说明两个序列一致性越高，则该指标越能准确反映最小 k-核节点的实际传播能力，其公式为

$$\tau = \frac{2}{N(N-1)}\sum_{i<j}\text{sgn}[(x_i - x_j)][(y_i - y_j)] \tag{4-30}$$

其中，N 为最小 k-核节点数；x_i 表示节点 i 的传播值或其标准差；y_i 表示节点 i 的度、介数或最小 k-核节点深度；sgn(x) 为分段函数，即 $x>0$ 时，函数值为+1；$x<0$ 时，函数值为−1；$x=0$ 时，函数值为 0。

图 4-8 给出了在不同感染率下 PGP 和 AS 网络的最小 k-核节点度、介数、深度与实际传播能力的相关性。从中可以发现节点的深度 $d(i)$比度和介数指标更能准确度量最小 k-核节点的传播能力，而且随着传染率的增大，表示最小 k-核节点深度的 τ 值越大，这说明随着传染率的增大，节点深度 $d(i)$更能准确预测节点的传播能力。

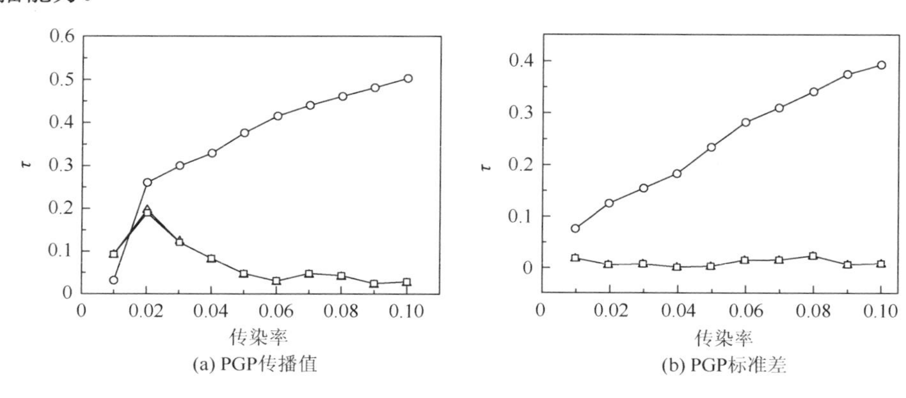

(a) PGP传播值　　(b) PGP标准差

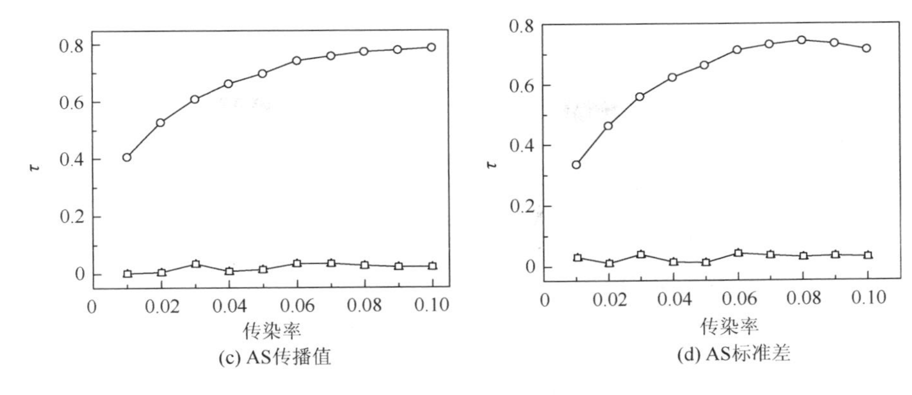

图 4-8　不同感染率下，节点深度 $d(i)$与节点传播能力的相关性

—△— 度；—□— 介数；—○— 深度

真实网络中存在大量的 k-核值非常小的节点，而传统的 k-核分解方法无法对这部分节点的传播能力进行度量。节点的传播能力很大程度上取决于节点在网络中所处的位置，因此在 k-核很小的节点中也存在对网络的传播动力学产生巨大影响的节点。度信息只能刻画局部信息，介数等指标则需要全局信息，并且计算量巨大，不适用于大规模动态网络。本节考虑最小 k-核节点的邻居信息，利用邻居的k-核信息提出了度量这部分节点传播能力的深度指标$d(i)$对PGP和AS网络的实验结果表明，最小k-核节点的平均传播值和标准差随着感染概率的增大而增加，该结果表明最小 k-核节点中存在部分对网络传播很重要的节点。节点深度 $d(i)$指标与真实网络节点的重要性的对比结果表明利用邻居信息的节点深度 $d(i)$比度和介数指标更能准确地度量最小 k-核节点的传播能力。本章利用邻居节点的 k-核信息对复杂网络中的最小 k-核节点的传播能力进行了分析，该工作可以进一步扩展到考虑二阶邻居的 k-核信息度量网络中节点的传播能力。

4.3　基于k-核与距离的节点传播影响力排序方法研究

传播在自然界无处不在，它可以用来描述许多重要的社会现象[66, 94, 95]，如计算机病毒传播[96, 97]、信息扩散[98, 99]、流行病传播[100]、级联失效[101]等现象。对网络中的传播途径的深入了解有助于设计有效的方法遏制疾病的传播、增强信息扩散等。到目前为止，有大量的工作聚焦在如何在网络中识别最重要的传播者[11, 64, 65]。一般认为度最大的节点是Hub节点，在大规模的传播中起到最重要的作用[102, 103]。2010年，Kitsak 等[16]认为节点的传播能力是由节点在网络中的位置决定的，他们采用 k-核分解法，发现网络中最大 k-核值的节点最具有影响力。然而，值得注意的是 k-核分解方法导致相同 k-核值的节点非常多，在实际传播过程中，这些相同 k-核值的节点的传播能力是不同的。图 4-9 所示，在 4 个真实网络中，有大量的 k-核值相同的节点。Zeng 等[44]考虑节点在 k-核分解时丢失的信息提出了混合度分解方法（MDD），这样可以比较精确地区分相同 k-核节点的传播影响力。因为混合度分解方法引入参数，对于不同的网络，最优参数的值可能不同，使得该方法有一定的局限性。Borge-Holthoefer 等[64, 65]发现在社会网络中，节点的影响力不仅取决于节点的 k-核值，而且决定于一个给定的节点是否可以阻碍传播过程。因此虽然 k-核分解方法能很好地识别最重要的节点集合，但无法精确区分网络中每个节点的影响力。本章认为节点的传播影响力不仅与节点本身的 k-核值有关，还和最大 k-核值节点的距离相关。基于这个观点，本章设计一个新指标对网络中所有节点进行全局排序。为了验证新指标的准确性，采用 SIR 传播模型对不同的真实网络和改进 BA 网络模型进行仿真，结果表明此方法比度、紧密度、k-核以及混合度分解方法的结果都要好。

4.3.1 基于 k-核与距离的节点传播影响力排序度量方法

假设网络 $G=(V;E)$ 是由 $|V|=N$ 个节点和 $|E|=M$ 条边所组成的一个无向网络。网络的邻接矩阵记为 $A=\{a_{ij}\}\in\mathbf{R}^{n,n}, a_{ij}=1$ 表示节点 i 与节点 $j(i\neq j)$ 之间存在边，否则 $a_{ij}=0$。Kitsak 等[16]提出节点在网络中的位置是影响其重要性的主要因素，并利用 k-核分解来识别网络中最重要的节点，k-核指标越大的节点越重要。然而，k-核指标赋予大量节点以相同的值，本节综合考虑目标节点自身 k-核的信息和与目标节点距网络最大 k-核的距离，提出了新的度量节点重要性的指标。具体定义如下：

$$\theta(i\mid k_s)=(k_s^{\max}-k_s+1)\sum_{j\in J}d_{ij},\quad i\in S_{k_s} \tag{4-31}$$

其中，$k_s^{\max}$ 为网络最大 k-核值；d_{ij} 表示节点 i 到节点 j 的最短距离。节点集合 J 定义为具有网络的最大 k-核值的节点，S_{k_s} 定义为节点的 k-核值为 k_s 的节点集合。本节采用 Kendall's Tau 系数[93]比较 k-核、度、MDD、紧密度、新指标与节点真实传播能力之间的相关性。

4.3.2 实验数据及相关参数

为了进一步验证新指标节点影响力排序的效果，本节采用 4 个真实网络进行

SIR 传播仿真（图 4-9）。第一个网络为电子邮件（E-mail）网络[104]，该网络的节点代表西班牙罗维拉维尔吉利大学教师、研究人员、技术人员、管理人员和研究生。第二个网络是对等（P2P）网络[105]，从 2002 年 8 月开始的 Gnutella 的对等文件共享网络。每个节点代表一个主机，每个连接表示每对 Gnutella 主机之间的连接。第三个是 PGP 网络[90]，PGP 网络是一个每个节点都包含公钥和私钥的双向信任连接的无向网络。第四个网络是 AS 网络[91]。来自俄勒冈大学的路由器在线数据报告，该网络的节点是互联网的路由器。连接指的是各个路由器之间的连接。这四个网络如节点数、连接数、平均度、度平方的平均值、传播阈值等基本拓扑统计特性如表 4-5 所示。

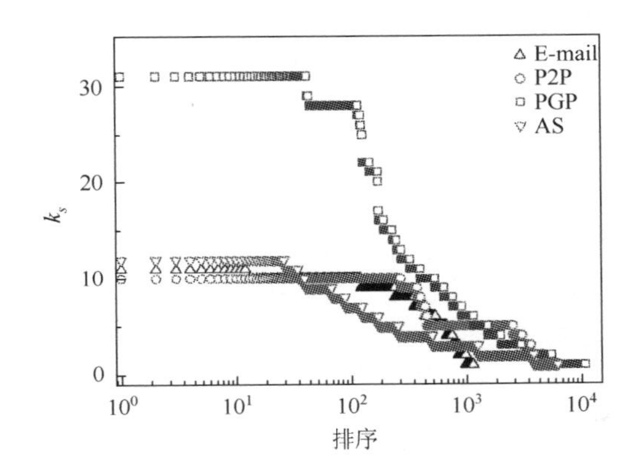

图 4-9　E-mail、P2P、PGP 和 AS 网络的 k-核值排序

表 4-5　四个网络的拓扑特性

Network-核	N	E	$\langle k \rangle$	$\langle k^2 \rangle$	β^c
E-mail	1133	5451	9.60	180	0.053
P2P	6301	20778	7.00	116	0.060
PGP	10680	24316	4.60	86	0.053
AS	6202	12170	3.92	618	0.006

注：N 代表网络节点数，E 代表网络的边数，$\langle k \rangle$ 表示节点平均度，$\langle k^2 \rangle$ 表示度平方的平均值，β^c 表示网络的传播阈值[70]。

4.3.3　数值仿真与结果分析

在对 E-mail 网络和 P2P 网络进行 200 次独立重复的 SIR 实验中，采用感染人数平均值度量每个节点作为传播源的传播能力。对于单个传播源情形，通过 k-核分解确定的网络内核节点（即 k-核值大的节点）是最有影响力的传播源，并且网络中的传播值随 k-核值增大而变大，然而图 4-10 所示网络 k-核值相同的节点（即同层 k-核）作为传播源的传播能力是不能度量的。针对这个问题，本节采用节点到网络核心的距离解释同一层核的传播能力排序的问题，图4-10表明在处于网络同层 k-核的传播源中，距离网络核心越近的传播源，传播值越大，因此可以刻画同层 k-核的节点传播特性，在疾病传播、流言传播等传播中选择控制传播策略时应该充分考虑这一特性。对于同层 k-核的节点，可以采用内核到每个节点的距离来衡量节点传播能力，而就网络全局来看，可以用 k_s 排序解决整个网络节点的传播能力排序，然而无法区分同层 k-核的节点。所以新指标既考虑同层节点的排序，同时考虑整个网络的节点排序，这样就可以对整个网络的节点传播能力进行更精准的排序。

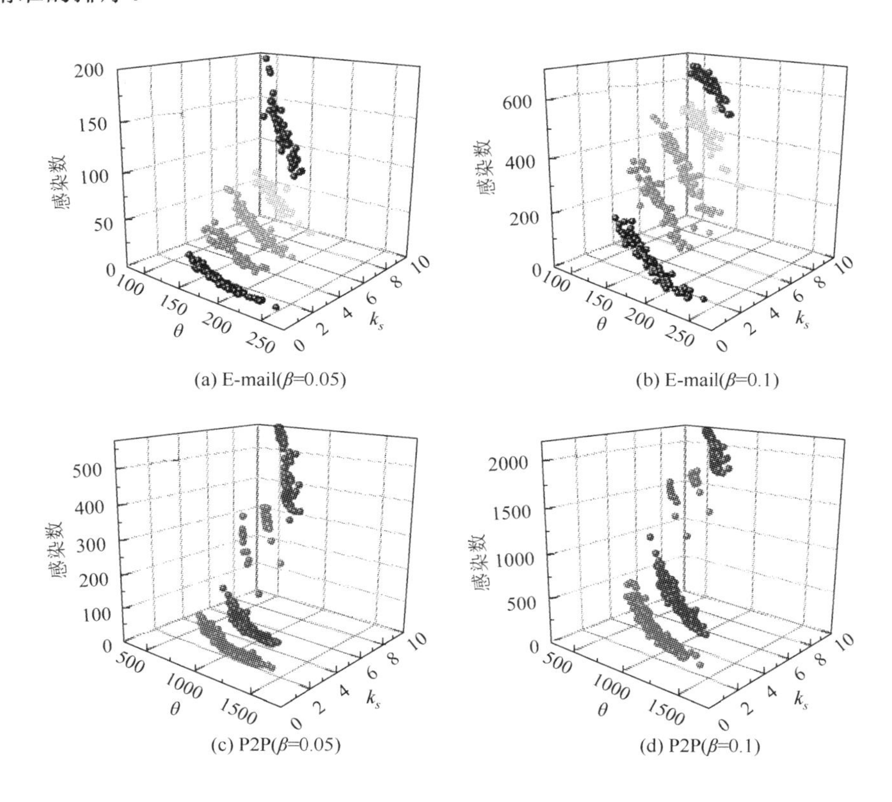

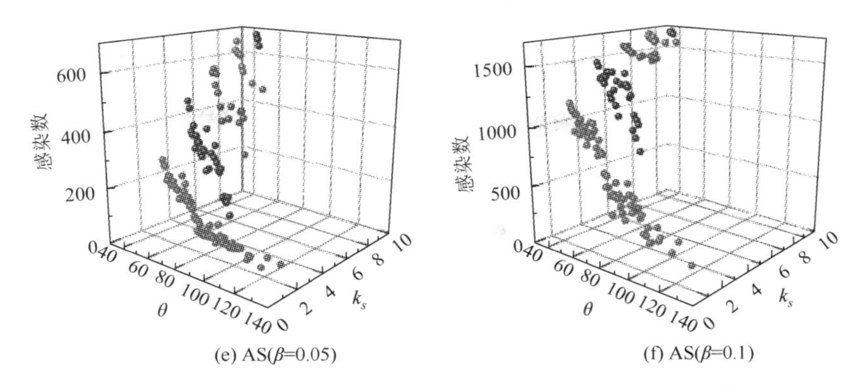

(e) AS(β=0.05)　(f) AS(β=0.1)

图 4-10　E-mail、P2P、AS 网络中，对于具有相同 k-核值的节点，传播值，k-核值以及指标 θ 的关系

θ 为节点重要性；β 为感染率

分别对 4 个不同的网络采用 SIR 模型进行传播仿真 200 次，然后将仿真结果与不同的节点排序指标进行比较，为了验证结果的准确性，新指标与度、紧密度、k-核、MDD 进行比较，结果如图 4-11 所示，从图中可以看出，当传播率远小于传播阈值，感染节点只能感染小范围的节点，传播不能扩散到全网络，因此只能小范围传播，这样由于度考虑节点的邻居数，可以很好地预测节点传播影响力。图 4-11（a）～（c）阴影部分感染率小于传播阈值，度指标的 Kendall's Tau 系数值(τ)基本高于其他指标。当传播率大于传播阈值，新指标的 Kendall's Tau 系数值要高于度、紧密度、k-核、MDD 指标的值，表明新指标节点影响力排名结果要比度、紧密度、k-核、MDD 指标更好。

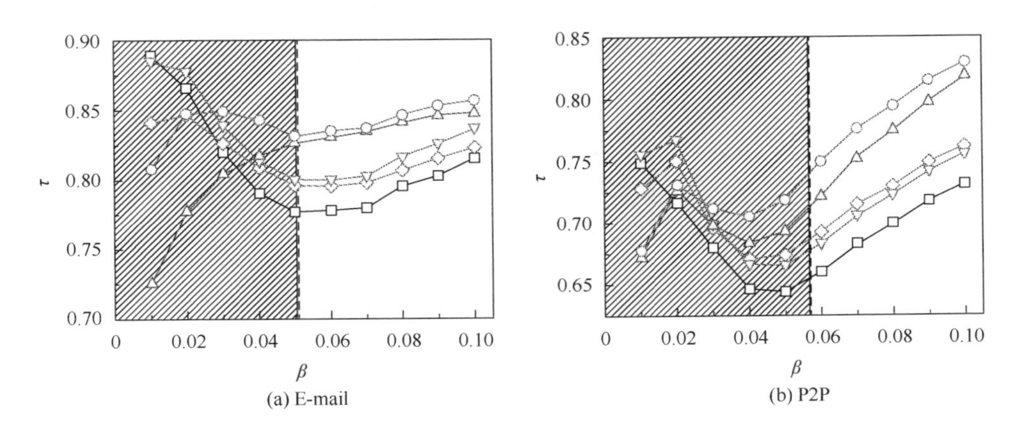

(a) E-mail　(b) P2P

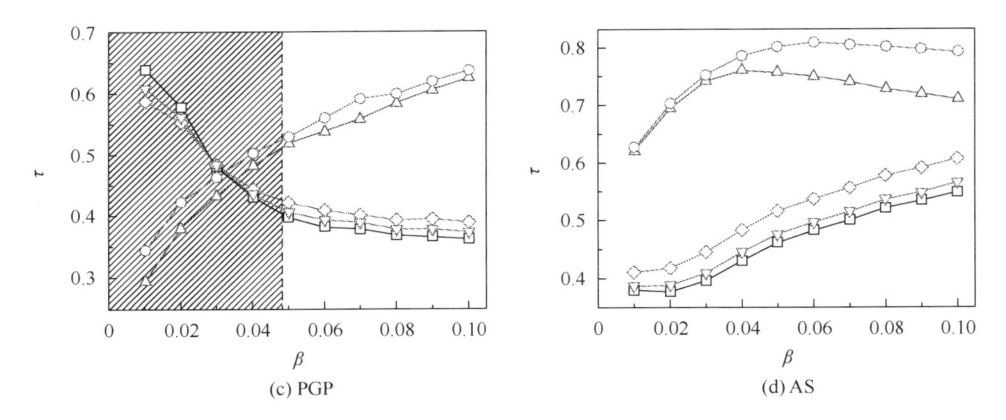

(c) PGP　　　　(d) AS

图 4-11　E-mail、P2P、PGP 和 AS 网络中每个节点的 SIR 传播值与各种指标相关性值 Kendall's Tau 系数

—□— k；—◇— k_s；—▽— MDD；—△— CC；—○— θ

为了进一步验证结果的准确性，本节构造一个改进的 BA 网络，初始状态为 m_0 个节点的全连通网络，每个时间步，加入一个新的节点，新加入的节点连接 m 条边，连接机制遵从优先连接[106]。通过 k-核分解方法，很容易知道新加入的所有节点的 k-核值都是一样，当 $m_0 = m$ 时，整个网络的 k-核值为 m，当 $m_0 \neq m$ 时，只有初始节点的 k-核为 m_0，其他所有的节点 k-核值均为 m，此时采用 k-核识别网络节点影响力失效。这里 BA 网络设置为 $N = 7000$，$m_0 = 20$，以及 $k_s = m = 3,4,5,6,7$。此时假设初始节点为网络核心，采用新指标获得的节点影响力排序指标准确性同样比采用度、紧密度、MDD 的准确性要好，结果如图 4-12 所示，当传播率较大时，新指标的相关性 Kendall's Tau 系数值 (τ) 比度、紧密度、MDD 的都要高，同样表明新指标节点影响力排名结果要比度、紧密度、k-核、MDD 指标更好。

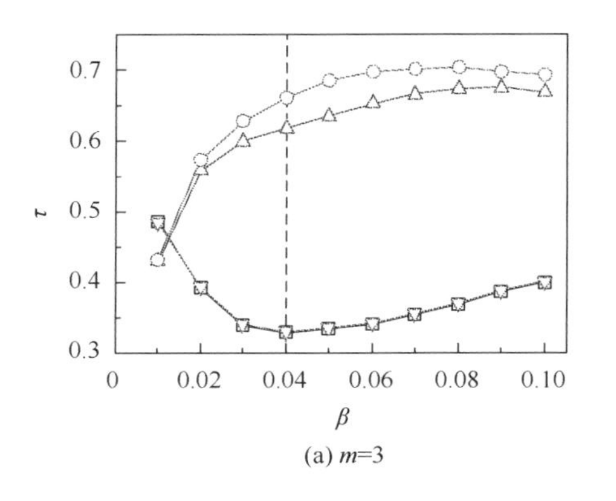

(a) m=3

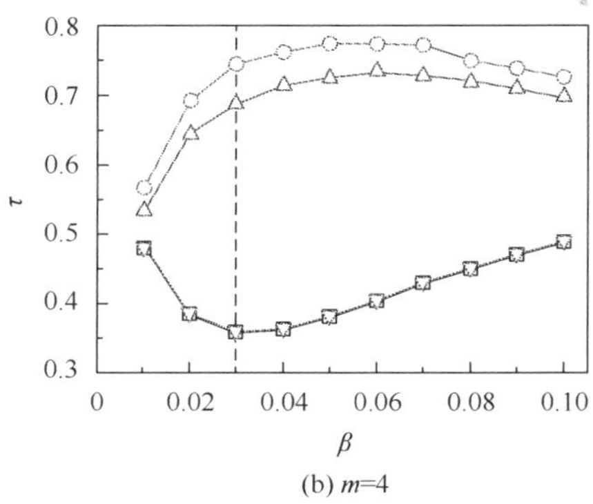

(b) m=4

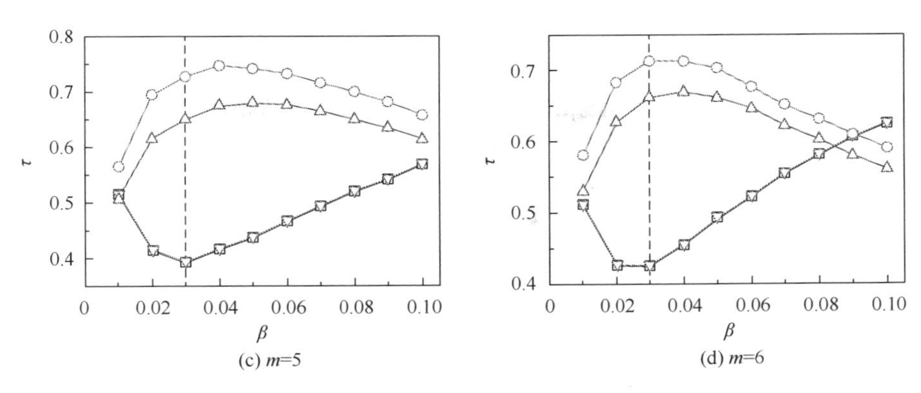

图 4-12　BA 网络中每个节点的 SIR 传播值与各个指标相关性的 Kendall's Tau 系数值

—□— k；---▽--- MDD；—△— CC；---○--- θ

k-核分解方法对于度量和评价复杂网络中重要节点影响网络中传播行为的程度非常准确，但不能度量和评价网络中同层 k-核节点的传播特性，本节通过对真实世界的网络进行 k-核分解，采用经典的 SIR 传播模型进行仿真，经过多次独立重复的实验后，发现网络同层 k-核的节点在传播过程中，距离网络内核近的节点的传播能力较强，而距离远的节点的传播能力较弱。因此采用求与网络内核距离的方法可以很好地解决网络同层的 k-核节点排序的问题。本节基于网络内核与节点到网络内核之间的距离想法设计一个计算网络节点影响力的指标。通过与其他节点影响力排序指标如度、紧密度、k-核和 MDD 方法进行比较，该指标较这些指标更能准确度量网络节点传播影响力，并且该指标为无参量指标。

4.4　基于度与集聚系数的网络节点重要性度量方法研究

现实世界的许多系统都可以用网络模型进行刻画，对网络中的节点重要性进行评估和度量对于提高实际系统的鲁棒性[62, 107]，设计高效的系统结构具有十分重要的意义。准确评估节点重要性后，可以通过重点保护这些节点来提高整个网络的可靠性与抗毁性[39, 108]，例如，在由通航城市和航线所构成的航空网络中，如果某通航城市受到紧急事件影响陷入瘫痪，也就意味着该通航城市所有的航线被迫取消，又由于该通航城市可能是中转站，从而导致航空网络中其他通航城市之间的航线也会被迫中断。于是认为对航空网络中的重要节点进行有效保护，可以避免其在受到外界干扰时造成航线大面积延误甚至导致网络瘫痪，保证航空运输安全高效地运营。反之，也可以通过攻击这些重要节点达到摧毁整个网络的目的。2011 年 1 月，由美国和以色列精心研制的“震网”（stuxnet）病毒破坏了伊朗核电网络的关键设施，成功攻击和控制了伊朗核电网络。大量的研究结果表明，分析节点的度信息是度量节点重要性的一个重要方法。例如，Jeong 等[109]研究了蛋白质网络，Dunne 等[110]研究了食物链网络，Newman 等[111]研究了 E-mail 网络，Magoni[112]研究了互联网，Samant 等[113]研究了 P2P 网络，这些研究结果表明去掉网络中度最大的节点后，网络变得非常脆弱。然而，度指标只利用了节点自身信息，并没有考虑节点在网络中的位置，也无法对其邻居之间的连接状况进行刻画。Freeman[114]则考虑节点到达网络所有其他节点的最短距离来衡量此节点的重要性，并将其定义为紧密度。Holme 等[115]则从网络全局信息的角度对网络鲁棒性进行了研究，发现介数较大的节点对网络鲁棒性具有重要的作用。因为紧密度与介数都需要计算网络中任意一对节点之间的最短路径，所以算法的时间复杂度非常高，对于大规模网络并不适用。最近，也有学者基于信息扩散和疾病传播的视角挖掘网络中的重要节点。Kitsak 等[16]提出节点在网络中的位置是影响其重要性的主要因素，并利用 k-核分解来识别网络中最重要的节点，k-核指标越大的节点越重要。然而，k-核指标赋予大量节点以相同的值，例如，BA 网络[106]模型的所有节点的 k-核值都相等，从而导致 k-核指标无法衡量节点的重要性[44]。Centola[25]邀请 1540 名志愿者，随机一对一地分派具有小世界特性的随机网络和高集聚[116]的规则网络，通过 12 次独立的实验，研究在线社会网络中的传播行为，发现在高集聚类网络中信息传播得更快，节点的传播影响力与该节点的集聚系数有关。Ugander 等[26]通过对 Facebook 上一个用户收到某个邮件联系人的邀请信而成为 Facebook 用户的情况进行分析，发现邻居节点的绝对数目不是影响节点重要性的决定性因素，起决定作用的是邻居节点之间形成的联通子图的数目。由此可见，节点的度和集聚系数信息对刻画其重要性都具有十分重要的意义。本章利用节点的邻居信息，并考虑节点邻居之间的紧密程度，提出一种基于邻居信息与集聚系数的节点重要性评价指标。对不同参数的 BA 理论模型网络和美国航空网络、美国西部电力网络等实际网络的实验表明，该指标较度指标、基于节点度和其邻居的度指标、k-核指标更能准确度量节点重要性。

4.4.1 理论基础与方法

1. 基于度和集聚系数的节点重要性度量方法

假设网络 $G=(V,E)$ 是由 $|V|=N$ 个节点和 $|E|=M$ 条边所组成的一个无向网络。度指标描述了一个节点的邻居节点的个数，表示为

$$k_i=\sum_{j\in G}\delta_{ij} \tag{4-32}$$

其中，i 与 j 有连接时 $\delta_{ij}=1$，否则 $\delta_{ij}=0$。度指标体现了该节点与周围节点之间建立直接联系的能力，但不能反映该节点的邻居节点的连边情况。集聚系数描述了网络中节点的邻居之间互为邻居的比例，表示为

$$c_i=\frac{2e_i}{k_i(k_i)-1} \tag{4-33}$$

其中，e_i 表示节点 i 与其任意两个邻居节点之间所形成的三角形的个数。与度指标相反，集聚系数虽然在一定程度上能够反映邻居节点的连边情况，但不能反映邻居节点的规模。于是本节利用节点邻居信息，并考虑集聚系数，提出一种新的节点重要性评价指标 p_i，表示为

$$p_i=\frac{f_i}{\sum_{j=1}^{N} f_j^2}+\frac{g_i}{\sum_{j=1}^{N} g_j^2} \tag{4-34}$$

其中，f_i 为节点 i 自身度与其邻居度之和，表示为

$$f_i=k_i+\sum_{w\in\Gamma_i} k_w \tag{4-35}$$

其中，k_w 表示节点 w 的度；Γ_i 表示节点 i 的邻居节点集合。函数 g_i 表示为

$$g_i=\frac{\max_{j=1}^{N}\left\{\frac{c_j}{f_j}\right\}-\frac{c_i}{f_i}}{\max_{j=1}^{N}\left\{\frac{c_j}{f_j}\right\}-\min_{j=1}^{N}\left\{\frac{c_j}{f_j}\right\}} \tag{4-36}$$

其中，c_i 为节点 i 的集聚系数。集聚系数仅能反映邻居节点之间的紧密程度，而不能反映邻居节点的规模，对结果进行式（4-36）所示的归一化处理。由于 f_i 反映的是节点自身度和邻居的度信息，g_i 反映的是节点邻居之间的紧密程度，采用同趋化函数 $u(x)=\dfrac{x}{\sum x^2}$ 同时对 f_i 和 g_i 进行处理，使得 p_i 正确反映 f_i 和 g_i 不同作用力的综合结果。

例如，在图 4-13 中，删除节点 4 对该小网络造成的破坏性显然大于删除节点 2。然而当仅考虑节点度及其邻居节点度时，$k_2=k_4=3$，$f_2=f_4=11$。进一步考虑节点的邻居节点之间的关系时，通过式（4-33）计算可知 $p_2=0.59$，$p_4=0.77$，此时 $p_4>p_2$，这表明节点的邻居之间的紧密程度对节点重要性评价是有影响的。因此衡量一个节点的重要性需要综合考虑节点邻居信息与其集聚系数。图 4-13 所示的网络中各节点属性如表 4-6 所示。

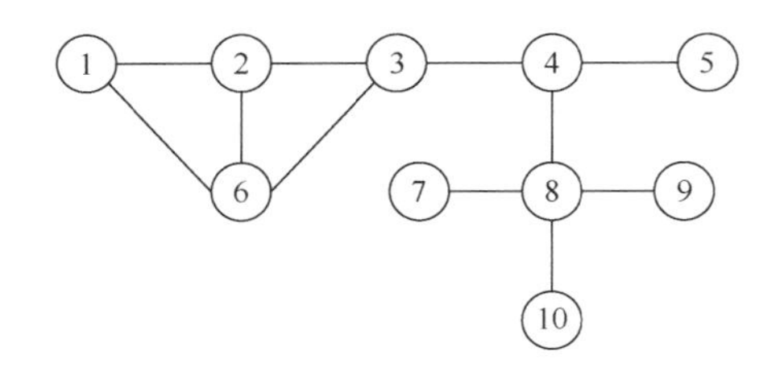

图 4-13　10 个节点的网络图

表 4-6　图 4-13 所示的网络中各节点属性

节点	k	f_i	c_i	g_i	p_i
1	2	8	1	0	0.29
2	3	11	0.67	0.19	0.59
3	3	12	0.33	0.29	0.73
4	3	11	0	0.37	0.77
5	1	4	0	0.37	0.52
6	3	11	0.67	0.19	0.59
7	1	5	0	0.37	0.56
8	3	10	0	0.37	0.74
9	1	5	0	0.37	0.56
10	1	5	0	0.37	0.56

2. 网络效率

网络效率[19, 20]是用来表示网络连通性好坏的指标，网络的连通性越好，则网络效率越高。假设在一个网络中，在某个节点遭受到网络攻击后，移走该节点，这也就意味着同时移走了与该节点相连的所有边，从而可以使得网络中其他节点之间的一些路径被中断。如果在节点 i 和节点 j 之间有多条路径，中断其中的一些路径就可能会使这两个节点之间的最短路径 d_{ij} 增大，进而整个网络的平均路径长度也会增大，从而使得网络的连通性变差。两节点 i 和 j 之间的效率为 $1/d_{ij}$，则网络效率表示为

$$\varepsilon=\frac{1}{N(N-1)}\sum_{i\neq j\in G}\frac{1}{d_{ij}} \tag{4-37}$$

ε 的取值范围为[0, 1]，当 $\varepsilon=1$ 时，表示网络连通性最好，当 $\varepsilon=0$ 时，则表示网络是由孤立的节点组成的。

通过选择性删除网络中一定比例的节点进行网络的蓄意攻击仿真实验，计算攻击前、后的网络效率下降比例来定量刻画各种节点重要性指标的准确性[14, 38]。假

设网络在未遭受到攻击时，网络效率为 0，选择性删除网络中一定比例 $p(p\in[0,1])$ 的节点后，网络效率为 ε。网络效率下降比例记为

$$e=1-\frac{\varepsilon}{\varepsilon_0} \tag{4-38}$$

其中，e 的取值范围为 $[0,1]$，当 $e=1$ 时，表示网络在遭受攻击后，网络效率下降到了 0，即此时网络由孤立的节点组成；而当 $e=0$ 时，表示网络在遭受攻击后，整个网络的效率没有变化。由式（4-38）可以看出，采用不同的节点重要性指标分别选择性删除网络中一定比例 p 的节点后，e 值越大，则表明摘除这些节点后网络效率变得越差，采用该种方法更能准确度量节点的重要性。

4.4.2　实例验证

为了进一步验证指标 p_i 度量节点重要性的效果，本节选用 p_i、度指标 k、基于节点度和其邻居度的指标 f_i 和 k-核指标四个指标分别对美国航空网络[117]、美国西部电力网络[118]以及不同参数的BA网络进行节点的选择性摘除的蓄意攻击仿真实验。美国航空网络，其网络的节点数为 332，边数为 2126，选择性删除按各种指标排名的前[10%,20%]的节点；美国西部电力网络，其节点数为 4940，边数为 6591，选择性删除按各种指标排名的前[1%,10%]节点；9 个不同新连边数的 BA 网络，其节点数都为 10000，新连边数 m 值分别为 2，3，4，5，6，7，8，9，10，选择性地删除各种指标排名前 5%的节点。实验结果如图 4-14（a）和（b）所示，采用 p_i 指标删除节点导致网络效率下降的幅度最大。例如，在图 4-14（a）中，$p=0.1$ 时，指标 p_i、度指标、指标 f_i 以及 k-核指标的 e 值分别为 0.83、0.74、0.72、0.67，这表明采用 p_i 指标删去排名前 10%的节点，与采用度指标，指标 f_i 以及 k-核指标删去排名前 10%的节点相比，网络的效率变得最差。p_i 的攻击效果较 k-核指标提高了 24%。同样在图 4-14（b）中，$p=0.01$ 时，指标 p_i、度指标、f_i 指标以及 k-核指标的 e 值分别为 0.34，0.20，0.14，0.16，这表明采用 p_i 指标删去排名前 1%的节点，与采用度指标、指标 f_i 以及 k-核指标删去排名前 1%的节点相比，网络效率同样变得最差。p_i 的攻击效果较 k-核指标提高了 112%。这表明指标 p_i 在两个实证网络中较度指标、f_i 指标以及 k-核指标更能准确识别网络中的最重要节点。在不同 m 值的 BA 网络模型中，分别删除按指标 p_i、度指标 k 和指标 f_i 进行排名的前 5%的节点。实验结果如图 4-14（c）所示，随 m 值的增大，虽然 p_i 指标、度指标 k、f_i 指标的 e 值都逐渐减小，但 p_i 指标比度指标和 f_i 指标的结果好，而 k-核指标不适用于 BA 网络。因此，p_i 指标比度指标和 f_i 指标能更为准确地度量节点的重要性。

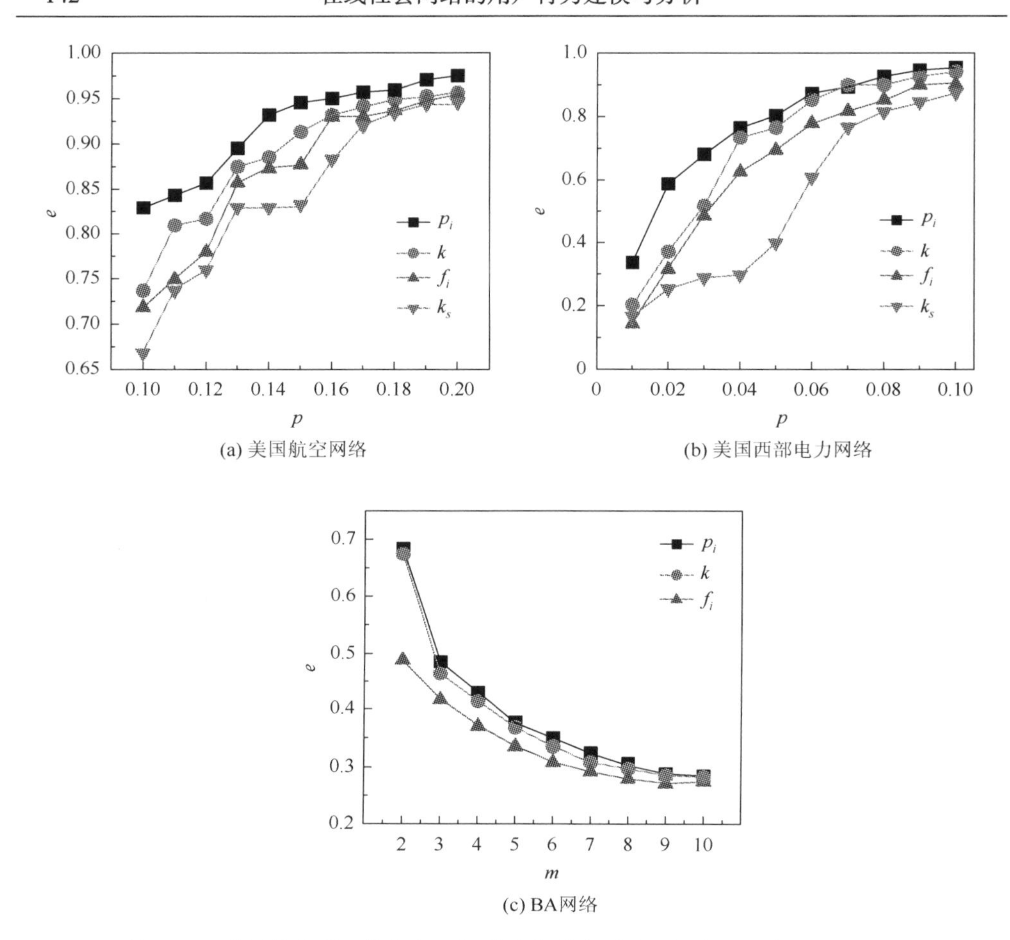

(a) 美国航空网络

(b) 美国西部电力网络

(c) BA网络

图 4-14　采用节点重要性指标删除排名靠前的节点后网络 e 值的变化情况

本节提出了一种基于节点邻居信息以及集聚系数的节点重要性评价指标 p_i，而且该指标只需要计算节点的邻居信息以及其集聚系数等局部信息，因此对刻画大规模网络的可靠性与抗毁性具有十分重要的意义。对美国航空网络、美国西部电力网络和BA网络的鲁棒性仿真研究结果表明，采用 p_i 指标对网络节点进行重要性排序，复杂网络中的节点重要性度量研究学者发现节点的重要性不仅与网络结构相关，还与传播机制有关。Borge-Holthoefer 等[65]认为在真实网络的谣言传播过程中，节点的重要性不是由该节点的 k-核位置决定的，而是由谣言传播扩散机制决定的。Klemm 等[66]的研究表明集群动力学中节点的重要性是由网络拓扑结构和集群动力学机制决定的。本节从结构的角度对节点的重要性进行了分析，未来将重点结合动力学特性和网络结构对节点的重要性度量进行研究。

参 考 文 献

[1] Albert R，Barabasi A L. Statistical mechanics of complex networks[J]. Review ModPhys，2002，74（1）：47-97.

[2] Newman M E J. The structure and function of complex networks[J]. SIAM Review，2003，45（2）：167-256.

[3] Lü L Y，Medo M，Yeung C H，et al. Recommender systems[J]. Physics Reports，2012，519（1）：1-49.

[4] 汪秉宏，周涛，王文旭，等. 当前复杂系统研究的几个方向[J]. 复杂系统与复杂性科学，2009，5（4）：21-28.

[5] 李翔，刘宗华，汪秉宏. 网络传播动力学[J]. 复杂系统与复杂性科学，2010，7（2）：33-37.

[6] 荣智海，唐明，汪小帆，等. 复杂网络 2012 年度盘点[J]. 电子科技大学学报，2012，34（6）：801-806.

[7] Dorogovtsev S N，Mendes J F F，Samukhin A N. Structure of growing networks with preferential linking[J]. Physical Review Letters，2000，85（21）：4633.

[8] Eagle N，Macy M，Claxton R. Network diversity and economic development[J]. Science，2010，328（5981）：1029-1031.

[9] Papadopoulos F，Kitsak M，Serrano M Á，et al. Popularity versus similarity in growing networks[J]. Nature，2012，489（7417）：537-540.

[10] Pinto P C，Thiran P，Vetterli M. Locating the source of diffusion in large-scale networks[J]. Physical Review Letters，2012，109（6）：068702.

[11] Ghoshal G，Barabási A L. Ranking stability and super-stable nodes in complex networks[J]. Nature Communications，2011，2：394.

[12] Goltsev A V，Dorogovtsev S N，Oliveira J G，et al. Localization and spreading of diseases in complex networks[J]. Physical Review Letters，2012，109（12）：128702.

[13] 王林，张婧婧. 复杂网络的中心化[J]. 复杂系统与复杂性科学，2006，3（1）：13-20.

[14] 赫南，李德毅，淦文燕，等. 复杂网络中重要性节点发掘综述[J]. 计算机科学，2008，34（12）：1-5.

[15] 孙睿，罗万伯. 网络舆论中节点重要性评估方法综述[J]. 计算机应用研究，2012，29（10）：3606-3608.

[16] Kitsak M，Gallos L K，Havlin S，et al. Identification of influential spreaders in complex networks[J]. Nature Physics，2010，6（11）：888-893.

[17] 谭跃进，吴俊，邓宏钟，等. 复杂网络抗毁性研究综述[J]. 系统工程，2007，24（10）：1-5.

[18] 刘浪，邓伟，采峰，等. 节点重要度计算的新方法——优先等级法[J]. 中国管理科学，2008，(z1)：162-165.

[19] Vragović I，Louis E，Diaz-Guilera A. Efficiency of informational transfer in regular and complex networks[J]. Physical Review E，2005，71（3）：036122.

[20] Latora V，Marchiori M. A measure of centrality based on network efficiency[J]. New Journal of Physics，2007，9（6）：188.

[21] Newman M. Networks：An Introduction[M]. New York：Oxford University Press，2010：168-169.

[22] 王建伟，荣莉莉，郭天柱. 一种基于局部特征的网络节点重要性度量方法[J]. 大连理工大学学报，2010，(5)：822-826.

[23] Chen D，Lü L，Shang M S，et al. Identifying influential nodes in complex networks[J]. Physica A：Statistical Mechanics and its Applications，2012，391（4）：1777-1787.

[24] Ren Z M，Shao F，Liu J G，et al. Node importance measurement based on the degree and clustering coefficient information[J]. Acta Physica Sinica，2013，62（12）：128901.

[25] Centola D. The spread of behavior in an online social network experiment[J]. Science，2010，329（5996）：1194-1197.

[26] Ugander J，Backstrom L，Marlow C，et al. Structural diversity in social contagion[J]. Proceedings of the National Academy of Sciences，2012，109（16）：5962-5966.

[27] Stephenson K，Zelen M. Rethinking centrality：Methods and examples[J]. Social Networks，1989，11（1）：1-37.

[28] Borgatti S P. Centrality and network flow[J]. Social Networks，2005，27（1）：55-71.

[29] Poulin R，Boily M C，Masse B R. Dynamical systems to define centrality in social networks[J]. Social Networks，2000，22（3）：187-220.

[30] Katz L. A new status index derived from sociometric analysis[J]. Psychometrika，1953，18（1）：39-43.

[31] Sabidussi G. The centrality index of a graph[J]. Psychometrika，1966，31（4）：581-603.

[32] Zhang J，Xu X K，Li P，et al. Node importance for dynamical process on networks：A multiscale characterization[J]. Chaos：An Interdisciplinary Journal of Nonlinear Science，2011，21（1）：016107.

[33] Huang X Q，Vodenska I，Wang F Z，et al. Identifying influential directors in the United States corporate governance network[J]. Physical Review E，2011，84（4）：046101.

[34] Freeman L C. A set of measures of centrality based on betweenness[J]. Sociometry，1977：35-41.

[35] Goh K I，Oh E，Kahng B，et al. Betweenness centrality correlation in social networks[J]. Physical Review E，2003，67（1）：017101.

[36] Travençolo B A N，Costa L F. Accessibility in complex networks[J]. Physics Letters A，2008，373（1）：89-95.

[37] Comin C H，Costa L F. Identifying the starting point of a spreading process in complex networks[J]. Physical Review E，2011，84（5）：056105.

[38] 李鹏翔，任玉晴，席酉民. 网络节点（集）重要性的一种度量指标[J]. 系统工程，2004，22（4）：13-20.

[39] 谭跃进，吴俊，邓宏钟. 复杂网络中节点重要度评估的节点收缩方法[J]. 系统工程理论与实践，2007，26（11）：79-83.

[40] 余新，李艳和，郑小平，等. 基于网络性能变化梯度的通信网络节点重要程度评价方法[J]. 清华大学学报（自然科学版），2008，48（4）：541-544.

[41] 饶育萍，林竞羽，周东方. 网络抗毁度和节点重要性评价方法[J]. 计算机工程，2009，35（6）：14-16.

[42] 程克勤，李世伟，周健. 基于边权值的网络抗毁性评估方法[J]. 计算机工程与应用，2010，46（35）：95-96.

[43] Carmi S，Havlin S，Kirkpatrick S，et al. A model of Internet topology using k-shell decomposition[J]. Proceedings of the National Academy of Sciences，2007，104（27）：11150-11154.

[44] Zeng A，Zhang C J. Ranking spreaders by decomposing complex networks[J]. Physical letters A，2013，377（14）：1031-1035.

[45] Garas A，Schweitzer F，Havlin S. A k-shell decomposition method for weighted networks[J]. New Journal of Physics，2012，14：083030.

[46] Liu J G，Ren Z M，Guo Q. Ranking the spreading influence in complex networks[J]. Physica A：Statistical Mechanics and its Applications，2013，392（18）：4154-4159.

[47] Ren Z M，Liu J G，Shao F，et al. Analysis the spreading influence of the nodes with minimum K-shell value in complex networks[J]. Acta Physica Sinica，2013，62（10）：108902.

[48] Hou B，Yao Y，Liao D. Identifying all-around nodes for spreading dynamics in complex networks[J]. Physica A：Statistical Mechanics and its Applications，2012，391（15）：4012-4017.

[49] Bryan K，Leise T. The $25，000，000，000 eigenvector：The linear algebra behind Google[J]. Siam Review，2006，48（3）：569-581.

[50] Berkhin P. A survey on pagerank computing[J]. Internet Mathematics，2005，2（1）：73-120.

[51] Lü L Y，Zhang Y C，Yeung C H，et al. Leaders in social networks：The delicious case[J]. PLoS One，2011，6（6）：e21202.

[52] Radicchi F，Fortunato S，Markines B，et al. Diffusion of scientific credits and the ranking of scientists[J]. Physical Review E，2009，80（5）：056103.

[53] Radicchi F. Who is the best player ever? A complex network analysis of the history of professional tennis[J]. PLoS One，2011，6（2）：e17249.

[54] Masuda N，Kori H. Dynamics-based centrality for directed networks[J]. Physical Review E，2010，82（5）：056107.

[55] Kleinberg J M. Authoritative sources in a hyperlinked environment[J]. Journal of the ACM，1999，46（5）：604-632.

[56] 陈勇，胡爱群，胡啸. 通信网中节点重要性的评价方法[J]. 通信学报，2004，25（8）：129-134.

[57] 安世虎，聂培尧，贺国光. 节点赋权网络中节点重要性的综合测度法[J]. 管理科学学报，2007，9（6）：37-42.

[58] 吴俊，谭跃进，邓宏钟，等. 考虑级联失效的复杂负载网络节点重要度评估[J]. 小型微型计算机系统，2007，28（4）：627-630.

[59] 陈静，孙林夫. 复杂网络中节点重要度评估[J]. 西南交通大学学报，2009，44（3）：426-429.

[60] 肖连杰，吴江宁，宣照国. 科研合作网中节点重要性评价方法及实证研究[J]. 科学学与科学技术管理，2010，31（6）：12-15.

[61] 叶春森，汪传雷，刘宏伟. 网络节点重要度评价方法研究[J]. 统计与决策，2010，（1）：22-24.

[62] 周漩，张凤鸣，李克武，等. 利用重要度评价矩阵确定复杂网络关键节点[J]. 物理学报，2012，61（5）：50201-050201.

[63] Yan G，Zhou T，Wang J，et al. Epidemic spread in weighted scale-free networks[J]. Chinese Physics Letters，2005，22（2）：510.

[64] Borge-Holthoefer J，Rivero A，Moreno Y. Locating privileged spreaders on an online social network[J]. Physical review E，2012，85（6）：066123.

[65] Borge-Holthoefer J，Moreno Y. Absence of influential spreaders in rumor dynamics[J]. Physical Review E，2012，85（2）：026116.

[66] Klemm K，Serrano M A，Eguiluz V M，et al. A measure of individual role in collective dynamics[J]. Scientific Reports，2012，2：292.

[67] Aral S，Walker D. Identifying influential and susceptible members of social networks[J]. Science，2012，337（6092）：337-341.

[68] Newman M E J，Girvan M. Finding and evaluating community structure in networks[J]. Physical Review E，2004，69（2）：026113.

[69] Pastor-Satorras R，Vespignani A. Epidemic spreading in scale-free networks[J]. Physical Review Letters，2001，86（14）：3200.

[70] Castellano C，Pastor-Satorras R. Thresholds for epidemic spreading in networks[J]. Physical Review Letters，2010，105（21）：218701.

[71] Barrat A，Barthelemy M，Vespignani A. Dynamical Processes on Complex Networks[M]. Cambridge：Cambridge University Press，2008.

[72] Ginsberg J，Mohebbi M H，Patel R S，et al. Detecting influenza epidemics using search engine query data[J]. Nature，2009，457（7232）：1012-1014.

[73] da Silva R A P，Viana M P，Costa L F. Predicting epidemic outbreak from individual features of the spreaders[J]. Journal of Statistical Mechanics：Theory and Experiment，2012，2012（07）：P07005.

[74] Bond R M，Fariss C J，Jones J J，et al. A 61-million-person experiment in social influence and political mobilization[J]. Nature，2012，489（7415）：295-298.

[75] Holme P，Saramäki J. Temporal networks[J]. Physics Reports，2012，519（3）：97-125.

[76] Cha M，Haddadi H，Benevenuto F，et al. Measuring user influence in twitter：The million follower fallacy[C]. 4th International AAAI Conference on Weblogs and Social Media（icwsm），2010，14（1）：8-17.

[77] Kim H，Anderson R. Temporal node centrality in complex networks[J]. Physical Review E，2012，85（2）：026107.

[78] 周涛，傅忠谦，牛永伟，等. 复杂网络上传播动力学研究综述[J]. 自然科学进展，2005，15（5）：513-518.

[79] Dunbar R I M. Neocortex size as a constraint on group size in primates[J]. Journal of Human Evolution，1992，22（6）：469-493.

[80] Viswanath B，Mislove A，Cha M，et al. On the evolution of user interaction in facebook[C]//Proceedings of the 2nd ACM SIGCOMMWorkshop on Social Networks（WOSN'09）. New York：ACM Press，2009：37-42.

[81] McCarty C，Killworth P D，Bernard H R，et al. Comparing two methods for estimating network size[J]. Human Organization，2001，60（1）：28-39.

[82] Zhou T，Kuscsik Z，Liu J G，et al. Solving the apparent diversity-accuracy dilemma of recommender systems[J]. Proceedings of the National Academy of Sciences，2010，107（10）：4511-4515.

[83] Onnela J P，Reed-Tsochas F. Spontaneous emergence of social influence in online systems[J]. Proceedings of the National Academy of Sciences，2010，107（43）：18375-18380.

[84] Liu J G，Wang Z T，Dang Y Z. Optimization of scale-free network for random failures[J]. Modern Physics Letters B，2006，20（14）：815-820.

[85] Balthrop J，Forrest S，Newman M E J，et al. Technological networks and the spread of computer viruses[J]. Science，2004，304（5670）：527-529.

[86] Keeling M J，Rohani P. Modeling Infectious Diseases in Humans and Animals[M]. Princeton：Princeton University Press，2008.

[87] Moreno Y，Nekovee M，Pacheco A F. Dynamics of rumor spreading in complex networks[J]. Physical Review E，2004，69（6）：066130.

[88] 张彦超，刘云，张海峰，等. 基于在线社会网络的信息传播模型[J]. 物理学报，2011，60（5）：50501-050501.

[89] 熊熙，胡勇. 基于社交网络的观点传播动力学研究[J]. 物理学报，2012，61（15）：104-110.

[90] Boguñá M，Pastor-Satorras R，Díaz-Guilera A，et al. Models of social networks based on social distance attachment[J]. Physical Review E，2004，70（5）：056122.

[91] Leskovec J，Kleinberg J，Faloutsos C. Graphs over time：Densification laws，shrinking diameters and possible explanations[C]//Proceedings of the Eleventh ACM SIGKDD International Conference on Knowledge Discovery in Data Mining. Chicago：ACM，2005：177-187.

[92] 张君，赵海，杨波，等. Internet 路由级拓扑的分形特征[J]. 东北大学学报（自然科学版），2011，32（3）：372-375.

[93] Kendall M G，Smith B B. Randomness and random sampling numbers[J]. Journal of the Royal Statistical Society，1938，101（1）：147-166.

[94] Zhou T，Liu J G，Bai W J，et al. Behaviors of susceptible-infected epidemics on scale-free networks with identical infectivity[J]. Physical Review E，2006，74（5）：056109.

[95] Castellano C，Pastor-Satorras R. Competing activation mechanisms in epidemics on networks[J]. Scientific reports，2012，2（16）：371.

[96] Cohen F B，Cohen D F. A Short Course on Computer Viruses[M]. Hoboken：John Wiley & Sons，Inc.，1994.
[97] Kephart J O，Sorkin G B，Chess D M，et al. Fighting computer viruses[J]. Scientific American，1997，277（5）：56-61.
[98] Colizza V，Pastor-Satorras R，Vespignani A. Reaction-diffusion processes and metapopulation models in heterogeneous networks[J]. Nature Physics，2007，3（4）：276-282.
[99] Liu J G，Wu Z X，Wang F. Opinion spreading and consensus formation on square lattice[J]. International Journal of Modern Physics C，2007，18（7）：1087-1094.
[100] Pastor-Satorras R，Vázquez A，Vespignani A. Dynamical and correlation properties of the Internet[J]. Physical Review Letters，2001，87（25）：258701.
[101] Motter A E. Cascade control and defense in complex networks[J]. Physical Review Letters，2004，93（9）：098701.
[102] Cohen R，Erez K，Ben-Avraham D，et al. Breakdown of the Internet under intentional attack[J]. Physical Review Letters，2001，86（16）：3682.
[103] Gleeson J P，Cahalane D J. Seed size strongly affects cascades on random networks[J]. Physical Review E，2007，75（5）：056103.
[104] Guimera R，Danon L，Diaz-Guilera A，et al. Self-similar community structure in a network of human interactions[J]. Physical review E，2003，68（6）：065103.
[105] Leskovec J，Kleinberg J，Faloutsos C. Graph evolution：Densification and shrinking diameters[J]. ACM Transactions on Knowledge Discovery from Data，2007，1（1）：2.
[106] Barabási A L，Albert R. Emergence of scaling in random networks[J]. Science，1999，286（5439）：509-512.
[107] Liu J G，Wang Z T，Dang Y Z. Optimization of robustness of scale-free network to random and targeted attacks[J]. Modern Physics Letters B，2005，19（16）：785-792.
[108] 刘宏鲲，周涛. 中国城市航空网络的实证研究与分析[J]. 物理学报，2007，56（1）：106-112.
[109] Jeong H，Mason S P，Barabási A L，et al. Lethality and centrality in protein networks[J]. Nature，2001，411（6833）：41-42.
[110] Dunne J A，Williams R J，Martinez N D. Network structure and biodiversity loss in food webs：Robustness increases with connectance[J]. Ecology Letters，2002，5（4）：558-567.
[111] Newman M E J，Forrest S，Balthrop J. Email networks and the spread of computer viruses[J]. Physical Review E，2002，66（3）：035101.
[112] Magoni D. Tearing down the internet[J]. IEEE Journal on Selected Areas in Communications，2003，21（6）：949-960.
[113] Samant K，Bhattacharyya S. Topology，search，and fault tolerance in unstructured P2P networks[C]. Proceedings of the 37th Annual Hawaii International Conference on System Sciences，Hawaii，2004：6.
[114] Freeman L C. Centrality in social networks conceptual clarification[J]. Social Networks，1979，1（3）：215-239.
[115] Holme P，Kim B J，Yoon C N，et al. Attack vulnerability of complex networks[J]. Physical Review E，2002，65（5）：056109.
[116] Watts D J，Strogatz S H. Collective dynamics of 'small-world'networks[J]. Nature，1998，393（6684）：440-442.
[117] Batagelj V，Mrvar A. Pajek-program for large network analysis[J]. Connections，1998，21（2）：47-57.
[118] Strogatz S H. Exploring complex networks[J]. Nature，2001，410（6825）：268-276.

第 5 章 个性化推荐系统的相关理论概念

个性化推荐系统已无处不在，用途越来越广，用户对其的依赖性也越来越强，那么不断地改进推荐系统，来迎合互联网的高速发展显得尤为重要。本章就向大家介绍个性化推荐系统有关的主要理论概念，也是研究个性化推荐系统不可或缺的知识。

5.1 二部分网络

二部分网络，又称为二部分图，是一种具有特殊构成特征的网络。若顶点集为 V，边集为 E，称一个无向简单网络 $G(V,E)$ 为二部分网络，至少应该存在一对节点集合 X 和 Y，满足：

（1） $X \cap Y = \varnothing$；

（2） $X \cup Y = V$；

（3） E 中任意边一定恰有一个顶点在集合 X 中，另一个顶点在 Y 中。

很多常见的网络都是二部分网络。例如，所有的树都是二部分网络，四方晶格也是二部分网络。事实上可以进一步证明，对于一切可平面图，如果每一个面都是偶边形，那么它是二部分网络。

很多真实的网络也是天然的二部分图。例如，异性的性关系网络是以男性和女性为两个分离集的二部分网络[1]，新陈代谢网络是以化学物质和化学反应为两个分离集的二部分网络[2]，合作网络是以参与者和事件为两个分离集的二部分网络[3]，互联网电话网络是以电脑和电话号码为两个分离集的二部分网络[4]，电子商务网络是以用户和商品为两个分离集的二部分网络[5]，人类疾病网络是以身心机能失调表现和致病基因为两个分离集的二部分网络[6]。凡此等等，不一而足。

二部分网络具有很多优美的性质。例如，二部分网络都不包含长度为奇数的圈，反过来，一个不包括长度为奇数的圈的网络肯定是一个二部分网络；二部分网络都是可以二着色的；二部分网络的谱具有对称性；等等。利用这些性质，针对一个节点规模为 N 的无向简单网络，可以以线性时间复杂性 $O(N)$ 判断该网络是否是一个二部分网络。

那么在本书探讨的推荐系统中，最常见也是最常使用的就是用户-产品二部分网络。任何一个推荐系统都必然可分为用户和产品两个集合，用户会对自己了解的产品进行某种操作行为，如打分、评价或者收藏、分享，这些行为都在一定程度上反映了特定用户对特定产品的态度——喜欢或者不喜欢，基于这个前提推荐算法才能产生和发挥作用。

推荐系统由用户集、节点集以及这两个节点集之间的连边组成，整个系统可以通过一个二部分网络 $G(U,O,E)$ 来表示。定义产品集合为 $O=\{o_1,o_2,\cdots,o_m\}$，用户集合为 $U=\{u_1,u_2,\cdots,u_n\}$，且连边的集合为 $E=\{e_1,e_2,\cdots,e_q\}$，那么推荐系统可以表示为矩阵 $A=\{a_{ij}\}\in\mathbf{R}^{m,n}$，其中 $a_{ij}=1$ 表示用户 u_i 选择了产品 o_j，否则 $a_{ij}=0$。下面来看一个二部分网络的示意图。如图 5-1 所示，假设这是一个电子商务网络，左边的集合是用户，右边的集合是商品，中间的连边代表选择或购买关系。例如，用户 U 购买了商品 o_1、o_2 和 o_3。如果这个二部分网络是不含权的，那么对于一个用户，度就是他购买商品的种类和数目，而对于一件商品，度就是它卖给了多少个不同的用户。

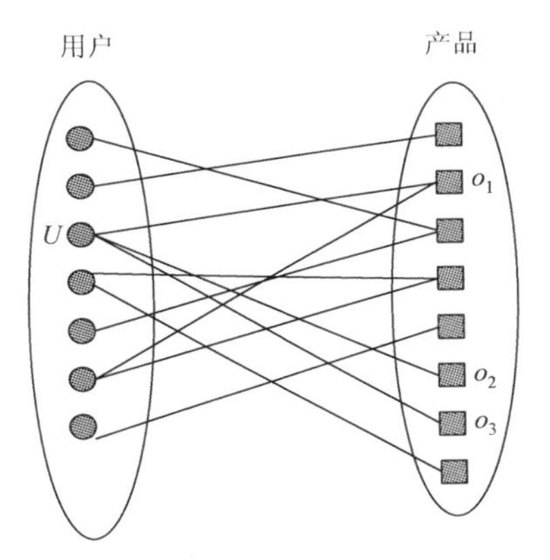

图 5-1　一个用户-产品二部分网络示意图

在讨论二部分网络度分布的时候，集合 X 中节点的度分布和集合 Y 中节点的度往往是分别分析的。一般而言，这两个度分布的形式不尽相同。以用户-产品二部分网络为例，Lambiotte 和 Ausloos[7]分析了音乐网站 Audioscrobbler.com 上用户的音乐数据库，认为商品的度分布是幂律分布的，而用户的度分布是指数的。Shang 等[5]更仔细的分析却显示，该音乐网站上用户的度分部更适合用广延指数分布[8, 9]来刻画，而 Delicious.com 的数据集也符合这个特征。最近的实证显示[10]，Wikilens 用户度分布和商品度分布都更适合用广延指数分布来刻画，而 MovieLens 用户度分布很接近指数，商品度分布是典型的广延指数分布……事实上，不仅度分布的形式不尽相同，度分布本身也不一定稳定[11]。二部分网络还有很多特有的性质，在后面章节会逐渐遇到。

研究二部分图的时候经常将它投影成两个单部图来考虑，按照投影方式可分为无加权投影和加权投影。

1）无权二部分图投影

二部分图的无加权投影规则为：如果同一类节点有公共邻居，则它们相连。如图 5-2 所示用户节点 A 和 B 共同连接了产品 2，因此用户 A 与 B 是相连的。该种投影模式很简单，但是也有很大的缺陷，因为给出的信息极其有限。例如，在演员与电影合作网中，连边只能表示这两个演员合作过，但是无法给出他们合作的具体信息如合作次数等。

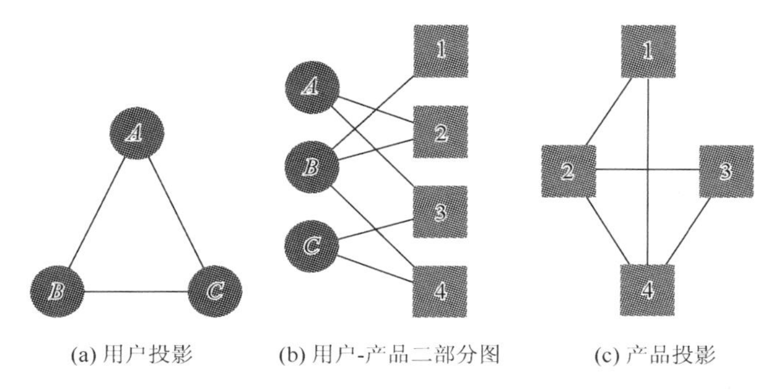

图 5-2　二部分图网络无加权投影示意图

2）加权二部分图的投影

加权二部分图的投影主要包括简单加权投影和基于资源分配方式的加权投影两种加权投影方式。

简单加权方式的二部分图投影是经常采用的一种方法，它把两个节点的公共邻居数目作为权值。如图 5-3 所示，用户 B 和 C 有两个公共邻居分别为 2 和 4，则 B 和 C 连边的权值为 2。这种方式比无加权二部分图投影方式包含了更多的信息，

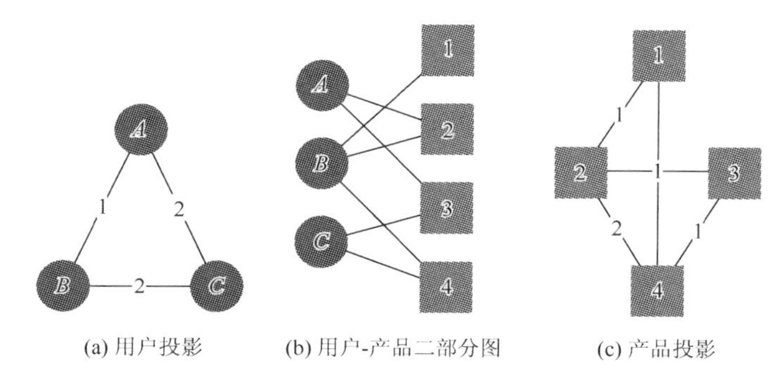

图 5-3　简单加权二部分图投影示意图

同样在演员与电影合作网中，不仅显示出两个演员是否合作过，还能得知他们的合作次数，具有一定的现实意义。这样的权值是对称的，而且只有一个参与者的项目的信息会丢失。

周涛[12]认为边的权重一般不是对称的，例如，在科学家合作网中几个合作者对于他们之间的合作的亲密程度的贡献的估计是不一样的，如果一个科学家和很多其他科学家都有过合作，那么他对该合作的亲密程度的贡献较小，故对他赋予的权值也要较小。因此提出了基于资源分配的观点来进行投影。在图 5-4 所示例子中，设 X 代表项目，具有初始资源，Y 为参与者。该资源分配过程分为两步，首先是将节点 X 中资源分配到节点 Y 中，分配的原则是将该项目节点所具有的资源均匀地分配到同该节点直接相连的参与者节点，作为它们的资源。第二步是将节点 Y 中资源分配到节点 X 中，分配的原则是均匀地分配到同参与者直接相连的项目，作为项目最终的资源。

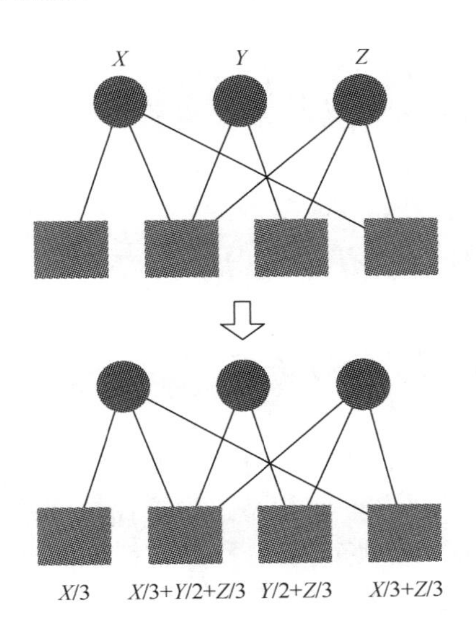

图 5-4　二部分图网络资源分配示意图

5.2　个性化推荐算法

目前，个性化推荐已经获得了广泛的关注和研究，并且提出了很多不同的推荐系统。一个完整的推荐系统由三个部分组成：收集用户信息的行为记录模块、分析用户喜好的模型分析模块和推荐算法模块。

行为记录模块负责记录用户的喜好行为，如问答、评分、购买、下载、浏览等。但是有些用户不愿意向系统提供这些信息，那么就需要通过其他方式来对用户的行为进行分析，如购买、下载、浏览等，通过这些用户的行为记录分析用户的潜在喜好产品和喜欢程度，这就是模型分析模块要完成的工作。模型分析模块能够对用户的行为记录进行分析，建立合适的模型来描述用户的喜好信息。最后是推荐算法模块，利用后台的推荐算法，实时地从产品集合中筛选出用户感兴趣的产品进行推荐。推荐算法模块是推荐系统最核心的部分。根据推荐算法的不同，当前的推荐系统可以分为如下几类[13, 14]：

（1）基于协同过滤算法的推荐系统；

（2）基于内容的推荐系统；

（3）基于网络结构的推荐系统；

（4）基于混合推荐算法的推荐系统。

5.2.1　基于协同过滤算法的推荐系统

该系统是第一代被提出并得到广泛应用的推荐系统。如 Amazon 的书籍推荐，Jester 的笑话推荐，等等。它的核心思想是首先寻找与目标用户具有相同爱好的邻居用户，进而利用邻居用户的喜好对目标用户进行推荐。在计算用户之间相似度时，大部分都是基于用户对共同喜好产品的打分。最常用的方法是 Pearson 相关性和夹角余弦。

5.2.2　基于内容的推荐系统

基于内容的推荐系统是协同过滤技术的延续与发展。其核心思想分别对用户和产品建立配置文件，比较用户与产品配置文件的相似度，推荐与其配置文件最相似的产品。基于内容的推荐算法根本在于信息获取和信息过滤。因为在文本信息获取与过滤方面的研究较为成熟，现有很多基于内容的推荐系统都是通过分析产品的文本信息进行推荐，本章会作一些介绍。

5.2.3 基于网络结构的推荐系统

仅仅把用户和产品的内容特征看成抽象的节点，所有算法利用的信息都藏在用户和产品的选择关系中。它的核心思想是建立用户-产品二部分图关联网络，对于任意目标用户，假设选择过所有的产品，每种产品都具有向他推荐其他产品的能力，把所有目标用户没有选择过的产品按照被推荐的强度进行排序，把排名靠前的推荐给目标用户。基于网络结构的推荐算法开辟了推荐系统研究的新方向，本章会作介绍。

5.2.4 基于混合推荐算法的推荐系统

协同过滤，基于内容，以及基于网络结构的推荐算法在投入实际运营的时候都有各自的缺陷[15-21]，因此实际的推荐系统大多把不同的推荐算法进行结合，提出了混合推荐算法。针对实际数据的研究显示这些混合推荐系统具有比上述独立的推荐系统更好的准确率[16, 21-26]。目前，最常见的混合推荐系统是基于协同过滤和基于内容的，同时发展出了其他类型的组合，下面简单进行介绍。

（1）独立系统相互结合的推荐系统。

该推荐系统的主要思想是：先独立运用协同过滤算法、基于内容和基于网络结构的推荐算法独立得到推荐结果，然后再将多个结果结合起来，对这些组合进行预测打分并给出最终推荐结果。

（2）在协同过滤系统中加入基于内容的推荐算法。

该推荐系统的主要思想是：利用用户的配置文件进行传统的协同过滤计算。用户的相似度通过基于内容的配置文件计算得到，而非通过共同打过分的产品信息，这样可以克服稀疏度问题。另一个好处是，产品只有被配置文件相似用户打了分之后才能被推荐，如果产品与用户的配置文件很相似也会被直接推荐。

5.2.5 其他推荐算法

除了前面介绍的几类推荐算法，实际系统中还存在其他推荐算法。

（1）关联规则分析。

关注用户行为的关联模式，例如，购买香烟的用户大多会购买打火机，那么就可以在香烟和打火机之间建立关联关系。通过这种关联关系向用户推荐其他产品。Agrawal 等[27, 28]提出 Apriori 算法进行关联规则分析，Han 等[29]提出 FP-Growth 算法大大改进了 Apriori 算法的运行效率。

（2）基于社会网络分析的推荐算法。

Wang 等[30]利用社会网络分析方法推荐在线拍卖系统中可信赖的拍卖者。Moon 等[31]利用用户的购买行为建立用户对产品的偏好相似性，并依此向用户推荐产品并预测产品的出售情况，从而增加用户的黏着性。2008 年，Ren 等[32]发现，只要预测用户评分的算法可以写成一个矩阵算符，就能够将原始算法改进为一种自适应迭代收敛的形式，从而明显提高算法的精确性。

5.3　常用数据集

在个性化推荐算法的研究中，通常使用现实中大型网站的数据集来鉴别算法的好坏。不同的数据集用户与资源的分布特征也不同，因此对于同一个推荐算法，使用不同的数据集，其结果可能呈现一定的区别。数据稀疏度是数据的最基本的统计属性，它反映的是数据的稠密程度，即算法可以利用的信息的多少的一个量。数据稀疏度是影响推荐算法预测精度的一个因素，其计算公式为

$$S=\frac{E}{mn} \tag{5-1}$$

在用户-产品二部分图中，m 表示用户的数量，n 表示产品的数量，E 表示网络中连边的条数。

下面向大家介绍几个常用的数据集。

5.3.1　MovieLens 数据集

MovieLens 是历史最悠久的推荐系统。它由美国明尼苏达大学计算机科学与工程学院的 GroupLens 项目组创办，是一个非商业性质的、以研究为目的的实验性站点。截至 2011 年 6 月，MovieLens 用户已经超过 16 万人。MovieLens 主要使用 Collaborative Filtering 和 Association Rules 相结合的技术，向用户推荐他们感兴趣的电影。MovieLens 主页如图 5-5 所示。

图 5-5　MovieLens 主页

5.3.2　Netflix 数据集

Netflix 是一家美国公司，在美国、加拿大提供互联网随选流媒体播放，定额制 DVD、蓝光光碟在线出租业务。该公司成立于 1997 年，总部位于加利福尼亚州洛斯盖多斯，1999 年开始订阅服务。2009 年，该公司可提供多达 10 万部 DVD 电影，并有 1000 万的订户，而且能够让顾客快速方便地挑选影片。Netflix 已经连续五次被评为顾客最满意的网站。可以通过 PC、TV 及 iPad、iPhone 收看电影、电视节目，可通过 Wii、Xbox360、PS3 等设备连接 TV。Netflix 主页如图 5-6 所示。

图 5-6　Netflix 主页

5.3.3　Delicious 数据集

作为目前网络上最大的书签类站点，Delicious（美味书签）的迅速崛起以及在网络上迅速流传开来，标志着互联网上社会化软件的复兴。Delicious 均为标签类站点，是一个帮助用户共享他们喜欢网站链接的流行网站。标签的作用就是可以让人们对某一条目进行标注，如添加词语以及短语。但就 Delicious 而言，所进行标注的条目换成了书签。Delicious 提供了一种简单共享网页的方法，它为无数互联网用户提供共享及分类他们喜欢的网页书签。Delicious 主页如图 5-7 所示。

5.3.4　Amazon 数据集

Amazon 公司是一家财富 500 强公司，总部位于美国华盛顿州的西雅图。它创立于 1995 年，目前已成为全球商品品种最多的网上零售商和全球第 2 大

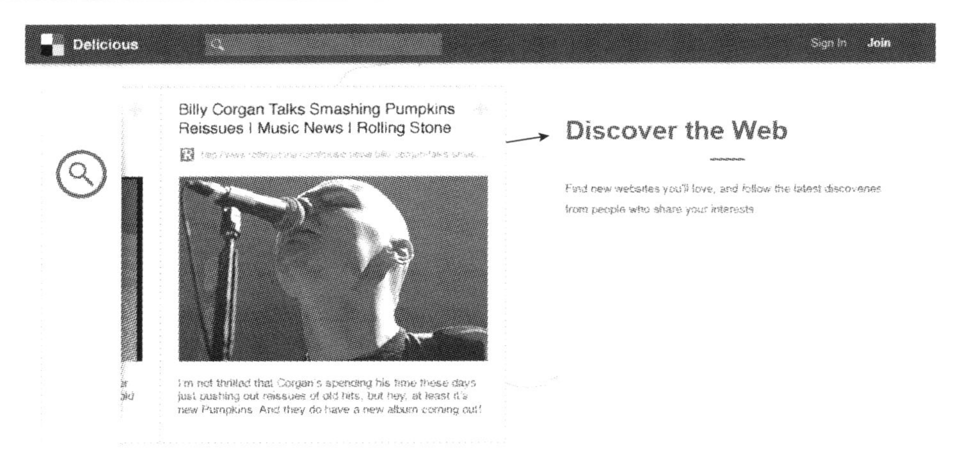

图 5-7　Delicious 主页

联网公司，在公司名下，也包括了 Alexa Internet、a9、lab126和互联网电影数据库（internet movie database，IMDB）等子公司。Amazon 及其他销售商为客户提供数百万种独特的全新、翻新及二手商品，如图书、影视、音乐和游戏、数码下载、电子和电脑、家居园艺用品、玩具、婴幼儿用品、食品、服饰、鞋类和珠宝、健康和个人护理用品、体育及户外用品、汽车及工业产品等。Amazon 是最早最典型的电子商务网站，用户购买和浏览的信息构成了用户与产品之间的交互网络，而 Amazon 数据集就是来自 Amazon.com 购物网站的一个随机子集。Amazon 主页如图5-8所示。

图 5-8　Amazon 主页

5.4 评价指标

有效地对推荐系统进行评价是一个非常具有挑战性的课题。而且随着 Web2.0 技术和互联网技术的迅猛发展，个性化推荐系统的广泛应用，推荐系统的评价也越来越重要。对推荐系统的科学评价不仅能够从理论上比较推荐系统的价值和意义，还能够为用户等群体提供一个正确看待推荐系统作用的角度。在实际应用的巨大需求推动下，为推荐系统设计评价指标也成为了一个相关的研究热点。

目前为止，经过科研工作人员的不断能力，已经有很多的评价指标，但是从纷繁复杂的指标群当中找到一个合适指标对系统或算法进行评价还是十分困难的，尤其在需要对比不同系统优劣的时候，更是难以找到可以综合评价系统表现的指标。一方面由于设计的评价指标自身固有的局限性，另一方面还在于应用推荐系统的目的也是各不相同的，有的仅仅追求准确，有的则希望提供个性化新颖的产品推荐。所以迄今为止，如何客观、有效地评价推荐系统仍然是一个没有定论的问题。在众多的评价指标中，如何进行选择实际上是非常困难的。推荐系统在某些指标上表现好，在某些指标上表现差，因此很难综合地判断这个系统的好坏。朱郁筱等[33]在 2012 年总结推荐系统评价指标，将评价指标划分为准确度、基于排序加权的指标、覆盖度、多样性及新颖性等五大指标体系，其中准确度又包括预测评分准确度、预测评分关联、分类准确度及排序准确度，而仅预测评分准确度下就还包括平均绝对误差、平均平方误差、均方根误差及标准平均绝对误差，不再一一列举。

虽然目前已经有数量众多的评价指标，但是所有这些评价指标都需要解决一些共性的问题。这些通用问题的解决对于推荐系统评价和推荐系统本身的研究具有非常重要的意义。同时，尽管想做到完全客观全面地评价推荐系统是非常困难的，但是有一点是肯定的，那就是一个好的推荐系统一定是以用户体验为中心的。因为用户的体验和反馈是评价推荐系统最真实、最客观、最重要的指标。总结起来，评价推荐系统的工作应当在用户体验为中心这个基本理念下，除了提高推荐准确度、多样性、流行性以及覆盖率等指标以外，还应该从以下四个方面继续进行深入研究。

（1）推荐效率。结合前面阐述个性化推荐发展面临的问题，增量和大数据问题，如何在信息爆炸增长的今天，提升推荐算法的时间效率和空间效率显得越来越重要。提高推荐算法效率，加强增量算法研究，提出更好的评价指标，才能从容地面对海量数据，作出及时的分析和处理。另外，算法效率的高低还决定着是否能够抓住用户的即时兴趣，真正地实现实时的个性化推荐。在这方面，推荐算法的研究和推荐算法的评价都需要正视增量算法的研究。

（2）鲁棒性。提高推荐算法的鲁棒性，减少推荐的干扰因素，净化系统环境。推荐算法的核心就是通过分析用户的历史行为挖掘用户潜在的兴趣和用户的行为模式，进而为用户进行推荐。这与个性化推荐系统面临的问题相对应。这就要求系统不但能够识别出恶意的用户，还要能够对这些恶意的行为作出有效的反映，阻止恶意用户以及他们制造的垃圾信息对推荐系统的长期侵害，这对于个性化推荐系统的健康发展至关重要。

（3）友好性。当前社会已经进入了用户体验为王的时代。推荐系统用户界面的友好程度和良好的用户体验对于用户选择并继续使用有重要的影响和意义。相关研究表明推荐系统界面设计是用户对推荐系统的第一印象。一个明亮、整洁、轻松的界面一般能让用户心情愉悦。这项重要的指标一方面难以量化，另一方面还因个人喜好的不同而存在着区别，所以目前还没有考虑此因素的评价指标。

（4）互动性。增强用户与系统之间的交互，可以更加深入细致地挖掘和了解用户的兴趣，一般来说，推荐算法的设计都会有一个自由参量，算法在不同的数据集上运行，最优的参数值也不尽相同。也就是说，对于某个数据集或者某个用户的最优参数值，对于其他的用户也许不是最优的。然而，系统针对每个用户学习最优参数是几乎不可能的。一种更可行的方式就是加强用户与系统的互动，让用户通过自身的体验寻找适合自己的参数。推荐系统应该在交互性上设置评价指标，动态地调整推荐系统，以便推荐系统能够根据不同的时间不同的人真正做到个性化的推荐。

5.4.1　推荐的准确度

推荐的准确度是评价推荐算法最基本的指标。它衡量的是推荐算法在多大程度上能够准确预测用户对推荐商品的喜欢程度。目前大部分的关于推荐系统评价指标的研究都是针对推荐准确度的。准确度指标有很多种，有些衡量的是用户对商品的预测评分与真实评分的接近度，有些衡量的是用户对商品预测评分与真实评分的相关性，有些考虑的是具体的评分，有些仅仅考虑推荐的排名。

一个推荐系统的主要目标就是识别用户的兴趣，进而向不同的用户推荐其喜爱的产品。也就是说推荐系统需要帮助用户按照用户的喜好生成一个推荐列表，此处用平均排序打分来度量算法的准确度。对于任意一个随机的目标用户 u_i ，如果用户–产品对 u_i-o_j 在测试集中（相应地，在训练集中用户 u_i 没有选择产品 o_j ），度量产品 o_j 在列表中的位置。例如，如果训练集中用户未选择的产品有 10 个，测试集中用户喜欢的某个产品在推荐列表中排名第 2，那么这个产品的排序分就是 $r_i = 2/10 = 0.2$ 。因此平均所有的排序打分，可以很好地度量算法的效果。

$$\langle r\rangle = \frac{1}{n}\sum_{i=1}^{n}\left(\frac{\sum_{(u_i,o_j)\in E^p} r_{ij}}{C-k_{u_i}}\right) \tag{5-2}$$

其中，E^p 为测试集中存在的边；C 为测试集中产品的个数；n 为用户数目；k_{u_i} 表示用户 u_i 选择的产品数目。因为测试集中的用户-产品对是用户实际连接的，所以，一个好的算法应该能够将这些产品放在更高的位置，得到更小的平均排序打分 $\langle r\rangle$。

5.4.2　被推荐产品的流行性

实际应用中，已经发现即使是准确率比较高的推荐系统也不能保证用户对其推荐结果满意。一个好的推荐系统应该向用户推荐准确率高并且又有用的商品。例如，系统给用户推荐了非常流行的商品，虽然可能使得推荐准确度非常高，但是对于这些信息或者商品用户很可能早已从其他渠道得到，因此用户不会认为这样的推荐是有价值的。为了弥补基于预测准确度的评价指标的不足，最近相关学者提出了衡量推荐多样性和新颖性的指标。Liu 等[34]认为，在产品-用户二部分网络中，一个用户的 C_4 值可以度量其兴趣的变化模式。Ni 等[35]提出用信息熵来衡量用户群体兴趣的多样性。

一个好的推荐算法应该可以帮助用户发现新颖的和不流行的产品，因为用户自身很难发现这些产品。评价指标流行性就是用于度量算法生成的推荐列表具有的新颖性的一个量，它可以被定义为被推荐产品的平均度数。

$$\langle k\rangle = \frac{1}{n}\sum_{i}\left(\frac{1}{L}\sum_{o_\alpha\in O_i^L} k_{o_\alpha}\right) \tag{5-3}$$

其中，O_i^L 是用户 u_i 的长度为 L 的推荐列表。$\langle k\rangle$ 越小，表明推荐列表中产品越不流行和新颖，使得用户有更好的体验。

5.4.3　推荐产品的多样性

另外，利用平均 Hamming 距离（average Hamming distance）度量推荐列表的多样性。用户 i 和 j 推荐列表的平均 Hamming 距离被定义为

$$H_{ij} = 1-\langle Q_{ij}(L)\rangle / L \tag{5-4}$$

其中，L 为推荐列表的长度；$Q_{ij}(L)$ 为系统推荐给用户 i 和 j 的两个推荐列表中相同产品的个数。推荐列表的多样性定义为 H_{ij} 的平均值 $S=\langle H_{ij}\rangle$。推荐列表多样性

的最大值为 1，即所有用户的推荐列表完全不一样；最小值为 0，意味着所有用户的推荐列表完全相同。

5.4.4 分类准确度、准确率与召回率

分类准确度指标衡量的是推荐系统能够正确预测用户喜欢或者不喜欢某个商品的能力。它特别适用于那些有明确二分喜好的用户系统，即要么喜欢要么就不喜欢。对于有些非二分喜好系统，在使用分类准确度指标进行评价的时候往往需要设定评分阈值来区分用户的喜好。例如，在 5 分制系统中，通常将评分大于 3 的商品认为是用户喜欢，反之认为用户不喜欢。如 MovieLens 的电影推荐系统中，1 颗星表示再也不会看，2 颗星表示平庸之作，3 颗星表示比较好看，4 颗星表示很好看，5 颗星表示非常好看。与预测评分准确度不同的是，分类准确度指标并不是直接衡量算法预测具体评分值的能力，只要是没有影响商品分类的评分偏差都是被允许的。

一般来说，因为用户只考虑推荐列表的排名靠前的产品，一个更好的办法就是仅仅考虑推荐列表的前 L 个位置的产品。本节采用准确率来度量这种准确度。对于一个目标用户，准确率被定义为测试集中的产品出现在推荐列表中的个数与推荐列表长度 L 的比值。计算所有用户的准确率的平均值 $P(L)$：

$$P(L)=\frac{1}{n}\sum_{i}\frac{d_i(L)}{L} \tag{5-5}$$

其中，$d_i(L)$ 表示用户 u_i 在测试集中连接的同时也位于推荐列表前 L 个位置的产品个数。准确率越大表示算法的推荐效果越好。

召回率是在测试集中连接的同时也位于推荐列表前 L 个位置的产品个数与测试集中所有连接产品个数 C_i 的比值。平均所有用户的召回率，得到数据集上所有用户的平均召回率，即为

$$R(L)=\frac{1}{n}\sum_{i}\frac{d_i(L)}{C_i} \tag{5-6}$$

平均召回率越大，表示算法的推荐效果越好。

5.4.5 *F* 度量

$$F_c=\frac{2P_cR_c}{P_c+R_c} \tag{5-7}$$

其中，F 即为正确率和召回率的调和平均值，是综合这二者指标的评估指标，用于综合反映整体的指标。准确度只是衡量算法指标的一个方面，实际中根据操作

需要的不同，提出了很多其他的指标。

5.4.6　新颖性

众所周知，一个最佳的推荐系统是可以向用户推荐他们从未选择或者购买过，但是会非常喜欢的产品。因此，在这里引入一个新的衡量推荐系统的指标：新鲜性（novelty）。新鲜性的定义如下：

$$N(L)=\frac{1}{ML}\sum_{i=1}^{M}\sum_{\alpha\in O_R^i}k_\alpha \tag{5-8}$$

其中，O_R^i 代表 u_i 的推荐产品的的列表；M 是用户的数目；k_α 是产品的度。较低的流行性意味着更高的推荐新鲜性。

除了上面介绍的几种推荐算法衡量指标以外，从不同的学科有不同的衡量方式。无论提高推荐算法效率、鲁棒性或可解释性，加强用户界面的友好程度，还是加强用户与系统的互动，其最终目的都是提高用户体验感和满意度。为什么有时候人们更愿意去一些环境优雅的小书屋阅读或购买书籍，而不是选择品种更加齐全的大书城，原因就在于特色的书吧相比千篇一律的书城无论在购物环境还是服务上都能够使顾客更满意。真正的利润不是来自于商品本身，而是来自于用户的购买或点击行为。用户良好的体验感正是促成这种行为的原动力。如何设计以用户体验为中心的推荐系统将成为下一代信息过滤技术的一个核心问题，而相应的系统评价指标的设计也是任重而道远。

5.5　相　似　性

度量用户相似性方法的一个基本假设就是用户如果在过去的预测行为中有相同的观点或选择，则他们在接下来将要进行的预测行为中也会有相同的观点或选择。因此，对于目标用户，对一个产品的潜在的预测评价通常是建立在与目标用户有相似行为的用户打分基础上的。与用户之间的相似性不同的是，基于产品相似性的算法在向一个用户推荐产品时，这些产品与此用户以前选择过的产品有相似信息。应该注意到，有时候来自不同用户或者负面打分的信息会在推荐时发挥很重要甚至是正面的作用，特别是当数据集很稀疏的时候，因此有时候相关信息比相似信息更重要。下面就来具体介绍几种常用的度量相似性的方法。

5.5.1　基于打分的相似性

在很多的在线电子商务网站中，用户可以通过打分来评价他们购买的产品。

例如，在 Yahoo Music 网站上，用户对每一首歌曲赋予从 1～5 的星级评分，分别为“不会选择”（★）、“一般”（★★）、“喜欢”（★★★）、“很喜欢”（★★★★）、“爱不释手“（★★★★★）。有了这样的明确的打分信息，就可以利用 Cosine（余弦）系数来定义用户或者产品之间的相似性，Cosine 系数的定义如下：

$$s_{xy}^{\cos} = \frac{r_x r_y}{|r_x||r_y|} \tag{5-9}$$

当确定用户之间的相似性时，r_x、r_y 代表用户在 N 维空间里对产品的打分矩阵，而对于产品之间的相似性确定时，r_x、r_y 代表在 M 维空间里的打分矩阵。

打分相似性也可以通过 Pearson 相关系数来度量，则用户 u 和用户 v 之间的相似性定义为

$$s_{uv}^{PC} = \frac{\sum_{\alpha \in O_{uv}} \left(r_{u\alpha} - \overline{r_u}\right)\left(r_{v\alpha} - \overline{r_v}\right)}{\sqrt{\sum_{\alpha \in O_{uv}} \left(r_{u\alpha} - \overline{r_u}\right)^2} \sqrt{\sum_{\alpha \in O_{uv}} \left(r_{v\alpha} - \overline{r_v}\right)^2}} \tag{5-10}$$

其中，$O_{uv} = \Gamma_u \cap \Gamma_v$ 表示用户 u 和用户 v 共同选择打分的产品集。一种加权的 Pearson 相关系数方法是在以上方法的基础上提出来的，通过在相似性取值上来获取一些信任分数，也就是说，当两个用户共同评价一些产品时，那些潜在的打分比较高的相似性信息应该被认为是不可信任的。加权 Pearson 相关系数的定义如下：

$$s_{uv}^{\mathrm{WPC}} = s_{uv}^{\mathrm{PC}} \frac{|O_{uv}|}{H} \tag{5-11}$$

上述公式成立的条件是 $|O_{uv}| \leqslant H$，而如果 $|O_{uv}| > H$，则 $s_{uv}^{\mathrm{WPC}} = s_{uv}^{\mathrm{PC}}$。其中 H 是一个阈值。

同样地，产品 α 和产品 β 之间的 Pearson 相似性为

$$s_{\alpha\beta}^{\mathrm{PC}} = \frac{\sum_{u \in U_{\alpha\beta}} \left(r_{u\alpha} - \overline{r_\alpha}\right)\left(r_{u\phi} - \overline{r_\beta}\right)}{\sqrt{\sum_{u \in U_{\alpha\beta}} \left(r_{u\alpha} - \overline{r_\alpha}\right)^2} \sqrt{\sum_{u \in U_{\alpha\beta}} \left(r_{u\beta} - \overline{r_\beta}\right)^2}} \tag{5-12}$$

其中，$U_{\alpha\beta}$ 是共同选择过产品 α 和产品 β 的用户集；$\overline{r_\alpha}$ 是产品 α 的平均打分。有实验结果显示 Pearson 相关系数度量相似性的方法比 Cosine 向量系数的方法要好。

5.5.2　结构相似性

相似性有时候可以利用一些外在的变量信息来定义，如标签、内容信息。然

而，这些数据信息通常很难收集，因此一个简单而有效的方法就是确定相似性。而结构相似性是建立在数据的网络结构上。最近的研究表明结构相似性能够产生比 Pearson 关联系数更好的推荐结果，特别是当数据特别稀疏的时候。

为了计算用户或者产品之间的相似性，通常需要对用户-产品二部分图进行映射，将其转换成用户关联网络图或者产品关联网络图，将在第 6 章具体介绍。最简单的例子就是，如果两个用户至少共同选择了一个产品，则认为他们之间具有相似性，同样地，如果两个产品同时被至少一个用户所选择，则它们之间也具有相似性。

可以把结构相似性进行分类，如基于节点和基于路径的相似性、局部相似性和全局相似性，自由参数相似性和非自由参数相似性，等等。在这里具体介绍几种。

1. 基于节点的相似性

最简单的加权相似性系数称为 Common Neighbors（CN），其中两个节点之间的相似性是通过它们所拥有的共同邻居节点数目给出的。在此基础上，通过考虑两个节点的度信息，可以衍生出六种 CN 系数的变化形式，它们分别是：Salton 系数[36]、Jaccard 系数[37]、Sorensen 系数[38]、Hub Promoted 系数[39]、Hub Depressed 系数以及 Leicht-Holme-Newman 系数[40]。

（1）Common Neighbors

通常情况下，当两个用户 u_i 和 u_j 有更多共同选择的产品数，则具有更大的相似性。最简单的计算方法就是根据两个用户共同选择的产品个数来计算，即

$$w_{ij}=\left|\Gamma(u_i)\cap\Gamma(u_j)\right| \tag{5-13}$$

（2）Salton 系数

Salton 系数定义为

$$w_{ij}=\frac{\left|\Gamma(u_i)\cap\Gamma(u_j)\right|}{\sqrt{k_{u_i}k_{u_j}}} \tag{5-14}$$

其中，$k_{u_i}=\left|\Gamma(u_i)\right|$ 指的是用户 u_i 的度数。Salton 系数同样被称为 Cosine 系数。

（3）Jaccard 系数

该系数由 Jaccard 在 100 多年前提出，定义为

$$w_{ij}=\frac{\left|\Gamma(u_i)\cap\Gamma(u_j)\right|}{\left|\Gamma(u_i)\cup\Gamma(u_j)\right|} \tag{5-15}$$

（4）Sorensen 系数

Sorensen 系数主要用户用来度量生态社团的相似性，定义为

$$w_{ij}=\frac{2\left|\Gamma\left(u_i\right)\cap\Gamma\left(u_j\right)\right|}{k_{u_i}+k_{u_j}} \tag{5-16}$$

（5）Hub Promoted 系数（HPI）

该系数用来定量测量新陈代谢网络中每对反应物的拓扑相似程度，定义为

$$w_{ij}=\frac{\left|\Gamma\left(u_i\right)\cap\Gamma\left(u_j\right)\right|}{\min\left\{k_{u_i},k_{u_j}\right\}} \tag{5-17}$$

根据这个定义，大度用户的相似性会被分配更高的值，因为分母仅仅由小度数用户决定。

（6）Hub Depressed 系数（HDI）

该系数定义为

$$S_{xy}=\frac{\left|\Gamma_{x\cap\Gamma_y}\right|}{\max(k_x,k_y)} \tag{5-18}$$

（7）Leicht-Holme-Newman 系数

该系数给有很多共同选择产品的用户较大的相似性，定义为

$$w_{ij}=\frac{\left|\Gamma\left(u_i\right)\cap\Gamma\left(u_j\right)\right|}{k_{u_i}k_{u_j}} \tag{5-19}$$

其中，乘积 $k_{u_i}k_{u_j}$ 是用户 u_i 和用户 u_j 在配置模型中可能的共有邻居数量。

2. 基于路径的相似性

在这里设定如果两个节点被许多条路径连接，则它们具有相似性。假设邻接矩阵 A^n 非对角线上的元素表示一对节点之间不同的路径数目，那么基于局部路径的相似性的度量方法可以表示如下：

$$s_{xy}^{\text{LP}}=(A^2)_{xy}+\varepsilon(A^3)_{xy} \tag{5-20}$$

式（5-20）适用于路径长度为 2 或者 3 的局部路径系数计算，ε 是一个阻尼参数。如果要度量适合所有路径长度的基于路径的相似性系数，可以利用经典的 Katz 相似性：

$$s_{xy}^{\text{Katz}}=\beta A_{xy}+\beta^2(A^2)_{xy}+\beta^3(A^3)_{xy}+\cdots \tag{5-21}$$

其中，β 是用来控制路径权重的阻尼参数。式（5-21）也可以写成 $s^{\text{Katz}}=(1-\beta A)^{-1}-I$。

此外，还有一些基于物理动力学的相似性度量方法，在下面的章节中，将重点介绍两种主要的物理学现象在相似性度量中的应用。

5.6　小　　结

虽然个性化推荐系统发展迅速，很多不同领域的科研工作者纷纷从自己的角度出发提出各种各样的推荐系统，然而个性化推荐在发展中却面临着不少的挑战。

（1）数据稀疏度问题。随着技术的不断进步，待处理的推荐系统规模越来越大，用户和商品数目动辄以百千万计，但是两个用户之间选择的重叠非常少。如果以用户和商品之间已有的选择关系占所有可能存在的选择关系的比例来衡量系统的稀疏度，那么平时研究的数据非常稀疏，绝大部分基于关联分析的算法（如协同过滤）效果都不好。数据稀疏度问题本质上是无法完全克服的，但是有很多办法，可以在相当程度上缓解这个问题。例如，可以通过扩散的算法，从原来的一阶关联（两个用户有多少相似打分或者共同购买的商品）到二阶甚至更高阶的关联，甚至通过迭代寻优的方法，考虑全局信息导致的关联。这些方法共同的缺点是建立在相似性本身可以传播的假设上，并且计算量往往比较大。

（2）冷启动问题。新用户因为没有可以利用的行为信息，或者新商品被选择次数很少，难以精确地进行推荐，这就称为冷启动问题。因为个性化推荐系统是依据用户的历史交易记录来开展的，在这种情况下不存在或者存在很少的信息，导致推荐系统可以利用的信息少，推荐生成的结果准确度就会很差。因为标签既可以看做商品内容的萃取，同时反映了用户的个性化喜好。事实上，利用标签也只能提高有少量行为的用户的推荐准确性，对于纯粹的冷启动用户，是没有帮助的，因为这些人可能根本没有打过任何标签。

（3）大数据处理计算问题。尽管数据很稀疏，但随着互联网的快速发展，大部分数据都拥有百万千万的用户和商品，数据量不仅大，而且数据本身还时时动态变化，如何快速高效处理这些数据成为迫在眉睫的问题。因为Web电子商务系统的快速响应极其重要，当用户使用系统时，响应时间的长短很大程度上决定了用户的印象和用户体验，因此，推荐算法的算法时间和空间的复杂性非常重要。

（4）多样性与精确性的两难困境。一味盲目追求精确性可能会伤害推荐系统，使用户得到一些信息量为 0 的“精准推荐”，这与个性化推荐的核心理念是相悖的。另外，应用个性化推荐技术的商家，也希望推荐中有更多的品类出现，从而激发用户新的购物需求。综合具有良好准确度的基于物质扩散的协同过滤算法和具有良好的多样性的热传导推荐算法，在这个问题上做了一个很好的尝试，很好地平衡了多样性与精确性两个指标。

（5）推荐系统的脆弱性问题：有些别有用心之人故意增加或者压制某些商品被推荐的可能性，误导推荐系统生成错误的推荐结果。例如，国内知名的电影、读书推荐社区豆瓣网，经常出现当几个电影同时上映时，网络上出现大量“水军”，故意抬高或者压低某部电影的评分，起到一种变相营销的作用，使得推荐生成的结果被认为有控制之嫌，这将导致用户在将来对于推荐系统的不信任感，影响推荐系统的发展。

（6）用户行为模式的挖掘和利用。挖掘用户的行为模式可以从不同的角度提高推荐的效果或在更复杂的场景下进行推荐。例如，一般而言，新用户倾向于选择热门的商品，而老用户对于小众商品关注更多，新用户所选择的商品相似度更高，老用户所选择的商品多样性较高；此外，随着移动互联网的广泛发展，LBS业务相关的推荐也随着不断出现和得以利用，通过移动终端确定用户的位置，进而向用户推荐位置附近的服务。在推荐系统上深入地挖掘用户的时空行为模式，将使得推荐系统出现新的亮点。

（7）推荐系统效果评估。常见的评估指标可以分为四大类，分别是准确度、多样性、新颖性和覆盖率，每一类下辖很多不同的指标，如准确度指标又可以分为四类，分别是预测评分准确度、预测评分关联、分类准确度、排序准确度。以分类准确度为例，又包括准确率、召回率、准确率提高率、召回率提高率、F1指标和 AUC 值。目前推荐系统指标都是基于数据本身的指标。实际上，在真实应用时，更为重要的是商业应用上的关键表现评价和用户真实的体验的评价，而目前的研究涉及后者的较少甚至没有，需要在用户商家之间建立更加紧密的联系，为用户也为商家评价推荐系统提供不同的角度，这也就反过来促进推荐系统的发展。

（8）用户界面与用户体验。推荐结果的可解释性，对于用户体验至关重要，也就是说用户希望知道这个推荐是怎么来的，只考虑相似性的基于用户或产品的推荐（如协同过滤推荐算法）在这个问题上具有明显的优势，如 Amazon 基于商品的协同过滤的推荐在发送推荐的电子邮件时会告诉用户之所以向其推荐某书，是因为用户以前购买过某些书，可解释性将会使得用户获得更好的用户体验。

（9）多维数据的交叉利用。多维数据挖掘，是指利用用户在其他电商的浏览购买历史记录为提高在目标电商推荐的精确度，这一方法有望真正解决系统内部冷启动问题，例如，某个用户可能在微博上关注了很多企业界成功人士的微博，并且分享了很多企业经营管理等的心得和问题，那么当他第一次上另外的电子商务网购图书的时候，如果系统向他推荐经济管理类的经典和最新专著并附有折扣，一般会取得良好的推荐效果。交叠社会关系中的数据挖掘，或称多维数据挖掘，是真正有望解决推荐系统冷启动问题，如果仅从个性化商品推荐来讲，就是指利用用户在其他电商的浏览购买历史记录为提高在目标电商推荐的精确度。

（10）社会推荐。研究人员发现用户更喜欢来自朋友的推荐而不是被系统“算出来的推荐”，推荐系统充分地考虑和融入社会推荐的因素，会使得推荐出来的结果更加容易被用户接受，进而提高推荐效果。对于社会推荐的应用，当前最主要的问题就是如何能将社会信任关系引入其中，让用户知道系统推荐的结果是根据自己的真实朋友的推荐来生成的。个性化推荐系统这些问题的出现一方面说明个性化推荐系统的研究还有很长的路要走，同时间接地说明个性化推荐的研究已经进入了如火如荼的可喜局面。

推荐系统核心是推荐算法的设计。本章重点介绍了常用的几种个性化推荐算法、常用实验数据集以及度量算法的几类评价指标，并且阐述概括了目前个性化推荐系统面临的主要挑战和待解决的问题。

参 考 文 献

[1] Liljeros F，Edling C R，Amaral L A N，et al. The web of human sexual contacts[J]. Nature，2001，411（6840）：907-908.

[2] Jeong H，Tombor B，Albert R，et al. The large-scale organization of metabolic networks[J]. Nature，2000，407（6804）：651-654.

[3] Zhang P P，Chen K，He Y，et al. Model and empirical study on some collaboration networks[J]. Physica A：Statistical Mechanics and its Applications，2006，360（2）：599-616.

[4] Xuan Q，Du F，Wu T J. Empirical analysis of internet telephone network：From user ID to phone[J]. Chaos：An Interdisciplinary Journal of Nonlinear Science，2009，19（2）：023101.

[5] Shang M S，Lü L，Zhang Y C，et al. Empirical analysis of web-based user-object bipartite networks[J]. Europhysics Letters，2010，90（4）：48006.

[6] Goh K I，Cusick M E，Valle D，et al. The human disease network[J]. Proceedings of the National Academy of Sciences，2007，104（21）：8685-8690.

[7] Lambiotte R，Ausloos M. Uncovering collective listening habits and music genres in bipartite networks[J]. Physical Review E，2005，72（6）：066107.

[8] Laherrere J，Sornette D. Stretched exponential distributions in nature and economy："fat tails" with characteristic scales[J]. The European Physical Journal B-Condensed Matter and Complex Systems，1998，2（4）：525-539.

[9] Zhou T，Wang B H，Jin Y D，et al. Modelling collaboration networks based on nonlinear preferential attachment[J]. International Journal of Modern Physics C，2007，18（2）：297-314.

[10] Yang Z，Zhang Z K，Zhou T. Anchoring bias in online voting[J]. Europhysics Letters，2012，100（6）：68002.

[11] Gonçalves B，Ramasco J J. Human dynamics revealed through Web analytics[J]. Physical Review E，2008，78（2）：026123.

[12] 周涛. 个性化推荐的十大挑战[J]. 中国计算机学会通讯，2012，8（7）：48-56.

[13] 刘建国，周涛，郭强，等. 个性化推荐系统评价方法综述[J]. 复杂系统与复杂性科学，2009，6（3）：1-10.

[14] Lü L Y，Medo M，Yeung C H，et al. Recommender systems[J]. Physics Reports，2012，519（1）：1-49.

[15] Ungar L H，Foster D P. Clustering methods for collaborative filtering[C]. AAAI Workshop on Recommendation Systems，Madison，1998.

[16] Balabanović M，Shoham Y. Fab：Content-based，collaborative recommendation[J]. Communications of the ACM，

1997，40（3）：66-72.

[17] Basu C，Hirsh H，Cohen W. Recommendation as classification：Using social and content-based information in recommendation[C]. Fifteen National Conference on Artificial Intelligence and Tenth Imovative Applications of Artificial Intelligence Conference，Madison，1998：714-720.

[18] Claypool M，Gokhale A，Miranda T，et al. Combining content-based and collaborative filters in an online newspaper[C]. Proceedings of ACM SIGIR Workshop on Recommender Systems，Berkeley，1999：60.

[19] Pazzani M J. A framework for collaborative，content-based and demographic filtering[J]. Artificial Intelligence Review，1999，13（5/6）：393-408.

[20] Schein A I，Popescul A，Ungar L H，et al. Methods and metrics for cold-start recommendations[C]//Proceedings of the 25th Annual International ACM SIGIR Conference on Research and Development in Information Retrieval. Tampere：ACM，2002：253-260.

[21] Soboroff I，Nicholas C. Combining content and collaboration in text filtering[C]. Proceedings of the IJCAI，1999，99：86-91.

[22] Tran T，Cohen R. Hybrid recommender systems for electronic commerce[C]//Proceedings Knowledge-Based Electronic Markets，Papers from the AAAI Workshop. Technical Report WS-00-04. Menlo Park：AAAI Press，2000.

[23] Good N，Schafer J B，Konstan J A，et al. Combining collaborative filtering with personal agents for better recommendations[C]. AAAI/IAAI，Orlando，1999：439-446.

[24] Melville P，Mooney R J，Nagarajan R. Content-boosted collaborative filtering for improved recommendations[C]. AAAI/IAAI，Orlando，2002：187-192.

[25] Yoshii K，Goto M，Komatani K，et al. An efficient hybrid music recommender system using an incrementally trainable probabilistic generative model[J]. IEEE Transactions on Audio，Speech，and Language Processing，2008，16（2）：435-447.

[26] Girardi R，Marinho L B. A domain model of Web recommender systems based on usage mining and collaborative filtering[J]. Requirements Engineering，2007，12（1）：23-40.

[27] Agrawal R，Imieliński T，Swami A. Mining association rules between sets of items in large databases[C]. ACM SIGMOD Record，1993，22（2）：207-216.

[28] Agrawal R，Srikant R. Fast algorithms for mining association rules[C]//Proceedings of the 20th International Conference on Very Large Pata Bases，VLDB，1994，1215：487-499.

[29] Han J，Pei J，Yin Y. Mining frequent patterns without candidate generation[C]//ACM SIGMOD Record，2000，29（2）：1-12.

[30] Wang J C，Chiu C C. Recommending trusted online auction sellers using social network analysis[J]. Expert Systems with Applications，2008，34（3）：1666-1679.

[31] Moon S，Russell G J. Predicting product purchase from inferred customer similarity：An autologistic model approach[J]. Management Science，2008，54（1）：71-82.

[32] Ren J，Zhou T，Zhang Y C. Information filtering via self-consistent refinement[J]. Europhysics Letters，2008，82（5）：58007.

[33] 朱郁筱，吕琳媛. 推荐系统评价指标综述[J]. 电子科技大学学报，2012，41（2）：163-175.

[34] Liu J，Hou L，Zhang Y L，et al. Empirical analysis of the clustering coefficient in the user-object bipartite networks[J]. International Journal of Modern Physics C，2013，24（8）：2917-2933.

[35] Ni J，Zhang Y L，Hu Z L，et al. Ceiling effect of online user interests for the movies [J]. Physica A：Statistical Mechanics and its Applications，2014，402：134-140.

[36] Salton G，Mcgill M J. Introduction to Modern Information Retrieval [M]. Aukland：McGraw-Hill，1983.

[37] Jaccard P. Bulletin de la societe vaudoise des[J]. Science Naturelles，1901，37：547.

[38] Sørensen T. A method of establishing groups of equal amplitude in plant sociology based on similarity of species and its application to analyses of the vegetation on Danish commons[J]. Bidogiske. Skrifer/kongelige Danske Videnckabemes Selskab，1948，5：1-34.

[39] Ravasz E，Somera A L，Mongru D A，et al. Hierarchical organization of modularity in metabolic networks[J]. Science，2002，297（5586）：1551-1555.

[40] Leicht E A，Holme P，Newman M E J. Vertex similarity in networks[J]. Physical Review E，2006，73（2）：026120.

第 6 章　协同过滤推荐系统的算法研究

协同过滤推荐系统是第一代被提出并得到广泛应用的推荐系统。其核心思想可以分为两部分：首先，利用用户的历史信息计算用户之间的相似性；然后，利用与目标用户相似性较高的邻居对其他产品的评价来预测目标用户对特定产品的喜好程度。系统根据这一喜好程度来对目标用户推荐产品。协同过滤推荐系统最大的优点是对推荐对象没有特殊的要求，能处理音乐、电影等难以进行文本结构化表示的对象。

协同过滤推荐系统是目前应用最为广泛的个性化推荐系统，其中 Grundy 被认为是第一个投入应用的协同过滤推荐系统[1]。Grundy 系统可以建立用户兴趣模型，利用模型向每个用户推荐相关的书籍。Tapestry 邮件[2]处理系统人工确定用户之间的相似度，随着用户数量的增加，其工作量将大大增加，而且准确度也会大打折扣。GroupLens[3]建立用户信息群，群内的用户可以发布自己的信息，依据社会信息过滤系统计算用户之间的相似性，进而向群内的其他用户进行协同推荐。Ringo[4]利用相同的社会信息过滤方法向用户进行音乐推荐。其他利用协同过滤推荐算法进行推荐的系统还有 Amazon.com 的书籍推荐系统[5]、Jester 的笑话推荐系统[6]、Phoaks 的 www 信息推荐系统[7]，等等。

6.1　协同过滤推荐算法

协同过滤推荐系统采用的是协同过滤推荐算法。该算法在对一个用户推荐某产品时，基于一组兴趣相同的用户或产品来进行推荐，它根据邻居用户（与目标用户兴趣相似的用户）的偏好信息产生对目标用户的推荐列表。协同过滤推荐算法主要分为基于用户的协同过滤推荐算法和基于产品的协同过滤推荐算法。

6.1.1　基于用户的协同过滤推荐算法

基于用户的协同过滤推荐算法是根据邻居用户的偏好信息产生对目标用户的推荐。它基于这样一个假设：朋友用户的喜好（或打分）接近。协同过滤推荐系统采用统计方式搜索目标用户的相似用户，并根据相似用户对产品的打分来预测目标用户对指定产品的评分，最后选择相似度较高的前若干个相似用户的评分作为推荐结果，并反馈给用户。这种算法不仅计算简单且精确度较高，被现有的协同过滤推荐系统广泛采用。基于用户的协同过滤推荐算法的核心就是通过相似性度量方法计算出最近邻居集合，并将最近邻的评分结果作为推荐预测结果返回给用户。例如，在表 6-1 所示的用户-产品评分矩阵中，行代表用户，列代表产品（电影），表中的数值代表用户对某个产品的评价值。现在需要预测用户 D 对电影《人在囧途》的评分（用户 C 对电影《十二生肖》的评分数据缺失）。

表 6-1　用户与电影的得分

用户/产品（电影）	《王的盛宴》	《温故 1942》	《十二生肖》	《人在囧途》
A	4	4	5	4
B	3	4	4	2
C	2	3		3
D	3	5	4	

由表 6-1 不难发现，B 和 D 对电影的评分非常接近，B 对《王的盛宴》《温故 1942》《十二生肖》的评分分别为 3、4、4，而 D 的评分分别为 3、5、4，他们之间的相似度最高，因此 B 是 D 的最接近的邻居，B 对《人在囧途》的评分结果对预测值的影响最大。相比之下，用户 A 和 C 不是 D 的最近邻居，因为他们与 D 对电影的评分存在很大差距，所以 A 和 C 对《人在囧途》的评分对预测值的影响相对小一些。在真实的预测中，推荐系统只对前若干个邻居进行搜索，并根据这些邻居的评分为目标用户预测指定产品的评分。由上面的例子不难知道，基于用户的协同过滤推荐算法的主要工作内容是用户相似性度量、最近邻居查询和预测评分。

目前主要有三种度量用户间相似性的方法，分别是余弦相似性、相关相似性以及修正的余弦相似性。不同的推荐系统采用不同的相似度计算。在这些方法中，用户之间相似度的计算是基于两个用户对已选择产品的打分。基于相关性（correlation）的相似度计算、基于余弦（cosine-based）的相似度计算及修正的余弦相似性是三个最常用的方法[8-11]。记 S_{xy} 为用户 x 与用户 y 都已打分的产品集合，$S_{xy}=\{s\in S | r_{x,s}\neq\varnothing \,\&\, r_{y,s}\neq\varnothing\}$。在基于相关性的相似度计算中，Pearson 相关系数的计算可以用来计算用户之间的相似度。

$$\mathrm{sim}(x,y)=\frac{\sum_{s\in S_{xy}}\left(r_{x,s}-\overline{r_x}\right)\left(r_{y,s}-\overline{r_y}\right)}{\sqrt{\sum_{s\in S_{xy}}\left(r_{x,s}-\overline{r_x}\right)^2\left(r_{y,s}-\overline{r_y}\right)^2}} \tag{6-1}$$

式中，$r_{x,s}$ 与 $r_{y,s}$ 分别表示用户 x 和用户 y 对产品 s 的打分；$\overline{r_x}$ 和 $\overline{r_y}$ 表示用户 x 和

用户 y 对自己所选择产品的平均打分。在基于余弦的相似度计算中，用户 x 和用户 y 被视为两个 m 维的空间向量，$m=\left|S_{xy}\right|$，两个用户之间的相似性可以用两个向量之间的夹角余弦来表示：

$$\operatorname{sim}(x,y)=\cos(x\cdot y)=\frac{x\cdot y}{\|x\|_2\times\|y\|_2}=\frac{\sum\limits_{s\in S_{xy}}r_{x,s}r_{y,s}}{\sqrt{\sum\limits_{s\in S_{xy}}{r_{x,s}}^2}\sqrt{\sum\limits_{s\in S_{xy}}{r_{y,s}}^2}} \tag{6-2}$$

其中，$x\cdot y$ 表示向量 x 与向量 y 之间的点积。文献[12]也提出了差异化的均值（mean squared difference）来度量用户之间的相似度。对推荐系统而言，通常的策略是预先计算所有的用户之间的相似度 $\operatorname{sim}(x,y)$（包括计算 S_{xy}），然后等间隔一段时间以后再次计算（这是因为推荐系统在短期内的变化不会太剧烈）。当其中的某一个用户需要推荐时，可以使用先前计算的相似度根据用户的需求进行打分。

余弦相似度未考虑到用户评分的尺度问题，例如，在评分区间为 1～5 分的情况下，对用户甲来说，评分 3 以上就是自己喜欢的，而对于用户乙，只有评分 4 以上才是自己喜欢的。通过减去用户的平均评分，修正的余弦相似性度量方法改善了以上问题。用 $R_{i,c}$ 和 $R_{j,c}$ 表示用户 i 和用户 j 共同评过分的产品的集合，I_i 和 I_j 分别表示用户 i 和用户 j 评过分的产品的集合，则用户 i 和用户 j 之间的相似性为

$$\operatorname{sim}(i,j)=\frac{\sum\limits_{c\in I_{i,j}}\left(R_{i,c}-\overline{R_i}\right)\left(R_{j,c}-\overline{R_j}\right)}{\sqrt{\sum\limits_{c\in I_i}\left(R_{i,c}-\overline{R_i}\right)^2}\sqrt{\sum\limits_{c\in I_j}\left(R_{j,c}-\overline{R_j}\right)^2}} \tag{6-3}$$

6.1.2 基于产品的协同过滤推荐算法

基于产品（item-based）的协同过滤推荐算法是根据用户对相似产品的评分数据预测目标产品的评分，它是建立在如下假设基础上的：如果大部分用户对某些产品的打分比较相近，则当前用户对这些项的打分也会比较接近。基于产品的协同过滤推荐算法主要对目标用户所评价的一组产品进行研究，并计算这些产品与目标产品之间的相似性，然后从中选择前 K 个最相似、度最大的项目输出，这是区别于基于用户的协同过滤推荐算法的。仍拿表 6-1 的用户-产品评分矩阵作为例子，继续预测用户 D 对电影《人在囧途》的评分（用户 C 对电影《十二生肖》的评分数据缺失）。

通过数据分析发现，电影《王的盛宴》的评分与《人在囧途》的评分非常相似，前三个用户对《王的盛宴》的评分分别为 4、3、2，前三个用户对《人在囧途》的评分分别为 4、3、3，这两个电影的相似度最高，因此电影《王的盛宴》

是电影《人在囧途》的最佳邻居，因此《王的盛宴》的评分对《人在囧途》的预测值的影响占据最大比例。而《温故 1942》和《十二生肖》不是《人在囧途》的好邻居，因为用户群体对它们的评分存在很大差距，所以电影《温故 1942》和《十二生肖》的评分对《人在囧途》的评分对预测值的影响相对小一些。现实中进行预测时，推荐系统只对前若干个邻居进行搜索，并根据这些邻居的评分为目标用户预测指定项目的评分。

由上面的例子不难知道，基于产品的协同过滤推荐算法的主要工作内容是查询最近邻居和产生推荐。因此，基于产品的协同过滤推荐算法可以分为最近邻查询和产生推荐两个阶段。最近邻查询阶段是要计算产品与产品之间的相似性，搜索目标产品的最近邻居；产生推荐阶段是根据用户对目标产品的最近邻居的评分信息预测目标产品的评分，最后产生前 N 个推荐信息。

基于产品的协同过滤推荐算法的关键步骤仍然是计算产品之间的相似性并选出最相似的产品，这一点与基于用户的协同过滤类似。计算两个产品 i 和 j 之间相似性的基本思想是首先将对两个产品共同评分的用户提取出来，并将每个产品获得的评分看做 n 维用户空间的向量（即 n 个用户对某一个产品的评分构成的向量），再通过相似性度量公式计算两者之间的相似性。

协同过滤推荐算法的相似性计算方法各不相同，但其处理步骤却大同小异，首先采用打分记录集合学习一个模型，然后根据模型进行打分，例如，基于概率的协同过滤方法，对未知项目的打分为

$$r_{c,s} = E(r_{(c,s)}) = \sum_{i=0}^{n} i \times \Pr(r_{c,s} = i \mid r_{c,s}, s \in S_c) \tag{6-4}$$

式（6-4）假定用户的打分值为整数，且介于 0～n，它表示根据用户 c 先前对不同的产品打分，来预测用户 c 对产品 s 打分的一个期望值。通常可以采用聚类模型或是贝叶斯网络来估计式（6-4）中的概率。在原生的贝叶斯网络模型中，具有类似想法的用户被归为一组。考虑到同一类中，各个成员的打分相互独立，分类的数目以及模型中的参数通过数据集学习而来。在贝叶斯网络模型中，一个领域中的产品代表网络中的一个节点，每一个产品的状态代表了可能的打分值。网络的概率以及条件概率都是从已有的数据中通过学习得来。由于在不同的推荐系统中一个产品可能会归于不同的领域，这样这种方法的效果就可能会变差。

尽管协同过滤推荐系统得到了广泛的应用，新用户以及新产品的添加仍是该算法中很难处理的部分，只能通过别的方法来解决这个问题。这种类型的推荐系统更适用于相对稳定的系统，相似度只计算一次便可以存储下来供后面使用，能够更快地响应用户，增强用户体验。

总结起来，在广泛应用的实际系统中，协同过滤推荐系统具有以下优点。

（1）具有推荐新信息的能力，可以发现用户潜在的但自己尚未觉察的兴趣偏

好。正因为如此，协同过滤在商业应用上也取得了不错的成绩。Amazon、CDNow、MovieFinder 都采用了协同过滤的技术来提高服务质量。

（2）能够推荐艺术品、音乐、电影等难以进行内容分析的产品。

虽然协同过滤推荐系统得到了广泛的应用，但是也面临很多问题。

（1）用户对商品的评价非常稀疏，这样基于用户的评价所得到的用户间的相似性可能不准确（即稀疏度问题）。

（2）随着用户和商品的增多，系统的性能会越来越低（即可扩展性问题）。因此有的推荐系统采用基于产品相似性的协同过滤推荐算法，在产品的数量相对稳定的系统中，这种方法是很有效的，如 Amazon 的书籍推荐系统[13]。但是对于产品数量不断增加的系统，如 Delicious 系统，这种方法是不适用的。在 Web 应用中，响应速度是影响用户体验最重要因素之一，这极大地限制了基于用户的协同过滤技术在实际系统中的使用。Amazon 更多地使用了基于产品的协同过滤技术，而且随着 Amazon 的成功，基于产品的协同过滤推荐算法也大为流行起来。

（3）如果从来没有用户对某一商品加以评价，则这个商品就不可能被推荐（即最初评价问题）。因此，现在的电子商务推荐系统都采用了综合几种推荐技术的方式来解决这个问题。

6.2　用户关联网络对协同过滤推荐算法的影响研究

6.2.1　用户关联网络简介

图 6-1 给出了用户-产品二部分图到用户关联网络的映射过程，其中节点 1、2、3 和 4 表示用户，A、B 和 C 为产品。用户 1 与用户 2 共同选择了产品 A，所以在用户关联图中用户 1 和 2 之间有一条关联关系，同样方法依次应用于每一组用户，最终得到用户关联网络。在用户关联网络中，可以根据其二阶相关性来识别两个用户选择产品中的主流产品、特殊产品和噪声产品[14, 15]。例如，对于用户 1 与 2，由路径$1\to3\to2$可以判断产品 A 为两个用户主流产品；由于产品 C 不是他们共

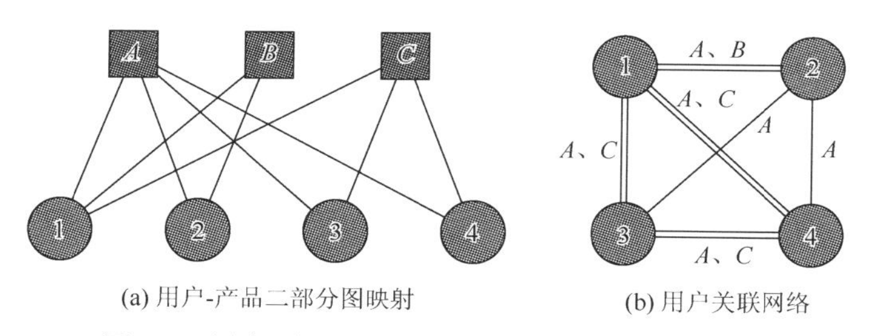

(a) 用户-产品二部分图映射　　(b) 用户关联网络

图 6-1　用户-产品二部分图到用户关联网络的映射

同选择的产品，但存在于路径中，因此 C 是它们的噪声产品；而 B 不存在于路径中，但却是 1 和 2 共同选择的产品，因此产品 B 是它们的特殊产品。由于在个性化推荐中，用户之间的特殊喜好（即特殊产品的存在）对全局相似性的贡献要比主流信息和噪声信息更大，因此应当考虑降低主流产品与噪声产品的影响，提高推荐的效果。

6.2.2　用户关联网络统计属性

1. 度分布与节点强度分布

定义用户关联网络的边的权重是 ω_{ij}，即为图 6-1 中两个用户共同连接的产品个数。通过这种方式，所有同时给一个大度数产品评价的用户将会形成一个全连通的子网络，但是事实上，包含在每一条边之中的信息是不同的。把用户-产品二部分图转化为带有权重的网络，权重 ω_{ij} 就表示共同连接的产品的个数，节点 i 的强度 s_i 定义为

$$s_i = \sum_{j \in \Gamma_i} \omega_{ij} \tag{6-5}$$

其中，Γ_i 是与用户 u_i 有共同评分产品的用户集合。度分布与节点强度分布如图 6-2 所示，其中，节点强度分布 $P(s)$ 的变化趋势趋向于指数分布，度分布 $P(k)$ 的变化随着度数 k 增加显示出增大趋势，可能的原因在于用户关联网络的大度数产品构建了很多子网络。

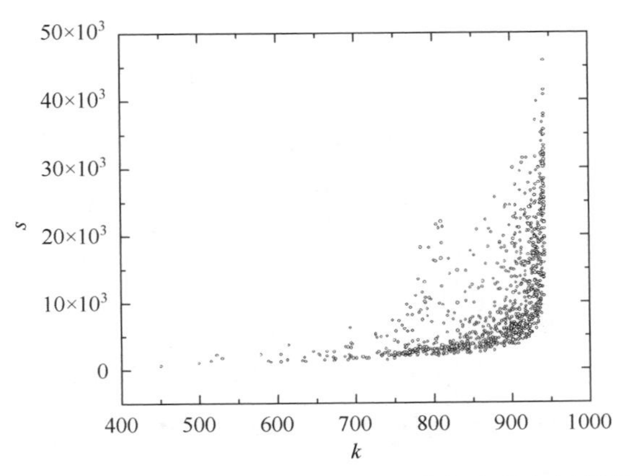

图 6-2　MovieLens 数据集上的节点强度与度数之间的关系

对指数分布的精确功能描述对于理解网络进化非常重要，为了更清楚地展示节点强度分布与度分布之间的关系，本节研究了 s_i 对 k_i 的依赖性。发现平均节点

强度 $s(k)$ 随着度数 k 的变化趋势为

$$s(k) \sim k^{\beta_{sk}} \tag{6-6}$$

从图 6-3 可以发现，随着 k 的增大，$s(k)$ 同时增大，即在通常情况下 β_{sk} 总是大于等于 1。

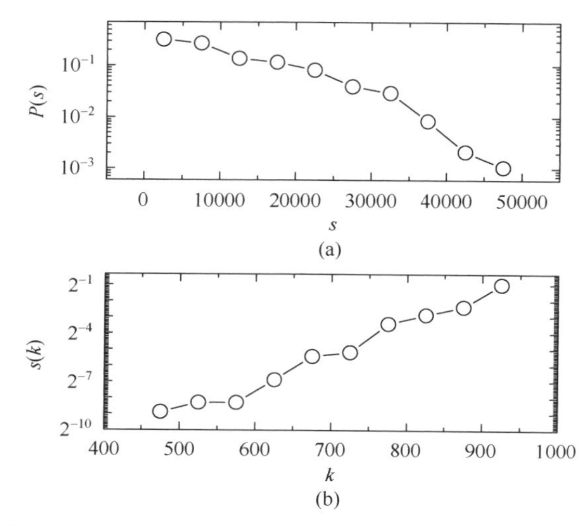

图 6-3　MovieLens 数据集节点度分布与节点强度分布

2. 平均节点距离

在交通和通信网络中，节点间最短路径是一个重要的统计量。如 2.3.3 节所示，平均节点距离定义为

$$D = \frac{1}{N(N-1)} \sum_{ij} d_{ij} \tag{6-7}$$

其中，d_{ij} 表示节点 i 到节点 j 的最短路径长度；D 表示一个网络中所有最短路径长度的平均值。在用户关联网络中，将节点平均距离进行拓展，定义从节点 i 到其他所有节点的平均距离为

$$D_i = \frac{1}{N-1} \sum_{j=0, j \neq i} d_{ij} \tag{6-8}$$

其中，d_{ij} 同样表示节点 i 到节点 j 的最短路径长度。在 MovieLens 的用户关联网络中，平均最短距离为 1.076，近似于 1，用户关联网络的节点平均距离非常小，近似于一个全连通的网络。

3. 平均集聚系数

正如前面内容所述，集聚系数 C_i 是用来度量单部分网络集团性的统计量，定

义为在一个网络中可以观察到的三角形数量与可能出现的三角形总数的比值。节点 i 的集聚系数 C_i 定义为

$$C_i = \frac{2E_i}{k_i\left(k_i - 1\right)} \tag{6-9}$$

其中，k_i 是节点 i 的度；E_i 是能够观察到的三角形数量；C_i 表示用户 i 所连接的两个邻居用户仍然是朋友的概率。平均集聚系数为 $C = \sum_{i=1}^{N} C_i / N$。在 MovieLens 中，所有的集聚系数均大于 0.92。其结果如图 6-4 所示，表明用户关联图的平均集聚系数非常大，该网络极其稠密，用户与用户之间有很强的关联性。

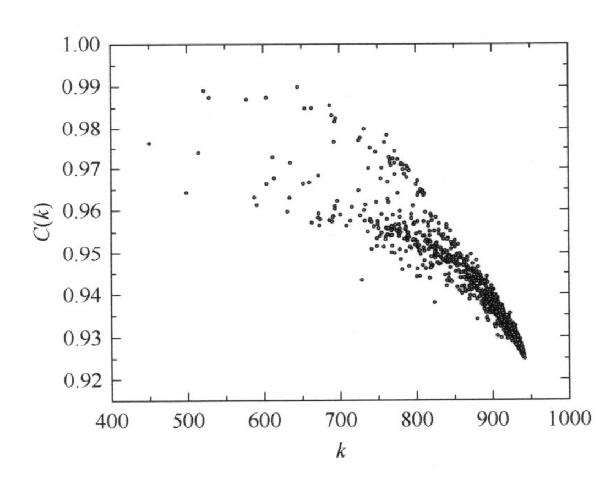

图 6-4　MovieLens 用户关联网络上的平均集聚系数与度数之间的关系

4. 异配性

在一个网络中，如果大度数节点倾向于连接大度数节点，小度数节点倾向于连接小度数节点，就认为这个网络具有同配性。但是若大度数节点倾向于连接小度数节点，则认为这个网络具有异配性[16]。异配性是衡量网络基本属性的一个统计量。这种度与度之间的关联通过变化的 Pearson 系数来定义：

$$r = \frac{M^{-1}\sum_i j_i k_i - \left[M^{-1}\sum_i \frac{1}{2}\left(j_i + k_i\right)\right]^2}{M^{-1}\sum_i \frac{1}{2}\left(j_i^2 + k_i^2\right) - \left[M^{-1}\sum_i \frac{1}{2}\left(j_i + k_i\right)\right]^2} \tag{6-10}$$

其中，j_i、k_i 表示第 i 条边的两端节点的度数，并且 $i = 1,2,3,\cdots,M$。异配性 r 的取值范围为 $-1 \leqslant r \leqslant 1$。如果 $r > 0$，网络为同配的；如果 $r < 0$，网络为异配的。在 MovieLens 数据集中，异配性取值为−0.065，这个负数的值表明在 MovieLens

中，大度数节点倾向于连接小度数节点。

6.2.3　基于用户关联网络的协同过滤推荐算法

假设一个推荐系统中有 m 产品和 n 用户，并设产品集为 $O=\{o_1,o_2,\cdots,o_m\}$ ，用户集为 $U=\{u_1,u_2,\cdots,u_n\}$ 。则推荐系统可以表示为矩阵 $A=\{a_{ij}\}\in\mathbf{R}^{m,n}$ ，如果产品 o_α 被用户 u_i 选择，则 $a_{\alpha i}=1$ ；否则 $a_{\alpha i}=0$ 。在经典的协同过滤推荐算法中，用户 u_i 和 u_j 的相似性可以根据夹角余弦或 Pearson 系数进行计算。因为用户间极强的关联性，同时受到链路预测中相似性定义的启发[11]，首先根据链路预测中计算共同邻居的方法引入用户局部相似性的计算公式：

$$s_{ij}=\left|\Gamma(u_i)\cap\Gamma(u_j)\right| \tag{6-11}$$

其中， $\Gamma(u_i)$ 表示的是用户 u_i 选择或者评分的产品。进而，本节提出基于用户关联网络的改进协同过滤推荐算法的无向全局相似性定义：

$$H_{ij}=s_{ij}+\varepsilon s_i\cdot s_j \tag{6-12}$$

其中， s_{ij} 表示两个用户的相似性，以用户 i 与 j 共同评分的产品数量来度量；向量 $s_i=(s_{i1},s_{i2},\cdots,s_{in})$ 、 $s_j=(s_{j1},s_{j2},\cdots,s_{jn})$ 分别表示用户 i 与 j 和所有用户之间的相似性。取出 $s_i\cdot s_j$ 中的第 k 项来分析主流产品与噪声产品对于全局相似性 H_{ij} 的影响。通过二阶相关性，即 $i\to k\to j$ ，识别出用户之间的主流产品和噪声产品。如果用户之间的主流产品变多，将会导致 s_{ik} 与 s_{jk} 同时增大，使得 $s_{ik}s_{jk}$ 增大；如果用户之间的噪声产品增多，将会导致 s_{ik} 或者 s_{jk} 其中之一增大，也会使 $s_{ik}s_{jk}$ 增大。因此，无论从主流产品变多还是噪声产品变多的角度来看，都会使得 $s_{ik}s_{jk}$ 增大，导致两个向量点乘积 $s_i\cdot s_j$ 增大。因此，新算法提出在相似性 s_{ij} 的基础上赋予 $s_i\cdot s_j$ 以权值 ε ，考察主流产品与噪声产品在不同权值下对全局相似性 H_{ij} 的影响，最终提高算法的推荐效果。

对于用户–产品对 (u_i,o_α) ，如果 u_i 没有选择产品 o_α ，即 $a_{\alpha i}=0$ ；否则 $a_{\alpha i}=1$ 。用户 u_i 对产品 o_α 的打分定义如下：

$$v_{i\alpha}=\frac{\sum_{l=1}^{n}H_{li}a_{\alpha 1}}{\sum_{l=1}^{n}H_{li}} \tag{6-13}$$

其中， H_{li} 是用户 u_l 和用户 u_i 的相似性。对于一个给定的用户 u_i ，根据 H_{li} 和 $v_{i\alpha}$ 的定义，计算未被选择产品的打分，按照降序进行排序，把排在上面的产品推荐给用户。

图 6-5 显示的是平均排序打分 $\langle r\rangle$ 与参数 ε 的关系，随着参数 ε 的增大，平均排序打分先迅速减小后增大，当 ε 约为–0.9 时，取得最小值 0.0822，此时推荐系统的准确性最好。改进算法的准确度较经典的基于物质扩散的协同过滤推荐算法提升了 22.5%，从 0.1060 提高到了 0.0822。本节认为局部相似性 s_{ij} 中包含了特殊产品之外的主流产品信息，当最优参数 ε 为–0.9 时，算法弱化主流喜好，同时考虑了噪声产品信息，使得最终相似性 H_{ij} 从本质上更准确地反映了用户相似性，因而获得更佳的推荐效果。

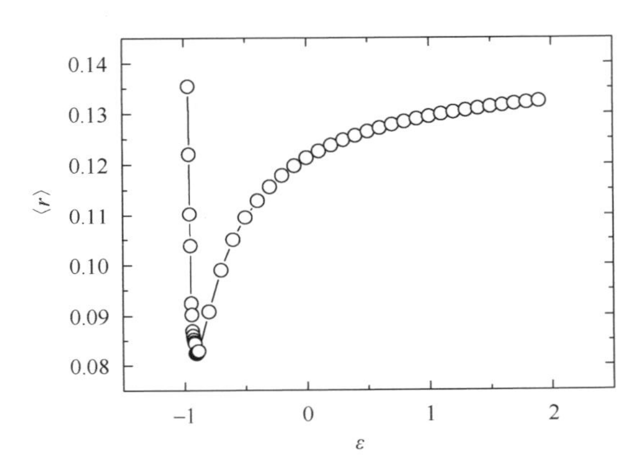

图 6-5　平均排序打分 $\langle r\rangle$ 与参数 ε 的关系

推荐算法的最终目的不仅仅是提供最为准确的推荐结果，同样需要向每个不同的用户提供更加新颖和多样的推荐结果，这也正是个性化推荐算法与搜索引擎的最大区别与优势。被推荐产品的平均度数 $\langle k\rangle$ 和多样性 S 分别被用来度量推荐算法生成的推荐结果的流行性与多样性。被推荐产品的平均度数 $\langle k\rangle$ 和多样性 S 与参数 ε 关系如图 6-6 所示，$\langle k\rangle$ 与参数 ε 正相关，多样性 S 与参数 ε 负相关。当推荐列表长度为 $L=50$ 时，被推荐产品的平均度数约为 191，较基于物质扩散的协同过滤推荐算法降低了 18.0%，使算法更多地推荐不流行的产品；推荐产品的平均 Hamming 距离约为 0.779，较经典协同过滤推荐算法提高了 26.3%，使推荐的产品更加多样化。本章提出的算法能够为用户提供更多的不流行产品供选择和更加多样化的推荐结果。

人们在实际运用中往往只关注位于推荐列表顶端的推荐结果。从图 6-7 中可以发现，新算法在推荐列表 $L=10$ 时，对应最优参数值的准确率与召回率，同时取得最优值，使得顶端所推荐的效果达到最优。

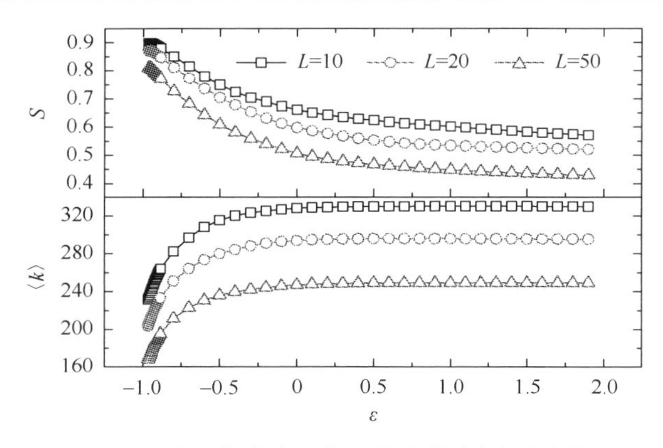

图 6-6　当 L=10，20 和 50 时，推荐产品的平均度数 $\langle k\rangle$ 与多样性 S 与参数 ε 的关系

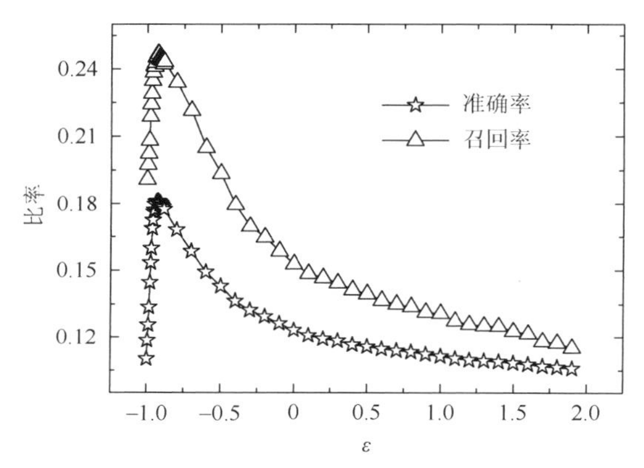

图 6-7　当 L=10 时，准确率、召回率与参数 ε 的关系

6.3　考虑负相关性信息的协同过滤推荐算法研究

基于 Pearson 相关系数的最近邻协同过滤推荐算法在选取邻居时，往往忽视了 Pearson 相关系数的两面性，只考虑 Pearson 相关系数的正相关性，没有考虑负相关性。下面用一个实例来更好地说明该问题。

图 6-8 表示用户 a、b、c 对产品 d、e、f、g 的评分。采用 Pearson 相似度计算图中用户 a、b 和 c 之间的两两相似度，其中用户 a 和其他用户间的相似度分别为：sim(a,b)=0.8，sim(a, c)=−0.9。由前面介绍可知，Pearson 相关系数的取值范围为 $r\in[-1,1]$，若 $r>0$，则表明用户在共同评分的产品上的评分是正相关的，如图中 sim(a,b)=0.8，表明用户 a 和 b 在共同评分产品上的评分正相关，即一方给某个产品高分（或低分）时，另一方也倾向于给高分（或低分），因此可以利用用户 b 对产品 f 的评分来预测用户 a 对产品 f 的评分。同理，$r<0$ 表示用户在共同评分

的产品上的评分是负相关的，如图中 sim(a,c)=–0.94，表明用户 a 和用户 c 在共同评分产品上的评分负相关，即一方对某个产品给高分（低分）时，另一方倾向于给低分（高分），因此可以利用用户 c 对产品 f 的评分来预测用户 a 对产品 f 的评分。

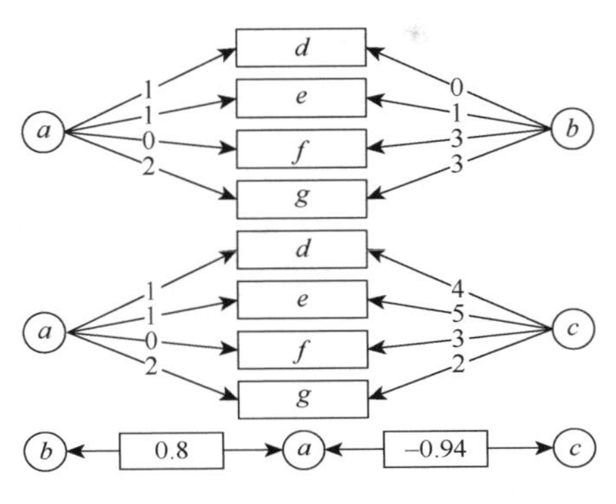

图 6-8　用户评分示意图

由上述分析可知，基于 Pearson 相关系数的最近邻协同过滤推荐算法未充分利用负相关性信息，因此这里对传统协同过滤推荐算法（standard collaborative filtering，SCF）在邻居选择和评分预测两个步骤上进行改进，综合考虑 Pearson 相关系数的正负两面性，将负相关用户集成到协同过滤推荐算法当中，提出了考虑负相关性信息的协同过滤推荐算法。

6.3.1　算法介绍

1. 邻居选择

最远邻居（furthest neighbor，FN）：与当前用户的 Pearson 相似度为负值的用户集合，即负相关用户集合。

$$\mathrm{FN}(u_i)=\{u \mid \mathrm{sim}(u_i,u_j)<0\},\quad i\neq j \tag{6-14}$$

其中，$\mathrm{FN}(u_i)$ 为 u_i 的最远邻居集合；$\mathrm{sim}(u_i,u_j)$ 为用户 u_i 和 u_j 的 Pearson 相似度值。

K-最远邻居集合（K-furthest neighbor，KFN）：从最远邻居集中选择前 k 个绝对值最大的用户所组成的集合。

$$\mathrm{KFN}(u_i)=\{u_1,u_2,\cdots,u_k\},\quad u_i\notin \mathrm{KFN}(u_i) \tag{6-15}$$

其中，用户 $u_j(1\leqslant j\leqslant k)$ 按照与 u_i 的相似度的绝对值由大到小排列。

2. 评分预测

本节将最远邻居集成到协同过滤推荐算法中，故采用式（6-16）进行评分预测：

$$P_{u_i,i}=\overline{R}+(1-\alpha)\frac{\sum\limits_{v\in N_{u_i}}\mathrm{sim}(u_t,v)(R_{v,i}-\overline{R_v})}{\sum\limits_{v\in N_{u_t}}(|\mathrm{sim}(u_t,v)|)}+\alpha\frac{\sum\limits_{w\in \mathrm{FN}_{u_t}}\mathrm{sim}(u_t,w)(R_{w,i}-\overline{R_w})}{\sum\limits_{w\in \mathrm{FN}_{u_t}}(|\mathrm{sim}(u_t,w)|)} \tag{6-16}$$

其中，FN_{u_i} 为用户 u_i 的最远邻居；α 为阈值，取值范围为 $\alpha\in[0,1]$，用于调节最近邻居和最远邻居的作用。当 $\alpha=0$ 时，推荐完全按照最近邻居进行，退化成传统协同过滤推荐算法；当 $\alpha=1$ 时，推荐完全根据最远邻居进行。

6.3.2 实验结果分析

1. 数据集

这里使用 MovieLens 数据集来测试改进后的算法，该数据集是由 GroupLens 研究产品组（http: //www.grouplens.org）提供的一个著名电影评分数据集，包含 943 个用户对 1682 个电影的 10 万条打分记录，且每个用户至少对 20 部电影进行过评分，用户会对自己看过的电影按照 5 分制打分，1 分表示最不喜欢，5 分表示最喜欢。本实验从 10 万条记录中随机选取 80%作为训练集，剩下的 20%作为测试集。

2. 评价标准

使用平均绝对误差（MAE）[17]来衡量推荐算法的准确性。MAE 通过计算预测的用户评分与实际的用户评分之间的偏差来度量预测的准确性。预测的用户评分集合为 $\{p_1,p_2,\cdots,p_n\}$，相应的实际用户评分集合为 $\{q_1,q_2,\cdots,q_n\}$，则 MAE 通常定义为

$$\mathrm{MAE}=\frac{\sum\limits_{i=1}^{N}|p_i-q_i|}{N} \tag{6-17}$$

显然，MAE 越小，表明评分预测的偏差越小，因而算法准确性越好。

同时，使用平均 Hamming 距离（average Hamming distance）[17]度量推荐列表的多样性。

3. Pearson 相似度值分布

本节采用式（6-10）计算训练集中用户的两两相似度，相似度值的分布如图 6-9（a）所示。负相似度值在协同过滤推荐算法中未得到充分利用，往往被直接舍弃掉或使用其绝对值或者投影参与到推荐过程中。如果用户相似度矩阵中负

相似度值所占的比例较少，那么毫无疑问可以直接舍弃掉，然而，从图 6-9 中可以看到，用户相似度矩阵中有 35%的相似度值小于 0，超过总数的 1/3，数量还是相当可观的，因此不能随意舍弃掉这些为数并不少的负相似度值。

4. 参数 α 估计

考虑负相关性信息的协调过滤推荐算法有邻居个数 k 和用于调节最近邻居和最远邻居作用的阈值 α 这两个参数，本实验通过设置不同的 k 值和 α 值，估计到一个较优的参数值 α，然后应用到本书其他实验当中。本实验计算不同邻居的个数 k 和阈值 α 下的 MAE（式（6-17）），邻居个数 k 从 10 到 50，间隔为 10，阈值 α 从 0 到 1，间隔为 0.1，实验结果如图 6-9（b）所示。

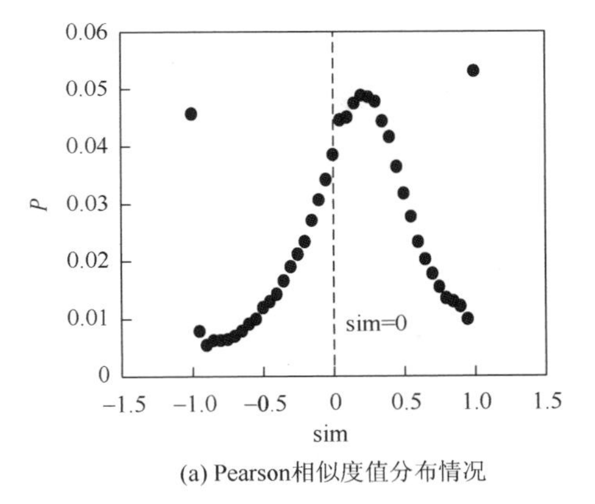

(a) Pearson相似度值分布情况

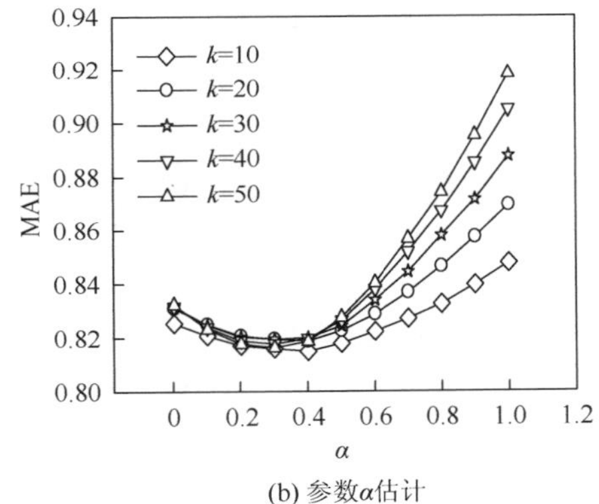

(b) 参数α估计

图 6-9　实验结果

由图 6-9 可知，在不同的邻居个数 k 下，当 $\alpha=0.3$ 时，MAE 都具有最小值，由此可知，在该数据集下，$\alpha=0.3$ 时 CBCF 算法的准确性最好，因此在后续实验中本书选择参数 α 的值为 0.3。

5. 准确性比较

为了检验本书提出的算法的准确性，在同一数据集的基础上，变换邻居个数，比较 CBCF 和基于 Pearson 相似度的传统协同过滤推荐算法，计算 MAE，邻居个数 k 从 10 到 30，间隔为 4。由图 6-10（a）可知，在各种实验条件下，与传统协同过滤推荐算法相比，本节提出的考虑负相关性信息的协同过滤推荐算法（CNCF）均具有较小的 MAE。由此可知，本节提出的考虑负相关性信息的协同过滤推荐算法能够明显提高推荐准确度，这表明负相关性可以提高算法的准确性。

6. 多样性比较

为了检验本节提出算法的多样性，将提出的算法 CBCF 和基于 Pearson 相似度的传统协同过滤推荐算法进行比较，以平均 Hamming 距离作为评价指标，邻居个数从 10 到 70，间隔为 10，推荐列表长度 $L=50$。由图 6-10（b）可知，当邻居个数 k 大于 40 时，本节提出的算法 CBCF 具有较大的平均 Hamming 距离。随着邻居个数的增加，CBCF 算法的多样性呈上升趋势，而传统协同过滤推荐算法的多样性却呈下降趋势。CBCF 的多样性提升幅度越来越大，这表明负相关性可以提高算法的多样性。

给用户推荐流行产品，可以提高准确性，但是会让用户的视野变得狭窄，给用户推荐一个冷门产品或者打分很低的产品，可以提高推荐的多样性，但是很容易引起用户的反感。准确性和多样性之间存在竞争关系，通常只能牺牲精确性来提高多样性或者牺牲多样性来提高精确性。然而本书发现，与传统协同过滤推荐算法相比，考虑负相关性信息的协同过滤推荐算法将负相关用户集成到推荐过程中，可以同时提高推荐的准确性和多样性。

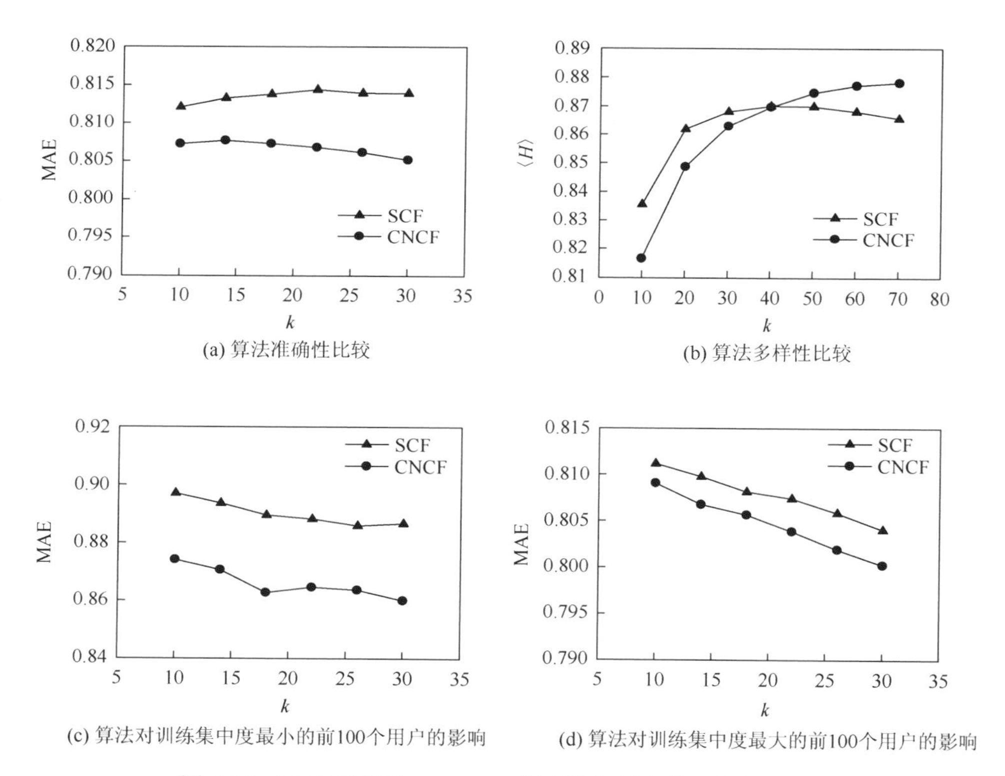

图 6-10　MAE 及平均 Hamming 距离随邻居个数 k 的变化情况

7. 负相关性信息推荐准确性的影响

为了验证负相关性对不同类型用户的影响，分别计算训练集中度最大的前 100 个用户和集中度最小的前 100 个用户的 MAE。由图 6-10（c）、（d）可知，与活跃用户相比，考虑负相关性信息的协同过滤推荐算法的准确性对不活跃用户的提升幅度更大，如当 $k=16$ 时，不活跃用户的提升比例可以达到 3.01%，而活跃用户的提升比例仅为 0.31%，这表明负相关性可以提高协同过滤推荐算法对不活跃用户的预测准确性。

6.4　集聚系数对协同过滤推荐算法的影响研究

第 3 章已经详细介绍了集聚系数的计算过程，之后介绍从产品角度引入集聚系数的概念。冷瑞等[18]在此基础上，提出了一种改进协同过滤推荐算法，即从用户的角度研究集聚系数，并借鉴 Guo 等[19]的想法，把用户集聚系数引入经典的基于物质扩散的协同过滤推荐算法。最后，在数据集 MovieLens 和 Netflix 上应用改进算法，并比较分析新算法的效果。

6.4.1　产品集聚系数对协同过滤推荐算法的影响研究

Guo 等[19]考虑了二部分网络中产品的集聚系数对于协同过滤推荐算法的影响，提出将产品的集聚系数引入物质扩散协同过滤推荐算法。首先对产品的集聚系数进行统计研究，发现在 MovieLens 数据集上的产品集聚系数满足泊松分布，即针对不同的产品，其产品集聚系数区别较大。

图 6-11 所示为数据集 MovieLens 上的产品集聚系数 C_4 的概率分布图，从整体上看，分布近似于泊松分布且近似值约为 0.04。数值结果显示，产品集聚系数 C_4 与产品的度数呈负相关关系。根据集聚系数 C_4 的概念，已经存在的四边形与所有可能存在的四边形数目的比值，对于相同的产品集聚系数 C_4，如果产品具有的度数越小，那么它对用户之间的相似性就会有更大的贡献。因此，Guo 等认为应该同时考虑产品的集聚系数 C_4 和产品的度数 k，在用户相似性中引入产品的集聚系数与产品度数的比值，重新定义用户与用户之间的相似性度量方法，新定义的用户之间的相似性为

$$s_{ij}=\frac{1}{k_{u_j}}\sum_{l=1}^{m}\frac{a_{li}a_{lj}C^{\beta}}{k_{o_l}} \tag{6-18}$$

其中，$C=C_4\left(k_l\right)/k_l$；$k_{o_l}=\sum_{i=1}^{n}a_{li}$ 表示产品 o_l 的度数；β 是一个随机的参数。

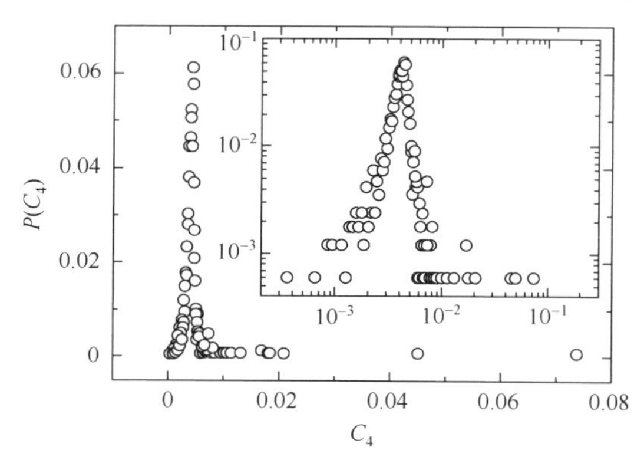

图 6-11　集聚系数 $C_4(i)$ 的概率分布图

通过在 Netflix 和 MovieLens 两个数据集上的数值模拟结果显示，在 β 取得最优参数值时，推荐的效果得到了很大的提升。其中在 MovieLens 和 Netflix 中，最优参数值分别为 $\beta = 2.9$ 与 $\beta = 1.6$。此时，该算法的平均排序打分较经典的物质扩散算法提升到了 0.1062。尤其是流行性指标，在 MovieLens 数据集上较经典基于物质扩散的算法提升了 15.3%。虽然该算法的准确度没有达到最优的结果，但是该算法从统计属性的角度提升改进了经典算法，具有很好的启发和意义。然而，Guo 等的算法中只考虑了产品的集聚系数对于用户相似性计算的影响，冷瑞等[18]则认为用户的集聚系数对于推荐效果应该有着更大的影响。

6.4.2　用户集聚系数对协同过滤推荐算法的影响研究

Guo 等[19]在基于物质扩散的算法中从产品角度把集聚系数引入相似性的计算，极大地提高了推荐效果。而协同过滤推荐算法的基本思想是根据邻居用户的兴趣，即邻居用户选择的产品，向目标用户推荐其可能感兴趣的产品，所以用户兴趣的度量才是个性化推荐的核心与重点。本节在物质扩散中引入目标用户的集聚系数并赋予权重，度量在不同权重下邻居用户兴趣的相似程度在向目标用户推荐产品的过程中所起的作用。MovieLens 数据上的统计表明用户的度数与用户的集聚系数没有明显的关系。而根据集聚系数是已经存在的四边形与所有可能的四方形数量的比值的定义可知，具有越大度数的目标用户的邻居用户越多，它的集聚系数，即其邻居用户的兴趣相同程度会随之相对减小，所以引入用户的集聚系数的同时也需考虑目标用户的度数，即引入用户集聚系数与度的比值。改进算法的用户相似性可表示为

$$s_{ij} = \frac{1}{k_{u_j}}\left(\frac{C_4(i)}{k_{u_i}}\right)^{\beta} \sum_{l=1}^{m} \frac{a_{li}a_{lj}}{k_{o_l}} \tag{6-19}$$

其中，$C_4(i)$ 表示目标用户 i 的集聚系数；$k_{o_l} = \sum_{i=1}^{n} a_{li}$ 表示产品 o_l 的度数；β 是一

个随机的参数，以控制邻居用户相似程度对于相似性的影响。

6.4.3 数值结果分析

1. 稀疏度为 90%时的结果

图 6-12（a）表示平均排序打分随着 β 的变化情况，参数 β 控制目标用户的集聚系数与度数比值对用户相似性计算的影响，随着 β 增大，平均排序打分在 $\beta=1.5$ 附近时，取得最小值 0.1028，此时推荐系统的推荐准确度最高。图 6-12（b）表示被推荐产品的平均度数 $\langle k\rangle$ 与 β 负相关，当推荐列表长度 $L=50$ 时，被推荐产品的平均度数约为 228。图 6-12（c）表示被推荐产品的平均 Hamming 距离与 β 正相关，呈现增大的趋势，当推荐列表长度 $L=50$ 时，被推荐产品的平均 Hamming 距离约为 0.649。

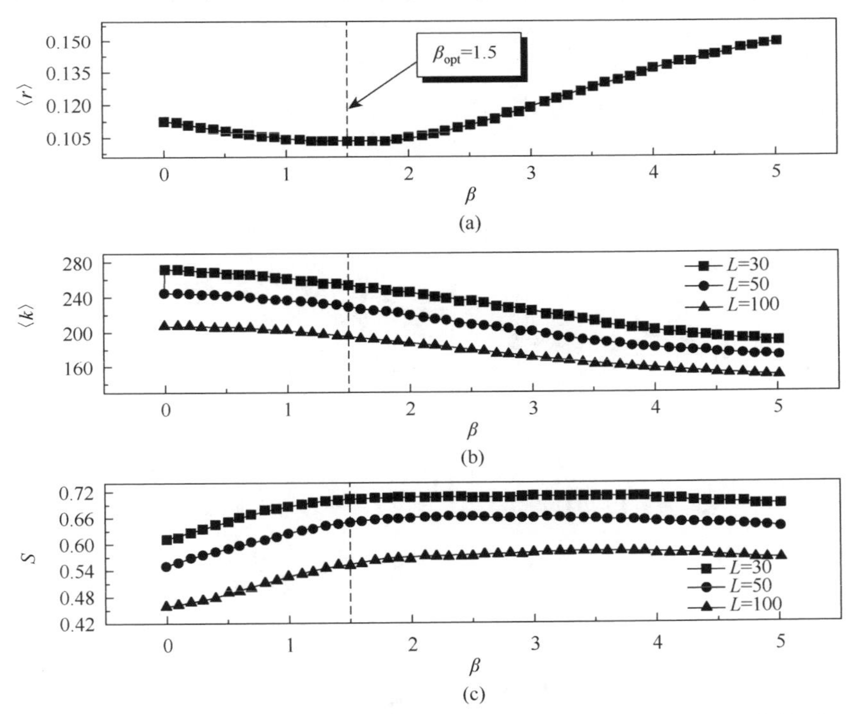

图 6-12　平均排序打分、推荐产品平均度和平均 Hamming 距离与 β 的关系

（b）、（c）内正方形、圆形、三角形分别代表推荐列表长度为 30、50 和 100 三种情况下，流行性与多样性的变化情况

表 6-2 为 MovieLens 数据集上的四类推荐算法的评价指标比较，包括在最优值处的准确度，推荐列表长度 $L=50$ 时的流行性和多样性。由表可知，MCF 的推荐效果比 GRM、CF 好很多。其中，准确度比 CF 提高了 12.0%，多样性提高 18.2%。

同时，注意到 ZhouM 算法相比其他算法有很大优势，但是由于考虑了用户之间的二次相似性使得其运算的时间复杂度非常高。而 MCF 算法只是引入了一个统计属性，且不考虑高次相似性，实用性更强。

表 6-2 四类推荐算法推荐效果比较

算法	$\langle r\rangle$	$\langle k\rangle(L=50)$	$S(L=50)$
GRM	0.1390	259	0.398
CF	0.1168	246	0.549
ZhouM	0.0830	175	0.825
MCF	0.1028	228	0.649

注：GRM 是全局排序算法；CF 是基于 Pearson 相似性的经典协同过滤算法；ZhouM 是基于物质扩散原理，同时考虑用户之间二次相似性的改进协同过滤算法（最优值 $\lambda=-0.82$）；MCF 是本书提出的引入用户集聚系数的改进算法（最优值 $\beta=1.5$）。

图 6-13 显示当推荐列表长度为 10 时，准确率和召回率分别在 $\beta=1.5$ 附近时取得最大值，分别为 0.1237、0.1948。

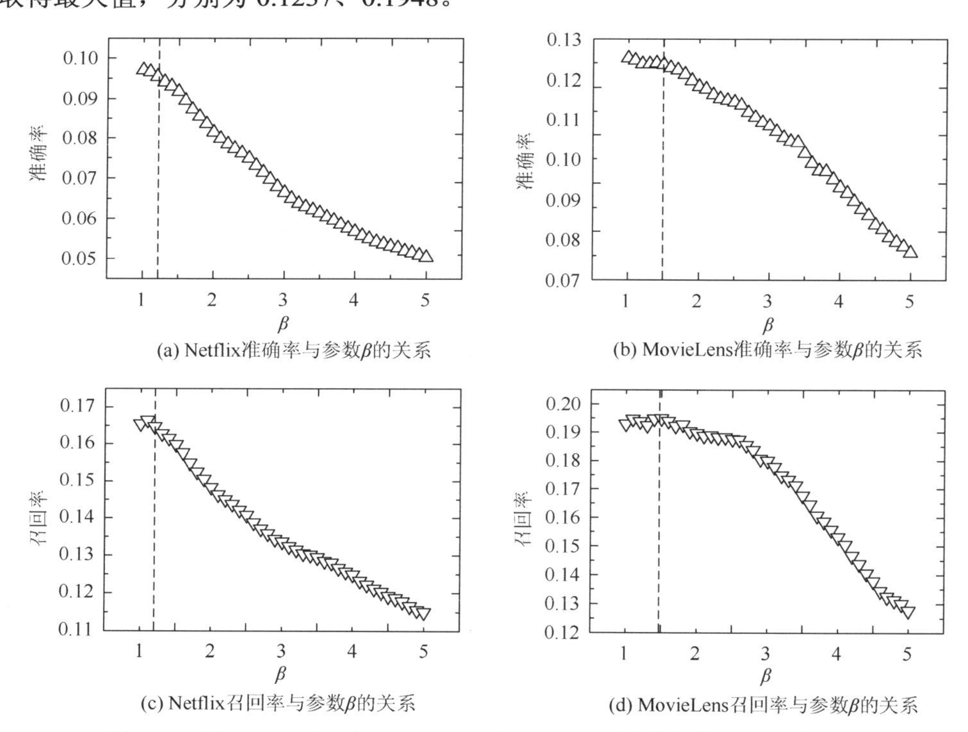

图 6-13 当 $L=10$ 时，在 MovieLens 和 Netflix 两个数据集下，准确率、召回率与参数的关系

2. 稀疏度变化时的结果

图 6-14 所示为在 MovieLens 和 Netflix 数据集，不同的稀疏度下，推荐效果的变化趋势图。对于两个数据集，定义 p 为训练集，其余的为测试集。因此，可以用 p 来控制数据的稀疏度。

图 6-14 显示了随着稀疏度的变化，在 MovieLens 和 Netflix 数据集上各个指标在最优参数情况下的变化趋势。对于 MovieLens，随着稀疏度的变化，无论准确度 $\langle r\rangle$ 还是多样性 S 都有着清晰的变化趋势。平均排序打分 $\langle r\rangle$ 和准确率 P 则随着稀疏度的增大而增大，同时召回率 R、多样性 S 和流行性 $\langle k\rangle$ 随之减小。对于 Netflix 数据集，变化的趋势与 MovieLens 相似。综上所述，最优参数值 β 对应于平均排序打分的最小值。随着稀疏度增大，即 p 的减小，算法中可以用来预测目标用户兴趣的信息越来越少，因此，推荐的效果变得较差。但是，本节同样发现随着稀疏度的增大，在两个数据集上的准确率 P 都是增加的，这说明排序推荐列表前 L 位的产品并没有受稀疏度变化的影响。最后，召回率 R 下降的趋势表明，稀疏度的增大，导致测试集数据量的增加，即在测试集中被用户连接的产品数增加。

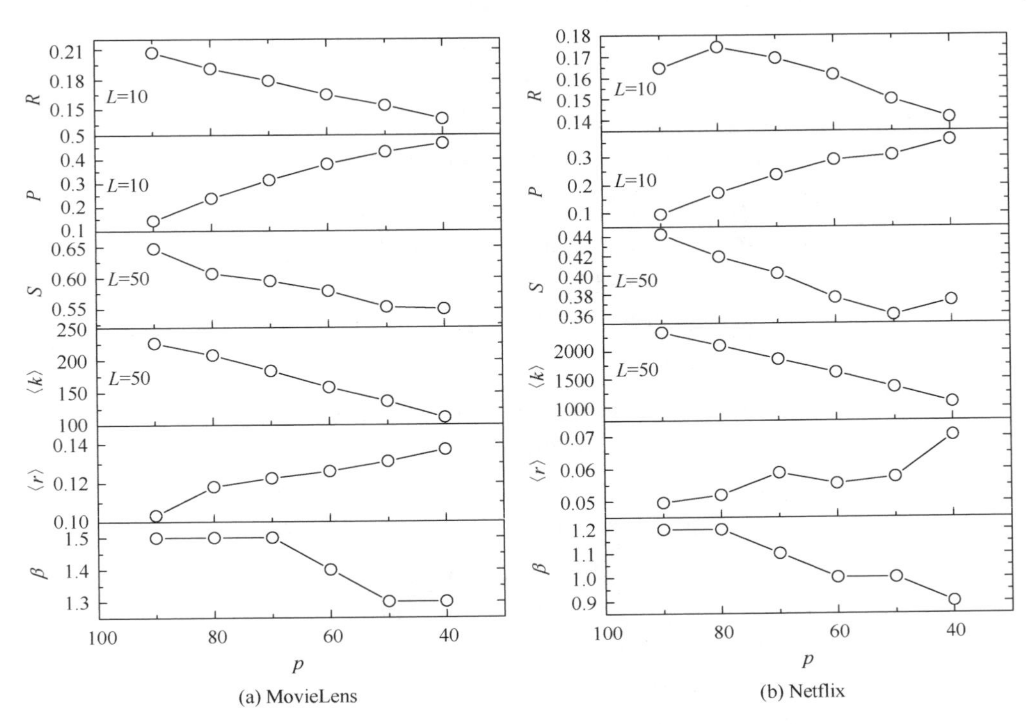

图 6-14　MovieLens 和 Netflix 各个指标随稀疏度变化的变化趋势

6.5　基于 Sigmoid 权重相似度的协同过滤推荐算法

相似度计算是协同过滤算法的基础，邻居选择和评分预测均需要准确的相似性度量。经典的协同过滤推荐算法在共同评分的项目上计算相似度，但没有考虑共同评分项目集的大小，后来改进的权重相似度虽然考虑到了这一点，但是仅降低了在较小共同评分项目集上的相似度，没有增加在较大共同评分项目集上的相似度，并且引入了需要手动调节的权重参数。因此，本节提出了基于 Sigmoid 权重相似度的协同过滤推荐算法(collaborative filtering based on sigmoid weight similarity，SWCF)。首先计算用户间的共同评分次数，然后使用经 Sigmoid 函数调整后的共同评分数加权相似度，产生更准确有效的最近邻。MovieLens 实验表明，该算法不仅能获得比传统协同过滤推荐算法更好的预测准确性和推荐覆盖率，而且能弥补权重相似度手动调节参数的不足。进一步分析发现，该算法还能提高度小用户的预测准确性。实验证明，Sigmoid 权重相似度能有效缓解数据稀疏度问题和冷启动问题。

6.5.1　基于 Sigmoid 权重相似度的协同过滤推荐算法

1. 传统相似度和权重相似度的不足

传统相似度在共同评分项目集上计算相似度，没有考虑共同评分项目集的大小，使得共同评分项目集较小但评分相似度较高的用户成为当前用户的最近邻居，而共同评分项目集较大但评分相似度较低的用户被过滤掉。现有权重相似度虽然考虑共同评分项目集的大小，可一方面引入手动参数阈值，另一方面只降低共同评分数较小但评分相似度较高的情况，未增加共同评分数较大的但评分相似度较低的情况。为了更好地说明问题，本节统计了数据集中用户共同评分数的分布及其与 Pearson 相似度间的关系。

图 6-15（a）为共同评分数的分布，横坐标 N 为共同评分数，纵坐标 P 为共同评分数占所有评分数的累积比率。从图中可以看到，只有不到 8%的共同评分数是在 50 以上，其中共同评分数不超过 10 的占到 62.4%。图 6-15（a）中的子图是具体分布，其纵坐标 P 为共同评分数占所有评分数的比率，从子图中看到 30%的共同评分数不超过 3 个。因此传统相似度由于没有考虑共同评分项目集的大小，通常在较小评分项目集上得到一些不能反映真实的用户兴趣相似关系的相似度值。

图 6-15（b）为相似度值与共同评分之间的关系，横坐标为相似度，纵坐标为共同评分。由图可知，散点图整体向右上倾斜，说明 Pearson 正相关的用户数多于负相关个数；而且，共同评分数越多，值越大，意味着用户共同评分越多，而且用户兴趣就越相似。散点图从下到上由密集到稀疏，这说明大多数相似度值是

在较少的共同评分上计算的，这一点与图 6-15（a）中的分析相吻合。特别是散点图下面的点沿着横轴向两端发散，说明在−1 和 1 附近的相似度虽然较高，但通常是由较少的共同评分计算而来的。

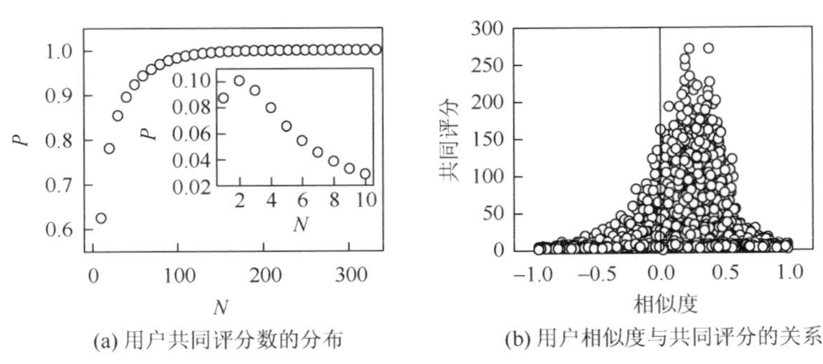

(a) 用户共同评分数的分布　(b) 用户相似度与共同评分的关系

图 6-15 用户共同评分数分布图及用户相似度与共同评分关系图

由图 6-15（b）可以很清楚地看到权重相似度没有从整体角度出发，只降低了横坐标两端由较少共同评分计算而来的相似度值，并没有考虑图中靠上方有较多共同评分且更能反映用户兴趣相似关系的相似度值，由于这些相似度值普遍较低，按照 K-近邻策略无法被选为当前用户的最近邻。因此，应增加这些更能反映用户兴趣相似关系的相似度值。本节拟从整体角度出发，考虑共同评分数，提出了 Sigmoid 权重相似度，避免了传统相似度和权重相似度的不足，特别是结合 Sigmoid 函数和共同评分数加权相似度，不仅降低了依据较少共同评分的相似度值，而且增加了较多共同评分的相似度值。

2. Sigmoid 权重相似度

Sigmoid 函数是一种常用的阈值函数，很多自然过程如学习曲线和遗忘曲线等都出现 Sigmoid 函数特征：较小初值，加速增长，加速度减少，最后趋于稳定[20]，其数学表达式如下：

$$f(x)=\frac{2}{1+\mathrm{e}^{-x}}-1 \tag{6-20}$$

Sigmoid 函数图像如图 6-16 所示。

本节利用 Sigmoid 函数的特性，对用户间的共同评分数进行修正，以此作为相似度权重，但是由于 Sigmoid 函数收敛速度快，无法有效区分共同评分数对于相似度的影响，因此本节采用对数函数经多次实验来降低 Sigmoid 函数的收敛速度。经对数调整后的 Sigmoid 函数表达式为

$$f(x)=\frac{2}{1+\mathrm{e}^{-\lg|x|}}-1 \tag{6-21}$$

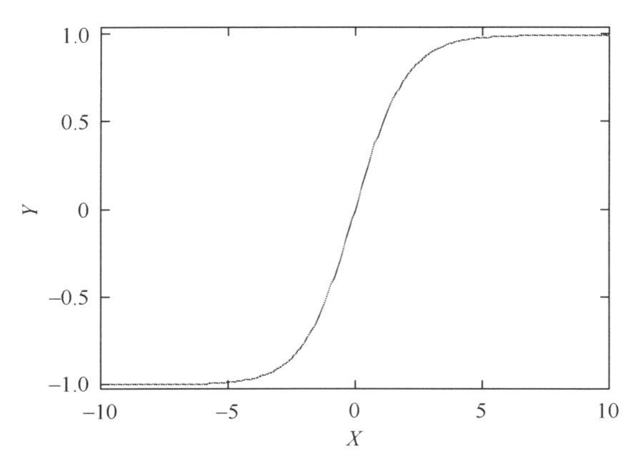

图 6-16　Sigmoid 函数图像

对数调整后的函数和原始的 Sigmoid 函数图像对比见图 6-17，从图中可以看出，经对数调整后的 Sigmoid 函数收敛速度更慢。

用户 u_i 和 u_j 的 Sigmoid 权重相似度如下：

$$\mathrm{sim}(u_i,u_j)=\left(\frac{2}{1+\mathrm{e}^{-\lg\left|I_i\cap I_j\right|}}-1\right)\times \mathrm{sim}'(u_i,u_j) \tag{6-22}$$

其中，I_i、I_j 为用户 u_i 和 u_j 的已评分项目的集合；$\mathrm{sim}'(u_i,u_j)$ 为用户 u_i 和 u_j 的 Pearson 相似度。

经过 Sigmoid 函数调整后的相似度范围为

$$\mathrm{sim}(u_i,u_j)=\begin{cases}-1, & \left|I_i\cap I_j\right|=0\\ [0,1], & \left|I_i\cap I_j\right|>0\end{cases} \tag{6-23}$$

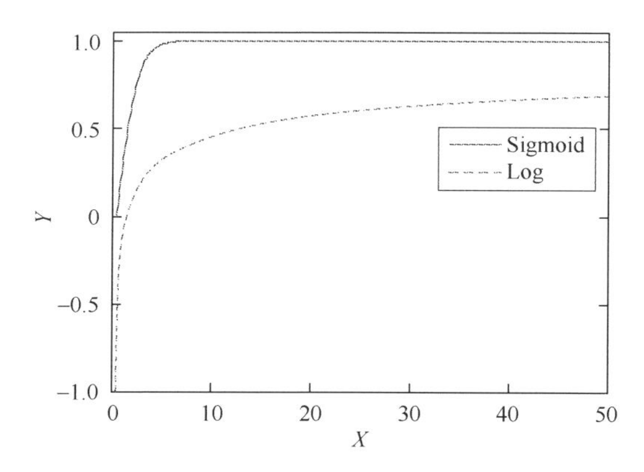

图 6-17　经对数调整后的 Sigmoid 函数

6.5.2　实验过程及结果分析

为了验证 SWCF 算法的性能，本节做了四组实验将新算法与基于 Pearson 相似度的协同过滤推荐算法(collaborative filtering based on Pearson similarity，PBCF）及基于 Min 权重相似度的协同过滤推荐算法[21]（collaborative filtering based on min weight similarity，Min）的推荐结果分别进行比较，结果见图 6-18。

1. SWCF 与 CF 性能比较及分析

为了比较新算法与传统协同过滤推荐算法的性能，把算法 SWCF 和 PBCF 进行比较，邻居个数 k 从 10 到 50，间隔为 10，计算 MAE 和覆盖率，得到图 6-18（a）和图 6-18（b）所示的 MAE 和覆盖率随邻居个数变化的曲线图。由图 6-18（a）可知，SWCF 算法的 MAE 一直低于 PBCF，随着邻居个数增加，算法提升幅度也变大，平均提升幅度达到 8.71%，这表明 Sigmoid 权重相似度能提高算法的准确性。由图 6-18（b）可知，SWCF 算法的覆盖率一直高于 PBCF，特别是当邻居集较小时，SWCF 算法的优势非常明显，这表明 Sigmoid 权重相似度能提高算法的覆盖率。

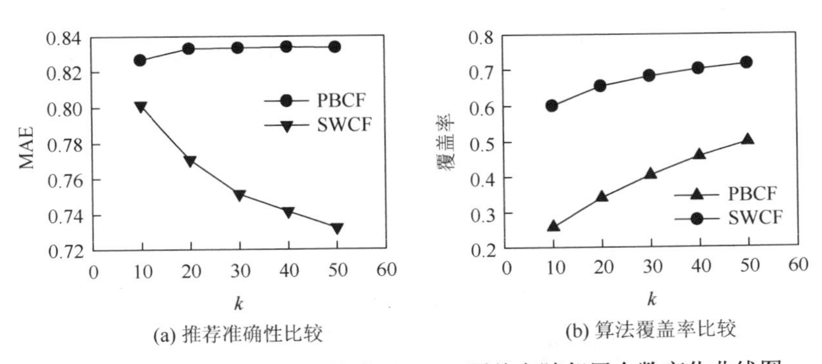

图 6-18　SWCF 和 PBC 下算法下 MAE 覆盖率随邻居个数变化曲线图

数据稀疏条件下，用户共同评分项目数较少，大大降低了传统相似度度量方法的准确性，而 Sigmoid 权重相似度由于结合了 Sigmoid 函数特征和共同评分大小，能比传统相似度方法更准确地度量用户间的兴趣相似关系，不仅提高了算法预测准确性，还提高了推荐覆盖率，因此 Sigmoid 权重相似度有助于缓解数据稀疏度问题。

2. Sigmoid 权重与 Min 权重相似度比较及分析

为了对比 Sigmoid 权重相似度与现有权重相似度的性能，把 Sigmoid 权重相似度和 Min 权重相似度进行比较，邻居个数为 45，变换阈值γ，得到 MAE 随γ变化的曲线图，如图 6-19 所示，其中横坐标为权重阈值γ，纵坐标为 MAE。从图 6-19 中可以看到，随着γ变大，MAE 逐渐下降，但一直没有超过 Sigmoid 权重相似度，可见 Sigmoid 权重相似度的预测准确性一直高于 Min，而且当γ较小时 Sigmoid 权重相似度的优势特别明显。

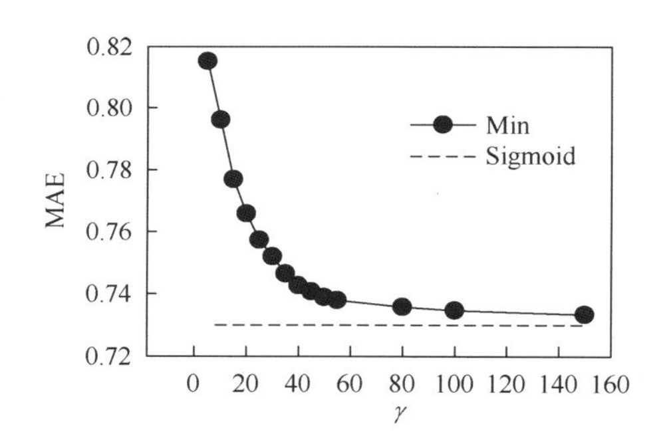

图 6-19　Min 和 Sigmoid 权重相似度比较

一方面 Sigmoid 权重相似度未引入权重阈值，不存在不稳定情况，而 Min 权重相似度受权重阈值影响，准确性不稳定；另一方面，Sigmoid 权重相似度从项目集整体出发，既降低较小共同评分上的不可信相似度，又增加较大共同评分上的相似度，弥补了 Min 权重相似度仅考虑了较小共同评分的不足。因此 Sigmoid 权重相似度能更准确地反映用户间的兴趣的相似关系，从而提高推荐准确性。

3. 用户冷启动问题

用户的度表示用户选择过的产品数[22]。为了研究 Sigmoid 权重相似度对于度小用户的影响，本节使用 SWCF 和 PBCF 分别计算训练集中度最小的 10 个用户的 MAE，邻居个数从 10 到 50，间隔为 10，实验结果如图 6-20 所示。由图可知，

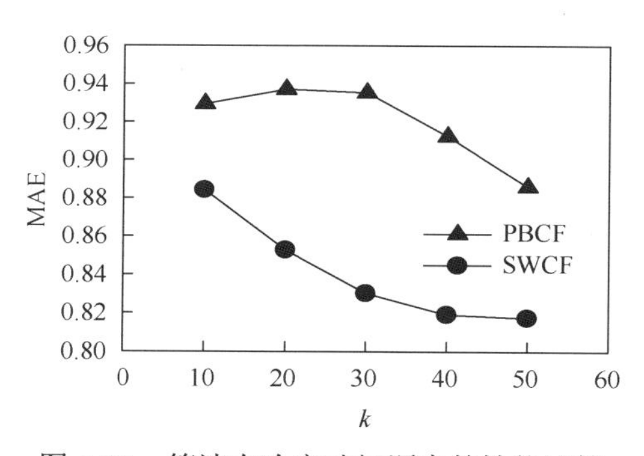

图 6-20　算法在冷启动问题中的性能比较

SWCF 算法的 MAE 一直低于 PBCF，这表明与 PBCF 相比，SWCF 能提高对不活跃用户的预测准确性。

由于新用户没有打分信息或者有很少的打分信息（即不活跃用户），协同过滤无法为其产生推荐，这就是一直困扰推荐系统领域的冷启动问题[23]。与 PBCF 相比，由于 SWCF 结合了 Sigmoid 函数和共同评分数，能大幅度提高不活跃用户的预测准确性，平均提升幅度为 8.77%，因此 Sigmoid 权重相似度有助于缓解用户冷启动问题。

本章在深入分析用户间共同评分分布及其与相似度关系的基础上，介绍了一种结合 Sigmoid 函数和共同评分的新的权重相似度计算方法。MovieLens 数据集上的实验结果表明，与传统相似度相比，Sigmoid 权重相似度能够同时提高预测准确性和推荐覆盖率，MAE 平均提高 8.71%，这表明 Sigmoid 权重相似度能有效缓解数据稀疏度问题。与 Min 权重相似度相比，Sigmoid 权重相似度既能提高预测准确性，又能克服参数阈值带来的不稳定性影响。进一步分析发现，Sigmoid 权重相似度对不活跃用户的 MAE 较传统协同过滤推荐算法平均提高 8.77%，这表明 Sigmoid 权重相似度能缓解用户冷启动问题。

参 考 文 献

[1] Rich E. User modeling via stereotypes[J]. Cognitive Science，1979，3（4）：329-354.

[2] Goldberg D，Nichols D，Oki B M，et al. Using collaborative filtering to weave an information tapestry[J]. Communications of the ACM，1992，35（12）：61-70.

[3] Konstan J A，Miller B N，Maltz D，et al. GroupLens：Applying collaborative filtering to usenet news[J]. Communications of the ACM，1997，40（3）：77-87.

[4] Shardanand U，Maes P. Social information filtering：Algorithms for automating “word of mouth” [C]// Proceedings of the SIGCHI Conference on Human Factors in Computing Systems. New York：ACM Press/ Addison-Wesley Publishing Co.，1995：210-217.

[5] Linden G，Smith B，York J. Amazon.com recommendations：Item-to-item collaborative filtering[J]. IEEE Internet Computing，2003，7（1）：76-80.

[6] Goldberg K，Roeder T，Gupta D，et al. Eigentaste：A constant time collaborative filtering algorithm[J]. Information Retrieval，2001，4（2）：133-151.

[7] Terveen L，Hill W，Amento B，et al. PHOAKS：A system for sharing recommendations[J]. Communications of the ACM，1997，40（3）：59-62.

[8] Herlocker J L，Konstan J A，Terveen L G，et al. Evaluating collaborative filtering recommender systems[J]. ACM Transactions on Information Systems，2004，22（1）：5-53.

[9] Konstan J A，Miller B N，Maltz D，et al. GroupLens：Applying collaborative filtering to usenet news[J]. Communications of the ACM，1997，40（3）：77-87.

[10] Balabanović M，Shoham Y. Fab：Content-based，collaborative recommendation[J]. Communications of the ACM，1997，40（3）：66-72.

[11] Pazzani M J. A framework for collaborative，content-based and demographic filtering[J]. Artificial Intelligence Review，1999，13（5/6）：393-408.

[12] Adomavicius G，Tuzhilin A. Toward the next generation of recommender systems：A survey of the state-of-the-art and possible extensions[J]. IEEE Transactions on Knowledge and Data Engineering，2005，17（6）：734-749.

[13] Popescul A，Pennock D M，Lawrence S. Probabilistic models for unified collaborative and content-based recommendation in sparse-data environments[C]//Proceedings of the Seventeenth Conference on Uncertainty in Artificial Intelligence. CA：Morgan Kaufmann Publishers Inc.，2001：437-444.

[14] Zhou T，Ren J，Medo M，et al. Bipartite network projection and personal recommendation[J]. Physical Review E，2007，76（4）：046115.

[15] Liu J G，Zhou T，Che H A，et al. Effects of high-order correlations on personalized recommendations for bipartite networks[J]. Physica A：Statistical Mechanics and its Applications，2010，389（4）：881-886.

[16] Newman M E J. Assortative mixing in networks[J]. Physical Review Letters，2002，89（20）：208701.

[17] 刘建国，周涛，郭强，等. 个性化推荐系统评价方法综述[J]. 复杂系统与复杂性科学，2009，6（3）：1-10.

[18] 冷瑞，郭强，石珂瑞，等. 用户集聚系数对协同过滤算法的影响研究[J]. 运筹与管理，2013，（1）：88-92.

[19] Guo Q，Liu J G. Clustering effect of user-object bipartite network on personalized recommendation[J]. International Journal of Modern Physics C，2010，21（7）：891-901.

[20] 方耀宁，郭云飞，扈红超，等. 一种基于 Sigmoid 函数的改进协同过滤推荐算法[J]. 计算机应用研究，2013，30（6）：1688-1691.

[21] McLaughlin M R，Herlocker J L. A collaborative filtering algorithm and evaluation metric that accurately model the user experience[C]//Proceedings of the 27th Annual International ACM SIGIR Conference on Research and Development in Information Retrieval. Sheffield：ACM，2004：329-336.

[22] Zhou T，Kuscsik Z，Liu J G，et al. Solving the apparent diversity-accuracy dilemma of recommender systems[J]. Proceedings of the National Academy of Sciences，2010，107（10）：4511-4515.

[23] 周涛. 个性化推荐的十大挑战[J]. 中国计算机学会通讯，2012，8（7）：48-56.

第 7 章　基于网络结构的推荐算法研究

基于网络结构的推荐算法不考虑用户和产品的内容特征，而仅仅把他们看成抽象的节点，所有算法利用的信息都藏在用户和产品的选择关系之中。Zhou 等[1, 2]和 Huang 等[3, 4]分别利用用户-产品二部分图（bipartite network）建立用户-产品关联关系，并据此提出了基于网络结构的推荐算法. 其中，Zhou 等[1, 2]提出了一种全新的基于资源分配的算法，Huang 等[3]通过在协同过滤推荐算法中引入二部分图上的扩散动力学，一定程度上解决了数据稀疏度问题，进一步地，Huang 等[4]对两个实际推荐系统的用户-产品二部分图进行了分析，发现这两个实际系统具有比随机图更大的平均距离和集聚系数。Zhang 等[5, 6]考虑用户对产品的打分信息，在更复杂的环境下实现了基于热传导[5]和物质扩散[6]的推荐算法，这些算法效果也明显优于经典的协同过滤推荐算法。

7.1　基于热传导的推荐算法

热传导（heat-conduction，HC）是普遍存在的一种物理现象，它是热传递的方式之一。热传导的工作原理可以理解为，当温度不同的两个物体相互接触时，热量将会从温度较高的物体传递到温度较低的物体上，直到两个物体的温度相同，因此热传导的方法有利于提高整个系统中低温物体的温度。值得注意的是，热传导方法在推荐过程中，目标用户所选择的产品被看做恒温的热源，源源不断为系统提供能量，因此系统总能量随着传递步骤的增加而不断增加。在信息内容极为丰富的互联网上，如何帮助用户找到他们感兴趣且不易发现的信息是最为迫切的问题，这也恰恰是个性化推荐系统最关注的问题之一。如果以准确性来评价一个推荐系统的优劣，那么其实只需将算法设计为更倾向于推荐大众热门的产品就可以了。例如，在一个电影网站上，如果一直倾向于向用户推荐《冰河世纪》之类的热门影片，用户肯定会喜欢，推荐的准确性也会很高。可是，诸如此类的推荐结果可以通过其他的方式了解到，因而从用户的角度考虑，却是没有什么信息含量的。相应地，假如可以向用户推荐一些他们喜欢，并且不为大众关注且目标用户也不知道的冷门电影，由于长尾效应，这些被推荐次数少、信息含量高的电影有时候反而可以起到意想不到的作用，从而提高用户对电子商务系统的信任度和黏着性。近年来，一些物理学家一直在尝试将热传导的方法应用到个性化推荐系统中，希望能够利用热传导中的热量传播的原理，合理提高低温物体的温度，也就是提高冷门物品的受关注度，并利用推荐算法来发现不易被用户找到的冷点信息[5, 7]。

利用用户-产品二部分图，在不考虑其他附加信息，如产品属性、用户特征的条件下，来实现基于热传导的推荐算法是常用的方法。基于热传导的推荐算法先给产品分配一个初始的资源量，设为矢量 $\overline{f}$，其中 f_β 就是产品 β 的初始资源赋值，然后又通过一个矢量 $\overline{f}^* = W^{\mathrm{H}} f$ 把资源重新返给产品，其中

$$W_{\alpha\beta}^{\mathrm{H}} = \frac{1}{k_\alpha}\sum_{j=1}^{m}\frac{a_{\alpha j}a_{\beta j}}{k_j} \tag{7-1}$$

其中，$W_{\alpha\beta}^{\mathrm{H}}$ 是一个 $o\times o$ 的行标准矩阵，代表了热传导的类似过程；m 表示用户个数，这里，若 $a_{\alpha j}=1$ 表示用户 α 和产品 j 之间有一条连边，即用户 α 选择了产品 j；若 $a_{\alpha j}=0$，即没有。在推荐系统中，对于一个给定的用户 u_i，他的初始资源矩阵设为 $\overline{f}^i$，根据这个用户对产品 β 的选择关系，设 $f_\beta^i = a_{\beta i}$，那么，根据列表元素 f_α^{*i} 的大小来对 u_i 所有未选择过的产品的推荐列表进行排序。

基于热传导理论的资源分配过程如下：首先，系统中的每一件产品都具有一定的初始资源；然后，系统中的每一个用户接收到他所选择的产品所拥有资源的一个平均量；最后，所有产品又重新收到选择了它的所有用户的一个平均资源量。

实际上，对于一个比较固定的网络，还是比较容易实现热传导方法的应用。将网络中的节点看做产品，而产品之间是否存在连边可以看做它们之间是否有直接接触。热传导中的能量只在两个有连边的节点之间传递。可以把被选择次数较多的产品看做温度较高的热点产品，而把被选择次数较少的产品看做温度较低的冷点产品。热量沿着连边从温度高的产品节点流向温度低的产品节点。可以想象，只要经过足够长的时间，系统中所有的产品节点就都会达到相同的温度，此时将最大限度发掘出所有隐蔽的“暗信息”。但是，任何推荐系统面对这些温度全部相同的产品都会束手无策，即如何选择最合适的产品给目标用户呢？在这种情况下，准确性和多样性便构成了一把双刃剑，它们会综合衡量推荐结果的性能，也就是具体考虑热量传递的步骤数和推荐效果之间的关系。现有的实验结果证明，在用户-产品二部分图上，两步传递会产生比较好的推荐效果。由于多步扩散涉及重复信息，假设没有去除重复信息的负面作用，则推荐效果会很差。因此，从简单和易于实现的角度来讲，两步扩散是目前热传导过程中采用的主要方法。

7.2　二部分图中局部信息对热传导推荐算法的影响研究

基于热传导的推荐算法可以分为两大类：基于产品的热传导推荐算法和基于

用户的热传导推荐算法。基于产品的热传导推荐算法先假设用户连接的产品有向目标用户推荐可能感兴趣的产品的能力。其热传导模型计算过程[5]如下：

（1）根据已知的用户-产品二部分图构建带有权重的产品网络矩阵 W；

（2）给每个用户定义一个初始的资源向量 f；

（3）根据公式 $f'=Wf$ 计算最终的资源分配值；

（4）向目标用户推荐那些未连接但是具有最高资源的产品。

应当指出，初始资源向量 f 是由用户的自身特征决定的。因此，对于不同的用户，其初始资源向量应该是不同的。在基于产品的热传导推荐模型中，给出一个特定的产品 o_α，如果（a 是用户产品矩阵，等于 0 表示该产品没有被用户评分）$a_{\alpha i}=0$，第 i 个元素 f^α 就记为 0。也就是说，一个产品如果没有被用户连接或者评分，则不应该为它分配推荐能力。最简单的情况就是，设置初始向量为 $f_i^\alpha=a_{\alpha i}$（即若有用户评分则该产品的初始资源为 1，若没有则初始资源为 0）。在这种情况下，所有选择产品 o_α 的用户具有相同的推荐能力。

基于用户-产品矩阵，产品的相似性网络可以用随机游走（RW）、热传导（HC）和混合算法的方式来计算。此外，还有几种其他的相似性计算方法被应用到协同过滤推荐算法的相似性度量中。这些相似性定义为共同邻居指数、Jaccard 指数、Sorensen 指数、混合指数及二阶相似性指数等。协同过滤推荐算法认为用户有较多的相似的共同选择的产品则可能拥有相似的兴趣，这与基于用户的热传导模型很相似。其中有一些相似性并不能直接应用到用户-产品二部分图中，如 Salton 指数，其在 1983 年提出，并获得了广泛的应用。但是，Salton 指数的思想可以被用于二部分图中用户节点的相似性计算中。用户相似性度量对基于用户和基于产品的热传导模型都是非常重要的。因为之前的大量工作都关注基于产品的相似性，对于基于用户的热传导模型的相似性研究较为缺乏。本章研究这些被广泛使用在二部分图中的不同的相似性度量方法，并在四个不同的数据集上比较它们的效果。

7.2.1　HC 数值模拟结果

前面已经介绍过九种度量相似性的方法，表 7-1 所示为在 MovieLens、Netflix、Delicious 和 Amazon 数据集上局部相似性定义对于基于用户的热传导模型的影响。从表中可以发现，无论准确度还是多样性，热传导模型都是所有九个算法中最好的。对于 MovieLens、Netflix、Delicious 数据集，AA 指数可以得到最小的流行性；对于 Amazon 数据集，获得最好的流行性的算法是运用 HC 指数的推荐算法。

根据推荐算法中相似性度量使用的用户度数、产品度数和共同好友数等信息，九个算法可以被分为两大类：有向相似性与无向相似性。CN、SAL、JAC、SEA、HPI 及 LHN 最初出现在其他的研究领域中，并且它们不考虑相似性的方向，仅仅依赖于用户度数、产品度数及共同的邻居数。此外，AA 指数也没有考虑到算法中相似性的方向，但是其中流行性产品的影响被 Log 函数减弱了，这意味着若两个用户同时选择一个小度数的产品，则他们之间的相似性将会大于拥有大度数共同选择的用户。事实上，获得流行产品信息的途径相对来说有很多，但是对于个人兴趣的判断却很困难。因此，流行产品对于相似性的贡献应当被适当地减弱。除了这七个相似性评估方法，RW 和 HC 不仅考虑了相似性的方向，同时减弱了流行性产品的影响。很多基于产品的 HC 的数值实验结果显示，RW 可以获得更好的准确度和较小多样性的推荐列表，原因在于过分强调大度数产品的推荐能力。与之相反，通过增大小度数产品的影响，HC 可以获得更好的多样性和稍差的准确度。表 7-1 结果显示，与基于产品的 HC 不同，基于用户的 HC 在不同的数据集上可以同时得到更好的推荐准确度和多样性。

表 7-1　四种数据集上十种算法的数据表

	MovieLens			Netflix			Delicious			Amazon		
	$\langle r\rangle$	$\langle k\rangle$	S	$\langle r\rangle$	$\langle k\rangle$	S	$\langle r\rangle$	$\langle k\rangle$	S	$\langle r\rangle$	$\langle k\rangle$	S
AA	0.1336	1964	0.5816	0.0923	3007	0.6053	0.3821	328	0.8378	0.2854	403	0.8636
CN	0.1217	1995	0.5649	0.0590	3124	0.5760	0.2373	567	0.5564	0.1356	573	0.8283
HPI	0.1209	1999	0.5667	0.0590	3147	0.5892	0.2323	576	0.5589	0.1343	576	0.8326
JAC	0.1176	1991	0.5881	0.0573	3117	0.6397	0.2206	547	0.6323	0.1318	539	0.8664
LHN	0.1173	1992	0.5864	0.0576	3102	0.6281	0.2212	522	0.6665	0.1324	528	0.8751
SEA	0.1186	1994	0.5833	0.0577	3124	0.6338	0.2207	550	0.6278	0.1319	543	0.8641
SAL	0.1193	1997	0.5764	0.0580	3140	0.6158	0.2219	568	0.5877	0.1314	555	0.8606
RW	0.1143	1975	0.6003	0.0525	3074	0.5876	0.2178	497	0.7033	0.1351	443	0.9175
HC	0.1080	1968	0.6242	0.0499	3089	0.6564	0.2029	401	0.8399	0.1313	324	0.9620
IHC	0.0999	1833	0.7306	0.0487	2658	0.8099	0.2126	237	0.9634	0.1356	140	0.9959

注：各数据集的稀疏度 90%，比较指标包括准确度 $\langle r\rangle$，推荐列表长度为 L=10 时的多样性 S 和流行性 $\langle k\rangle$。

7.2.2　改进的 HC 数值模拟结果

在四个数据集上的大量实验结果显示，HC 比所有的无向算法效果都好，RW 在准确度和多样性上可以同时达到最优。RW 和 HC 两种算法的共同点显示，降低流行产品的影响可以有效地提升推荐算法的效果。但是，目前还不知道进一步降低流行产品的影响是否可以进一步提升推荐算法的各项指标的效果。受到基于用户的 HC 的启发，本节认为在基于产品的 HC 上降低流行产品的影响可以获得更好的效果。所以，本节改写了 HC 指数来研究降低流行产品的影响程度与推荐效果之间的关联关系，改写后的 HC 指数如下：

$$w_{ij}^{t}=\frac{1}{k_{u_i}}\sum_{l=1}^{m}\frac{a_{li}a_{lj}}{k_{o_l}^{\alpha}} \tag{7-2}$$

其中，α 是一个自由参数，用来研究在四个数据集上控制流行产品的影响力降低到何种程度推荐效果最好。

图 7-1 所示为平均排序打分 $\langle r\rangle$ 与参数 α 的关系。可以发现，随着 α 的变化，在四个子图中，平均排序打分 $\langle r\rangle$ 有明显的最小值。标准数据集 MovieLens，在最优参数值为 $\alpha_{\text{opt}}=2$ 时，平均排序打分取得最小值。因此，在本章中，设定在四个数据集上的最优值都为 2。事实上，由于四个数据集的统计属性各不相同，如稀疏度，所以 α 实际上是不同的。尽管存在以上事实，研究发现在 Netflix 数据集上最优参数值与 2 很接近。但是，在 Amazon 与 Delicious 数据集上最优参数的区别

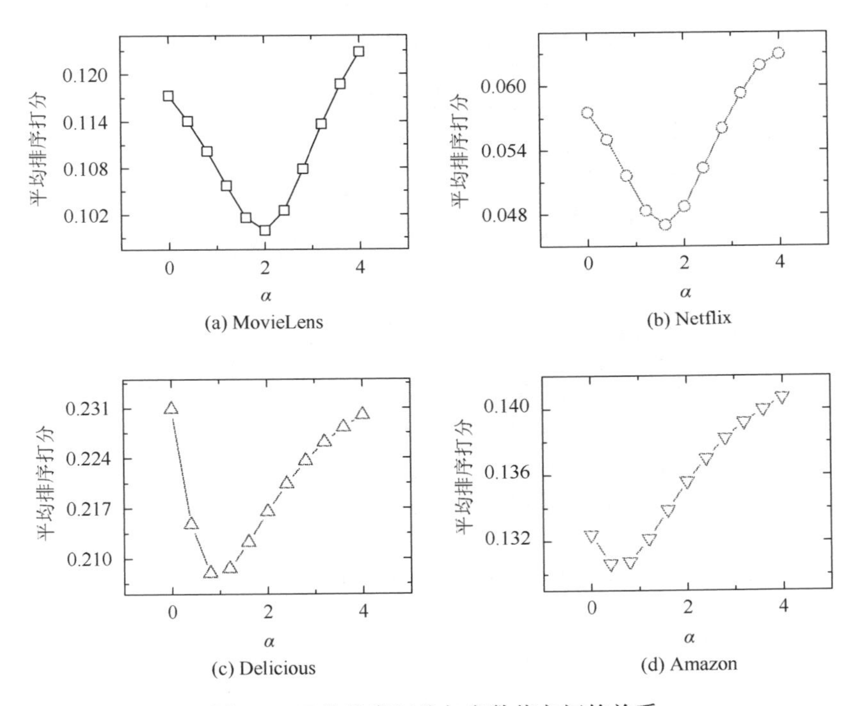

图 7-1　平均排序打分与参数值之间的关系

较大，然而，通过仔细研究会发现平均排序打分相对稳定，绝对数值变化很小。

因此，本节最终设置产品的度指数为 2。进而，提出一个改进的 HC 算法，此处命名为 IHC 算法，即

$$w_{ij}=\frac{1}{k_{u_i}}\sum_{l=1}^{m}\frac{a_{li}a_{lj}}{k_{o_l}^2} \tag{7-3}$$

数值模拟结果显示，在 MovieLens、Netflix 与 Delicious 数据集上 IHC 在多样性 S 上取得了极大的改进，降低了流行性 $\langle k\rangle$ 的同时也提高了准确度 $\langle r\rangle$。尽管在 Amazon 数据集上 IHC 算法相比 HC 算法没有获得更好的推荐效果，但各项指标几乎保持稳定不变。

图 7-2 所示为在 MovieLens、Netflix、Delicious 和 Amazon 数据集上 F 指标的值。从图中可以看出，在六个不带方向的相似性定义中，F 指标在不同数据集上很接近。同时，IHC、HC 及 RW 等具有有向相似性定义的推荐算法都比无向相似性定义的推荐算法的 F 指标大。值得强调的是，IHC 算法的 F 值比 HC 和 RW 算法的效果好很多。同时，本节注意到，AA 算法的 F 值比其他的无向推荐算法好很多，可能是平均产品度数大造成的。上述结果显示，提高小度数产品节点的推荐能力并降低大度数产品节点的推荐能力可以有效地提高推荐效果。因为四个数据集是从不同的网站上收集的，并且这四个数据集的统计属性差别也很大，因此，上述结果显示这其中隐藏着一些在线系统用户的集群行为特性，在将来的工作中将作进一步研究。

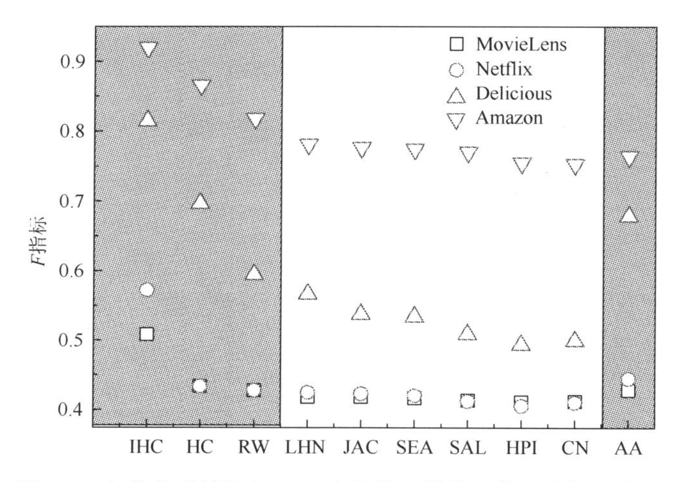

图 7-2　九种推荐算法与 IHC 在最优参数值处的 F 指标的度量

7.3　基于物质扩散过程的推荐算法

除了热传导，在物理学中还有一种称为物质扩散（mass diffusion）的方法同

样被广泛地应用到了推荐系统中[1, 2, 6, 8, 9]。从本质上来说，物质扩散相当于推荐系统中常用的 RW 方法，只不过是不同学科对不同方法采用的不同称呼而已。而基于物质扩散和基于热传导推荐算法的主要区别在于：基于物质扩散的方法在进行个性化推荐时，系统中的总能量保持不变，即系统能量守恒。

同基于热传导的推荐算法一样，在利用物质扩散方法进行推荐时，同样先给产品分配一个初始的资源量，设为矢量 $\overline{f}$，其中 f_β 就是产品 β 的初始资源赋值，然后又通过一个矢量 $\overline{f}^* = W^P f$ 把资源重新返给产品。不同的是，物质扩散方法中采用一个列标准矩阵来实现资源分配。公式为

$$W_{\alpha\beta}^P = \frac{1}{k_\beta}\sum_{l=1}^{m}\frac{a_{\alpha j}a_{\beta j}}{k_j} \tag{7-4}$$

由式（7-4）可以看出

$$\overline{f}^* = W^{\mathrm{H}} f = (W^P)^{\mathrm{H}} f \tag{7-5}$$

物质扩散的资源分配过程如图 7-3（d）～（f）所示，为了作比较，首先，系统中产品上的初始资源平均分配给选择过这些产品的用户，接着这些用户又把自身被赋予的资源返还到他所选择的产品上。

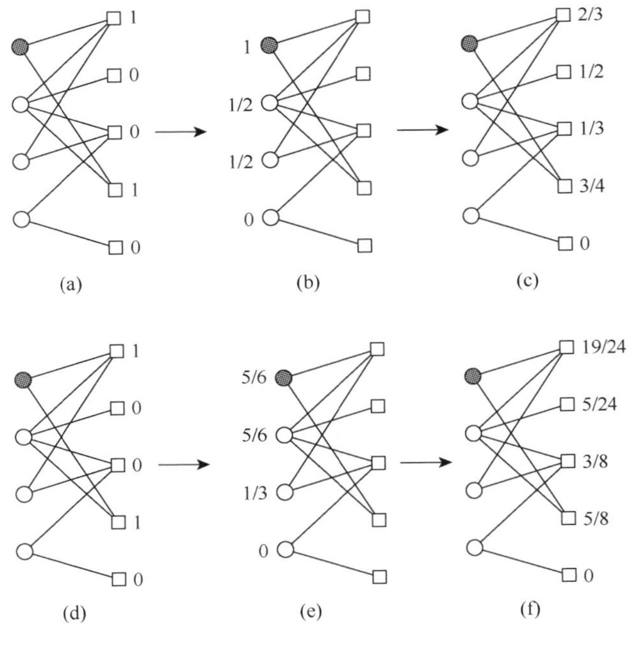

图 7-3　基于热传导和基于物质扩散的推荐算法在用户-产品二部分图上的工作过程

正方形表示产品，圆圈表示用户，目标用户是带有阴影的圆圈

对于物质扩散，由于有固定的初始能量在系统中传递，则最后系统的稳态结果是和产品节点的度成正比的，因此基于物质扩散的推荐算法倾向于推荐那些较流行的产品，此方法对于提高推荐算法的准确性有很大的帮助。而对于热传导方法，由于热源可以确保系统中有足够能量传递到冷点产品上，系统最终的稳态结果是所有节点的温度相同，因此基于热传导的方法倾向于推荐系统中非流行的冷门产品，可以提高推荐列表的多样性。

7.4　基于物质扩散过程的协同过滤推荐算法

在标准的 CF 算法中，u_i 和 u_j 之间的关系可以由前面介绍过的余弦相似性公式表示，即

$$s_{ij}^{c}=\frac{\sum_{l=1}^{m}a_{li}a_{lj}}{\sqrt{k_{u_i}k_{u_j}}} \tag{7-6}$$

其中，$k_{u_i}=\sum_{l=1}^{m}a_{li}$ 是用户 u_i 的度。基于物质扩散的原理，假定资源中一个确定的量（如推荐强度）和每个用户相关，其权重 s_{ij}（表示 u_j 的初始资源最终给 u_i 的那部分）可以表示为

$$s_{ij}=\frac{1}{k_{u_j}}\sum_{l=1}^{m}\frac{a_{li}a_{lj}}{k_{o_l}} \tag{7-7}$$

其中，$k_{o_l}=\sum_{i=1}^{n}a_{li}$ 表示产品 o_l 的度。对于用户-产品对 (u_i,o_j)，对用户 u_i 还没有选择的产品 o_j（即 $a_{ij}=0$）的预测打分 v_{ij} 可以由以下公式给出：

$$v_{ij}=\frac{\sum_{l=1}^{n}s_{li}a_{jl}}{\sum_{l=1}^{n}s_{li}} \tag{7-8}$$

根据 s_{ij} 和 v_{ij} 的定义，对于目标用户 u_i，MCF 算法如下：

（1）根据式（7-7）计算基于目标用户 u_i 的关联矩阵 $\{s_{ij}\}$；

（2）对于每一个用户 u_i，基于式（7-8）计算他没选择的产品的预测打分；

（3）以预测打分降序排列未被选择的产品，顶端产品将被推荐。

标准 CF 算法和 MCF 算法有相似的过程，它们唯一的不同是采用了用户之间相似性的不同度量方法。

Liu 等[10]采用由 1682 部电影、943 个用户和 85250 条边组成的 MovieLens 数

据集，以及由 3000 部电影、3000 个用户和 567456 条边组成的 Netflix 数据集来进行实验分析。数据集被随机地分为两部分：p 构成了训练集，剩下的 $1-p$ 构成了测试集。

当 $p=0.9$ 时，标准的 CF 算法和 MCF 算法对于 MovieLens 和 Netflix 数据集的平均排序打分分别是从 0.1168 到 0.1038，从 0.2323 到 0.2151。显然，使用简单的基于物质扩散的相似性算法，在算法准确性方面，MCF 算法的表现要比标准的 CF 算法好。相应的产品平均度和离散度也提高了。

7.4.1　基于物质扩散过程的二阶协同过滤推荐算法

这里使用线性模型调查二阶用户相似度对于 MCF 算法表现的影响，用户相似性矩阵可以表示为

$$H = S + \lambda S^2 \tag{7-9}$$

其中，H 是新定义的相似性矩阵；$S=\{s_{ij}\}$ 是一阶相关性，定义见式（7-7）；λ 是可调参数。正如以前讨论过的，本书期望在某些负的 λ 处提高算法的准确性。

7.4.2　算法的数值实验结果

当 $p=0.9$ 时，MovieLens 和 Netflix 上的实验结果表明，算法的准确性在 $\lambda=-0.82$ 和 $\lambda=-0.84$ 附近有最小值，这一点完全支持 7.4.1 节中的讨论。相对于标准情况（$\lambda=0$），最优值处的平均排序打分 $\langle r\rangle$ 能被更大地缩减到 0.0826（提高了 20.45%）和 0.1436（提高 33.25%）。对于推荐算法，这确实是一个很大的提高，由于数据稀疏度可以通过改变 p 值来调整，Liu 等[10]分别研究了两类数据集上稀疏度的影响，发现尽管数据集不同，对于 MovieLens 和 Netflix，算法的最优参数 λ_{opt} 以同一方式和离散度强烈相关。如图 7-4 所示，当离散度增加时，λ_{opt} 将减小，平均排序打分的提高幅度将增大。这些实验可以指导不同数据集选定最优参数 λ_{opt}。此外，实验结果表明，当 $p=0.9$ 时，产品的平均度和 λ 是正相关的，因此降低主流兴趣的影响可以给不太流行的产品以更多的机会。当推荐列表长度为 $L=20$ 时，在 $\lambda=-0.82$ 处最优，相对于标准的 CF 算法，产品的平均度减小了 29.3%；而且，多样性 S 和 λ 呈负相关，这表示考虑二阶相关性使得推荐列表更为离散。当 $L=20$ 时，多样性 S 从 0.592（相应于标准 CF 算法）增至 0.880（在改进算法中相应于 $\lambda=-0.82$）。很清楚，较小的 λ 导出较小的流行性和较高的多样性。因此，相对于标准 CF 算法，当前算法在推荐具有分散主题的小说产品方面具有优势。一般地，流行的产品必定在某些方面符合大众的口味，标准 CF 算法可以

重复计算这一方面，从而对产品分配更大的权重，这增加了产品的平均度，减小了产品的多样性。

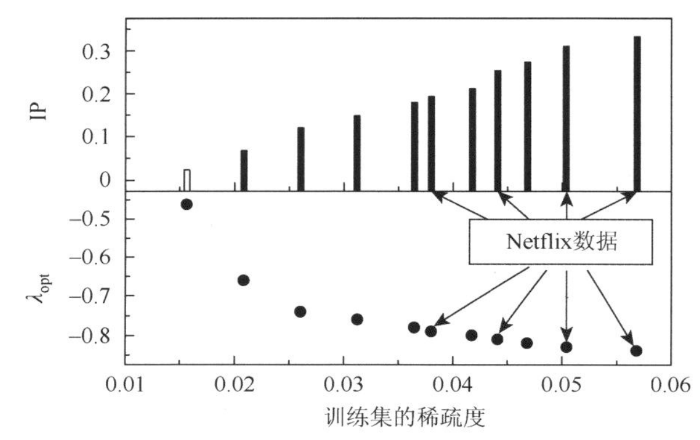

图 7-4　最优参数 λ_{opt} 和准确性的提高所对应的训练集的稀疏度

忽略用户-产品对中度度相关性，MCF 算法的复杂度为 $O\left(m\langle k_u\rangle\langle k_o\rangle+mn\langle k_o\rangle\right)$，这里，$\langle k_u\rangle$ 和 $\langle k_o\rangle$ 分别表示用户和产品的平均度。第一项用来计算用户相似性，第二项用来计算预测。当 $n\gg\langle k_u\rangle$ 时，算法复杂度可以近似为 $O\left(mn\langle k_o\rangle\right)$。显然，MCF 算法的计算复杂度要比标准的 CF 算法小得多，尤其是对于非常多的产品构成的系统。在改进的算法中，为了计算二阶相关性，扩散过程会从用户到产品流动两次，因此，改进算法的计算复杂度为 $O\left(n\langle k_u\rangle^2\langle k_o\rangle^2+mn\langle k_o\rangle\right)$。

表 7-2 列举了在 MovieLens 数据集上，不同推荐算法的性能表现。由表可以看出，无论平均排序打分，还是多样性和流行性，新算法的性能都要好于其他算法。

表 7-2　当 $p=0.9$ 时，对于 MovieLens 数据集上算法的性能表现

算法	$\langle r\rangle$	S	$\langle k\rangle$
GRM	0.1390	0.398	259
CF	0.1168	0.549	246
NBI	0.1060	0.617	233
Heter-NBI	0.1010	0.682	220
CB-CF	0.0998	0.692	218
IMCF	0.0877	0.826	175

注：其评价指标有平均排序打分 $\langle r\rangle$，以及当推荐列表长度 $L=50$ 时的多样性 S 和流行性 $\langle k\rangle$；NBI 是要在下面介绍的基于网络结构的推荐算法的缩写；Heter-NBI 是具有异质初始资源分配的 NBI 算法的缩写（最优参数 $\beta_{opt}=-0.80$）（NBI 算法中的最优参数）；CB-CF 是基于相关性的协同过滤推荐算法的缩写（$\lambda_{opt}=-0.96$）；IMCF 算法是本书提到的改进的 MCF 算法的缩写（$\lambda_{opt}=-0.82$）。

7.5　考虑用户喜好的物质扩散推荐算法

在标准的 MD 算法中，对任一用户 u_i，所有被收集的产品被赋予同样的推荐强度，其准确性也不错，在不考虑用户喜好的情况下，这种一致构型完全可以被简化。本节中，用户的喜好由他已经收集的产品的平均度来定义，接近用户喜好的产品被赋予较大的推荐强度。本节也注意到绝大部分用户的喜好是小于 100 的，而流行产品的度接近 300。若根据产品的度和用户喜好（收集产品的平均度）间的差距大小分配推荐强度，将赋予流行的产品以更大的影响力，同时削弱不流行的产品的影响。为了平衡那些比用户的喜好大或者小的产品的度，本节提出一个基于式（7-10）的较复杂的初始资源的分布。

$$f_\alpha^i = a_{\alpha i} I_{\alpha i} \tag{7-10}$$

其中

$$I_{\alpha i} = \begin{cases} (k(o_\alpha)\bar{k}(u_i))^\beta, & k(o_\alpha) \geqslant \bar{k}(u_i) \\ (k(u_i)\bar{k}(o_\alpha))^\beta, & k(o_\alpha) < \bar{k}(u_i) \end{cases} \tag{7-11}$$

$\bar{k}(u_i)$ 表示用户 u_i 使用的产品的平均度；β 是可调参数。相对于标准情况 $(\beta=0)$ 一个正的 β 会加强度大于或小于 $\bar{k}(u_i)$ 产品的影响，而负的 β 会降低度接近于 $\bar{k}(u_i)$ 的影响。

一个来自 MovieLens 标准的数据集，被用来检测改进算法。MovieLens 数据集是随机选择的大数据的子集，包含 1682 部电影（产品）和 943 个用户。用户给电影打分为 1～5 的离散值。本节应用粗粒化算法：仅当给定分值大于 2 时，这个电影被设置为被用户选择。原始数据包括 10^5 个打分，其中原始数据的 85.25%给定分值不小于 3，即经过粗粒化的用户-产品（用户-电影）二部分网络包含 8525 条边。随机地把这个数据集分成两部分：一是训练集，被处理为已知信息；另一个是测试集，这些数据信息不允许被用于预测。使用参数 p 控制数据密度，即 p 的比例被放入测试集，剩下的组成训练集。

好的推荐算法应该按照用户喜好给更喜欢的产品打高分。因此，测试集中已被收集的产品应该被设置成在推荐列表的顶端。平均排序打分被用来测量推荐列表的准确性，可以定义如下：对于目标用户 u_i，若用户-产品对 u_i-o_j 是在测试集中，度量 o_j 在排序列表中的位置。例如，若存在 $L_i=10$ 个 u_i 没有选择产品，o_j 是从头开始第二个，那么 o_j 的位置是 2/10，记为 $r_{ij}=0.2$。一个好的算法被期望给出对高分产品的推荐，到处小的 r_{ij} 值。因此，位置 $\langle r\rangle$ 的平均值能被用来评估算法准确性：平均排序值越高，算法准确性越高；反之亦然。所有被推荐的产品的平均度$\langle k\rangle$和平均 Hamming 距离用于评估流行性和离散度。平均度越小，相应于越不流行的产品，因为这些度小的产品很难由用户自己发现。离散度能够通过平均 Hamming 距离被量化，$S=\langle H_{ij}\rangle$，这里$H_{ij}=1-Q_{ij}/L$，L是推荐列表的长度，Q_{ij}是u_i和u_j的推荐列表中重叠的产品数。最大的 S=1 表示对于所有用户的推荐列表是完全不同的，而最小的 S=0 表示对于所有用户的推荐列表是完全相同的。

在 MovieLens 数据集上开发改进算法，调查准确性、流行性和离散度。相对于一般的情况($\beta=0$)，当 p=10 时，最优情况下的平均排序得分能被减少 5.6%。测试集的不同百分比的数值结果显示最优参数$\beta_{\rm opt}$随着 p 增加而下降，图 7-5 显示最优的$\beta_{\rm opt}$与相应的平均排序得分$\langle r\rangle_{\rm opt}$和训练集的稀疏度之间的关系。所有的数据点是在不同的数据集划分下十次独立运算的平均。从图 7-5 可以看到，最优的$\langle r\rangle_{\rm opt}$是和数据稀疏度负相关的，这里稀疏度被定义为$E/(mn)$，$E$ 是用户-产品二部分网络的边数，更有趣的是，最优参数$\beta_{\rm opt}$是和稀疏度正相关的。原因在于当用户没有收集足够多的产品时，他们的喜好很难被区分。因此，度接近于$\bar{k}(u_i)$的产品应该被赋予更多的推荐力量。随着用户收集的产品的数量增加，用户的喜好变得离散，很难抓住用户的兴趣和习惯。在这些环境下，流行性和离散度也被考察。图 7-6 所示为当推荐列表长度为 L=10 时，$\langle k\rangle$和 S 对应 p=10, 20, 30, 40 时的β，所有数据点是在不同数据集划分下十次独立运算的平均。从图中可以发现，尽管产品的平均度几乎不改变，在最优的$\beta_{\rm opt}$处的离散度饱和。

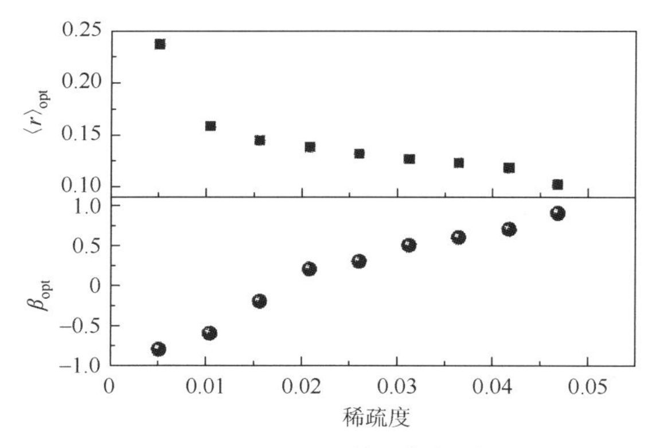

图 7-5　MovieLens 数据集的稀疏度

考察用户喜好对于 MD 推荐算法的影响，用户的喜好由他或她已经收集的产品的平均度决定。通过引入一个自由参数 β，提出规则化资源的初始构型的改进算法。数值结果显示当数据集稀疏时，很容易区分用户的喜好，那些度接近用户喜好的产品将被赋予更多的推荐权重；当数据集变得密集时，那些度远离用户喜

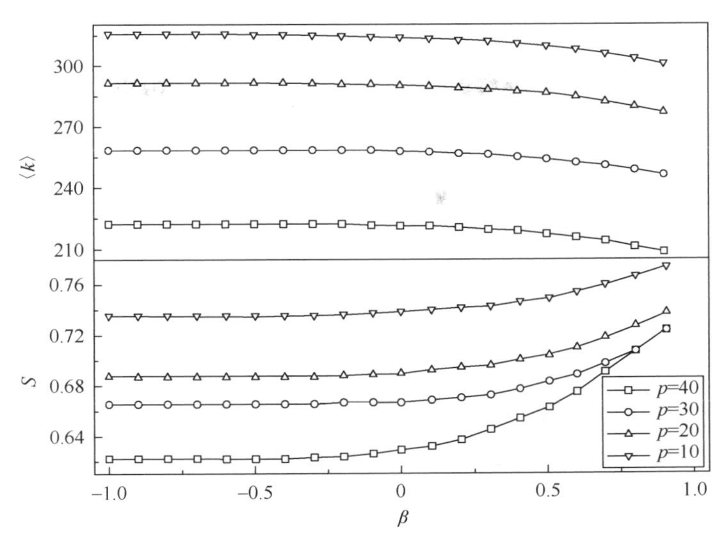

图 7-6　β 函数的离散度和平均度

好的产品将被强调。除平均排序得分外，被推荐产品的流行性和个性化也被考虑。结果显示改进的算法在精确性和个性化两方面都超越标准 MD 算法。在改进的算法中，本节仅给出一类用户喜好的定义，然而，有几种其他方式的定义，如与时间相关的行为，用户收集的产品的度的方差，等等。相信抓住用户当前的兴趣就能够大幅地改进 MD 算法。

本节不计算 W 中所有元素，而是通过直接分配每个用户的资源实施当前的算法。忽略用户–产品关系中的度度相关性，算法的计算复杂度为 $O(m\langle k_u\rangle\langle k_o\rangle)$，这里 $\langle k_u\rangle$ 和 $\langle k_o\rangle$ 分别表示用户和产品的平均度。理论物理提供了美妙而强劲有力的工具处理现代信息科学中长期存在的挑战：如何进行个性化推荐。所提出的方法是用来找科学论文或者基金申请相关的审稿人[11, 12]，进行社会或生物网络的链路预测[13]。相信当前的工作为此方向的读者指明了方向。

7.6　产品之间的高阶相关性对基于网络结构推荐算法的影响

在基于加权的用户–产品二部分图上，Zhou 等[11]提出了一种基于网络结构的推荐算法，即 NBI 算法，并且获得了很高的准确性。然而在 NBI 算法中，不同产品间的关联关系在预测推荐时其特定属性很有可能会被重复计算。因此，进一步地，通过考虑产品之间的高阶关联关系，Zhou 等又设计了一种改进的 NBI 算法，并且在一定程度上消除了冗余信息，提高了算法的性能。

7.6.1　基于网络结构的推荐算法

在用户-产品二部分图基础上，Zhou 等构建了一个基于产品-产品单模式网络结构的算法，并把这种算法称为基于网络推理（NBI）算法，其中，网络中的每一个节点代表产品。如果两个产品至少被同一个用户选择，则这两个产品之间有连接关系。假定每一个产品上都有一定量的资源（如推荐强度），那么权重 ω_{ij} 代表产品 o_j 会赋予产品 o_i 的资源量。在 book-selling 系统中，ω_{ij} 表示系统根据顾客购买过的书籍 o_i 向他推荐书籍 o_j 的能力。而权重 ω_{ij} 资源分配的过程遵循 7.3 节中基于产品相似性算法中利用物质扩散原理进行推荐的过程，Zhou 等也对其步骤和方法作了分析。如图 7-7 所示，三个 X 节点集合中节点的初始权重为 x、y 和 z。资源分配的过程包含两步：第一步，从 X 节点集到 Y 节点集；接着又从 Y 节点集返回到 X 节点集。每一步之后的节点资源量分别标注在图 7-7（b）和（c）中。把以上过程合并为一步，则最终的资源会落在 X 节点集上，记为 x'、y' 和 z'，可以表示如下：

$$\begin{bmatrix} x' \\ y' \\ z' \end{bmatrix} = \begin{bmatrix} \frac{11}{18} & \frac{1}{6} & \frac{5}{18} \\ \frac{1}{9} & \frac{5}{12} & \frac{5}{18} \\ \frac{5}{18} & \frac{5}{12} & \frac{4}{9} \end{bmatrix} \begin{bmatrix} x \\ y \\ z \end{bmatrix} \tag{7-12}$$

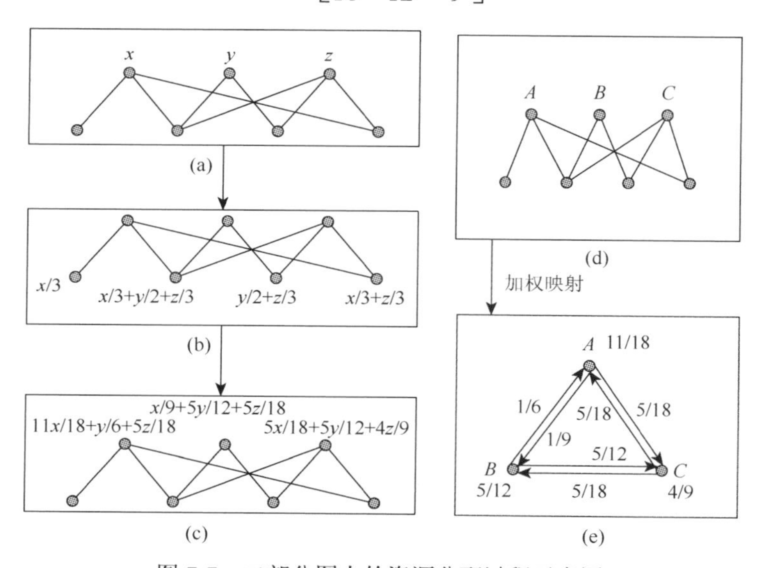

图 7-7　二部分图上的资源分配过程示意图

图（a）、（b）和（c）中，上面的三个节点为 X 节点集合，下面的四个节点为 Y 节点集

根据以上的描述，式（7-12）中的3×3阶矩阵就是所要的加权矩阵。很明显，这个加权矩阵等于加权映射图中 X 节点集合中节点的权重。产品-产品关联网络如图 7-7（d）和（e）所示。

对于一般的用户-产品网络结构，映射后的加权产品-产品关联网络可以表示为

$$\omega_{ij} = \frac{1}{k_{o_j}} \sum_{l=1}^{m} \frac{a_{il} a_{jl}}{k_{u_l}} \tag{7-13}$$

其中，$k_{o_j} = \sum_{i=1}^{m} a_{ji}$ 和 $k_{u_l} = \sum_{i=1}^{n} a_{il}$ 分别表示产品 o_j 和用户 u_l 的度；并且 $\{a_{il}\}$ 是一个用户-产品二部分图的 $n \times m$ 阶邻接矩阵，如果 u_l 选择了 o_i，则 $a_{il} = 1$；否则，$a_{il} = 0$。其实，ω_{ij} 也就是第 4 章中介绍过的基于二部分图的产品 o_i 和产品 o_j 之间的相似性。

对于给定的一个用户 u_i，给他选择的产品分配一定的资源（如推荐强度）。在最简单的情况下，初始资源向量 $\overline{f}$ 的分量可以定义为

$$f_i = a_{ji} \tag{7-14}$$

经过资源分配过程，资源向量为

$$\overline{f^*} = W\overline{f} \tag{7-15}$$

相应地，所有用户 u_i 没有选择的产品 $o_j (1 \leqslant j \leqslant n, a_{ji} = 0)$ 按照 $\overline{f^*}$ 的降序排列，将最后具有高资源向量的产品推荐给用户 u_i。

由于这种算法是基于产品-产品单模式网络结构的，Zhou 等把这种算法称为基于网络推理算法。

7.6.2　通过去除重复性的改进的算法

在 NBI 算法中，对任意一个用户 u_i，他对于自己未选择的产品 o_j 的推荐打分是来自所有 u_i 选择过的产品的信息，即

$$f_j^* = \sum_{l} \omega_{jl} a_{li} \tag{7-16}$$

而这些打分的贡献 $\omega_{il} a_{li}$ 是由具有相同特征产品的相似性决定的，因此会导致严重的重复计算。以推荐电影的网站为例，假设任意一个用户是否喜欢一部电影受两个因素的影响，即电影主角和导演。如果有一个目标用户喜欢主角 A 和导演 D，假设此用户以前只看过两部电影，电影 M_1 是由主角 A 主演的，而电影 M_2 是由导演 D 执导的。那么若有一部电影 M_3 是 A 主演和 D 执导，M_1 和 M_3 因为 A 而关联，M_2 和 M_3 因为 D 而关联，而其关联强度都为 1，那么电影 M_1 和电影 M_2 将分别对电影 M_3 产生推荐，推荐的总强度就为 2。可以再考虑另外一种情形，如果

该目标用户以前看过的两部电影M_4和M_5都是导演D执导的，但是两部电影的主角都不是A，那么对于另外一部是由导演D执导但也不是A主演的电影M_6，M_4和M_5对M_6的推荐总强度也是2（三部电影的主角都不相同）。明显地，M_4和M_5对M_6的推荐中包含了重复的属性，即导演是D，因此虽然M_3和M_6具有相同的推荐强度，但是目标用户更喜欢既由A主演又由D执导的电影M_3，而不是仅仅由D执导的电影M_6。因此，希望有一种简单有效的方法来减小这种重复属性的影响。可以注意到，M_4和M_5在对M_6的推荐中包含了重复属性，这个属性也会造成M_4和M_5自身具有较强的关联，进一步地，从M_4经过M_5再到M_6和M_5经过M_4再到M_6的关联也比较强。因此，Zhou 等提出如果从原来的关联关系中适当地去除二阶关系，就可以提高算法的准确程度。

为了使这一观点更为清晰，Zhou 等利用图 7-8 来进行说明。假设所有的产品都具有两种属性特征，即颜色和形状，并且假设目标用户u_i喜欢黑色和圆圈形。在图 7-8（a）中，A和B表示被选择的产品，C表示没有被选择的产品；同时，在图 7-8（b）中，D和E代表被选择的产品，F代表没有被选择的产品。如图中标记，在“产品-产品”关联网络中，由于三个产品两两之间都至少具有相同的属性，因此代表产品之间关联关系的五条连边都具有相同的权重。在这里每一条连边的权重被设为一个单位。

对于产品C和产品F，它们最终的被推荐强度都为 2。然而，通过分析，目标用户显然应该喜欢C更胜于喜欢F。其原因在于，在图 7-8（a）中，由于A和B具有不同的属性，因此来自它们的推荐强度是独立的；然而，在图 7-8（b）中，来自具有相同属性（如颜色=黑色）的D和E的推荐强度会被重复计算两次。的确，当计算F的被推荐强度时，关联关系$D \rightarrow F$和$E \rightarrow F$会被重复计算。尽管实际的推荐系统比图 7-8 中所示的例子要复杂得多，并且也没有产品属性的明确分类以及用户兴趣的精确度量可以利用，但是相信在基于网络结构的推荐系统中关联关系的冗余是普遍存在的，这种冗余会影响 NBI 的准确性。

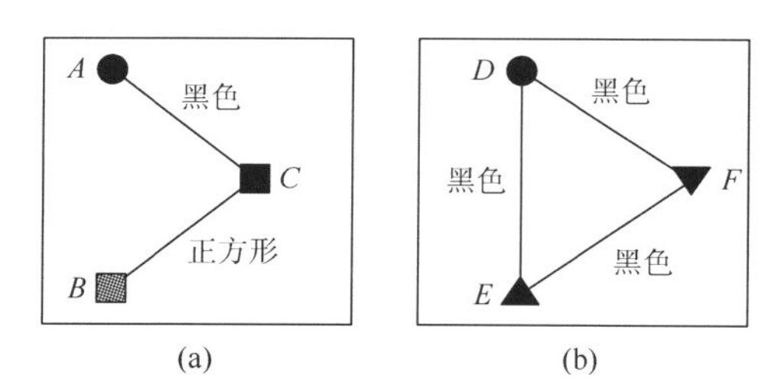

图 7-8　冗余相关信息示意图

在图 7-8（a）中，A和B没有共同的属性特征，没有任何关联关系。在实际系统中，对于两个产品，即使它们没有任何共同或者相似的特性，也可能会通过偶然的选择行为而产生比较弱的关联。而在图 7-8（b）中，D 和 E 由于它们的共同属性特征而有紧密的联系，而这一共同属性，即颜色=黑色，也是造成对 F 进行推荐时冗余信息产生的主要原因。因此，沿着路径 $D \to E \to F$，D 和 F 有很强的二阶相关性；另外，由于 A 和 B 之间的关联关系非常弱，它们之间的通过路径体现出来的二阶相关性 $A \to B \to C$ 可以被忽略。

一般来说，如果 o_i 和 o_k 之间的关联关系和 o_j 和 o_k 之间的关联关系包含一些重复信息，那么 o_i 和 o_k 以及 o_j 和 o_k 的二阶关联关系应该更强。相应地，利用一种合适的方法减小这种重复的二阶关联关系的影响可能会提高算法的准确性。受这种思想的启发，Zhou 等进一步考虑了二阶的耦合，具体形式为

$$W^* = W + aW^2 \tag{7-17}$$

相应的最终资源分配向量为

$$\overline{f}^* = W^* f = (W + aW^2) f \tag{7-18}$$

其中，a 是一个自由可调参数。当 $a = 0$ 时，新算法退化到标准的 NBI 算法。

7.6.3　实验数据结果

在本算法中，Zhou 等利用包含 1682 部电影、943 个用户和 85250 条连边的 MovieLens 数据集，以及由 6000 部电影、10000 个用户和 824802 条连边组成的 Netflix 数据集来进行实验，并且选择了平均排序打分 $\langle r \rangle$，以及当推荐列表长度为 $L = 50$ 时的精确率 P，平均 Hamming 距离 S 以及流行性 $\langle k \rangle$ 作为衡量算法性能的评价指标。数据集同样也被分为两部分：p 构成了训练集；剩下的 $1-p$ 构成了测试集。

当 $p = 0.9$ 时，MovieLens 和 Netflix 数据集上的实验结果显示，在 $a = -0.75$ 附近，新算法的表现都最好，这里负的 a 值也符合在前面的讨论。对应的平均排序打分在 MovieLens 上为 $\langle r \rangle = 0.082$，而在 Netflix 上为 $\langle r \rangle = 0.039$，与 $a = 0$ 标准情况及标准 NBI 算法相比较，新算法的准确性分别提高了 22%和 23%。这个结果也支持了之前的讨论。需要强调的是，对于推荐算法，算法性能上 20%的提高是非常有意义的。虽然精确率 P 是用来衡量算法准确性的另一个不同的指标，但是实验结果表明，在 MovieLens 和 Netflix 数据集上新算法的精确率 P 依然表现出了一定的优势。

表 7-3 所示为当 $p = 0.9$ 时，在 MovieLens 和 Netflix 数据集上，各种推荐算法的性能比较。衡量其性能的评价指标有平均排序打分 $\langle r \rangle$、以当推荐列表长度 $L = 50$ 时的精确率 P、多样性 S 以及流行性 $\langle k \rangle$。GRM 表示全局排序打分算法；UCF 表示经典的基于用户相似性的协同过滤推荐算法，其相似性的度量是根据 Sorensen 系数或余弦系数来定义的；OCF 表示基于产品相似性的协同过滤推荐算法，其相似性的度量也是通过 Sorensen 系数来定义的；Heter-NBI[2]是基于非均匀初始资源分配的 NBI

算法的简称，在 MovieLens 上 $\beta_{\text{opt}} = -0.8$，在 Netflix 上 $\beta_{\text{opt}} = -0.71$；Re-NBI 是本章介绍的，通过去除高阶相关性来消除重复信息的 NBI 算法的简称，在 MovieLens 和 Netflix 上具有相同的参数值 $\beta_{\text{opt}} = -0.75$。

表 7-3　当 $p = 0.9$ 时，在 MovieLens 和 Netflix 数据集上各种推荐算法的性能比较

	算法	$\langle r \rangle$	P	S	$\langle k \rangle$
MovieLens	GRM	0.140	0.054	0.398	259
	UCF	0.127	0.065	0.395	246
	OCF	0.111	0.070	0.669	214
	NBI	0.106	0.071	0.682	220
	Heter-NBI	0.101	0.073	0.682	220
	Re-NBI	0.082	0.085	0.778	189
Netflix	GRM	0.068	0.037	0.187	2612
	UCF	0.058	0.048	0.372	2381
	OCF	0.053	0.052	0.551	2065
	NBI	0.050	0.050	0.424	2366
	Heter-NBI	0.047	0.051	0.545	2197
	Re-NBI	0.039	0.062	0.629	2063

此外，MovieLens 和 Netflix 数据集上的实验结果显示，尽管取不同的推荐列表长度 L，但是多样性 S 随着参数 a 呈负相关性的趋势不变，也就是说 a 越小，则 S 越大。与标准 NBI 算法（即 $a = 0$）相比，新算法在最优的参数 $a = -0.75$ 处能提供相当多样化的推荐结果。除了多样性，算法的流行性也是一个很重要的评价指标，实验结果表明，推荐产品的平均度 $\langle k \rangle$ 与参数 a 呈正相关关系，即越小的 a 值产生越不流行的推荐列表。一般来说，大众流行产品具有一些众所周知的特征属性，而这些属性满足大多数用户的兴趣爱好，而标准的 NBI 算法会重复计算这些特征属性，进而给流行产品赋予了过强的推荐强度，并且会降低多样性。只考虑一阶相似信息的协同过滤推荐算法也有同样的弊病。Zhou 等提出来的具有负值参数 a 的新算法可以在一定程度上消除产品之间的冗余信息，也就是说给大多数用户都喜欢的主流产品赋予较弱的推荐强度，这样，可以给系统中的非流行产品以更多的推荐机会，并且使排在推荐列表前面的产品更多样化。

尽管没有明确的图示说明，Zhou 等又将改进的算法推广到了三阶的情况，令

$$W^* = W + aW^2 + bW^3 \tag{7-19}$$

相应地，最终的资源向量为

$$\overline{f}^* = W^* f = (W + aW^2 + bW^3) f \tag{7-20}$$

其中，b 也是自由可调参数。而实验结果显示，如果综合考虑一对参数组 (a,b)，也

只能把算法的准确性 $\langle r\rangle$ 再提高 1%～2%。因为每增加 W 的一个阶次，算法的时间复杂度和计算复杂度都会增加。因此，在实际中只考虑二阶进行运算就可以了。

从表 7-3 中可以看到，在最优参数 $a=-0.75$ 处，在所列的四个评价指标上，对于 MovieLens 和 Netflix 数据集，改进算法的性能优于标准（即 $a=0$ ）NBI 算法以及基于非均匀初始资源分配的 NBI 算法（Heter-NBI）。

尽管基于物质扩散的 CF 算法取得了巨大成功，有效地提高了算法的准确性，但是实证统计发现，这种基于映射的用户相似性中包含很多流行产品的信息，因此无法非常准确地度量用户的兴趣关联，Shi 等[14]通过引用用户之间的二阶信息 S^2，有效地降低了大众主流喜好对用户选择行为的影响，从而大大提高了推荐算法的准确性。有趣的是，实验结果显示，如果知道训练集的稀疏度，相应的最优参数 λ_{opt} 可以被近似地确认。此外，当稀疏度小于 1%时，这种改进的算法不再有效，随着稀疏度的增加，算法的改进效果加大了。

基于网络结构机理的推荐算法，与普遍采用的传统的基于用户相似性的推荐算法相比较，具有较高的准确性并且计算复杂度要小得多。因此，这种算法在实际系统的应用中很有意义。然而，Zhou 等[9]指出，NBI 算法在不同产品的重复推荐中，产品的具体属性所产生的关联关系会被重复计算。这些冗余的关联信息会降低算法的准确性。因而，通过考虑产品之间的高阶相似性 W^2，Zhou 等[9]设计了一种非常有效的推荐算法，能在一定程度上消除冗余信息，从而极大地提高推荐的准确性，给系统中的非流行产品提供更多的被推荐机会，有助于用户发现隐藏的信息，并且可以给用户提供更为多样的推荐列表。

7.7　有向相似性对协同过滤推荐系统的影响

前面已经介绍过，协同过滤推荐算法是目前得到的最广泛应用的一种推荐算法，它的主要思想是采用两个步骤：首先寻找与目标用户具有相同爱好的邻居用户，进而利用邻居用户的喜好对目标用户进行推荐，因而用户之间的相似性计算是协同过滤个性化推荐算法的核心内容。由于协同过滤推荐算法对推荐对象没有特殊要求，仅仅需要目标用户的打分信息，因此它能够对书籍、音乐、电影等难以进行文本结构化表示的对象进行推荐。Herlocker 等[15]在 1999 年提出了用户相似性算法的结构框架，Sarwar 等[19]在 2001 年提出了采用相关性和夹角余弦的方法来计算产品之间的相似性。在此思想的基础上，2004 年 Deshpande 和 Karypis 也提出了基于产品相似性的 top-N 算法，这种算法只考虑相似度最高的 N 个产品，但是其推荐结果不仅比传统的基于用户邻居的算法快，而且具有更高的推荐准确性。Gao[17]等将用户打分信息并入产品相似性的计算中提高了基于产品相似性协同过滤推荐算法的推荐性能。Chen 和 Cheng[18]则利用用户产品列表中的排序先后来计算用户之间的相似性，排名靠前的产品在计算用户相似性的时候具有较高的权重。而 Yang 和 Gu[19]提出了根据用户的行为信息得到用户兴趣点来计算用户相似性的方法，这种方法的实验结果大幅度地提高了经典的协同过滤推荐算法的推荐结果。近年来，有许多动力学、物理学方法被广泛应用到个性化推荐系统，如随机游走过程、热传导原理，并且取得了不错的效果。在之后的章节中会介绍到，Liu 等将随机游走原理引入协同过滤推荐算法中计算用户相似性，数值结果发现基于物质扩散的方法可以提高推荐算法的准确性。在本节中，称基于物质扩散的协同过滤推荐算法为标准协同过滤推荐算法。进一步的研究发现，通过考虑用户或产品的二阶信息，Liu 和 Zhou 提出了 ultra-accuracy（精确算法）的协同过滤推荐算法，利用高阶相似性信息可以有效地删除冗余信息，从而提高推荐的准确性。尽管已有的基于随机游走的协同过滤推荐算法已经得到了广泛的应用，并且具有很高的准确性，但是已有的方法中都是利用目标用户与邻居用户的相似性向目标用户进行推荐，这与协同过滤的核心思想是不符的。此外，对于推荐算法，不但要帮助用户找到他们需要的产品，而且要向他们推荐系统中更多样化的产品，而以前的基于物质扩散的协同过滤推荐算法都是倾向于把流行产品排在推荐列表的前面，导致推荐算法可能具有高的准确性但是其多样性很差。本章将从物质扩散方法的原理出发，研究基于物质扩散用户相似度的方向性对协同过滤推荐算法的影响。

7.7.1 用户相似性的方向性对 CF 算法的影响

根据基于物质扩散的相似性计算方法，如图 7-9 所示，用户的相似性是以对称方式通过随机游走的方式计算的。这种方法用来度量个性化推荐算法中用户或者产品之间的相似性。在图 7-9 中，用户 u_A 的度为 $k_{u_A}=4$ 且用户 u_B 的度为 $k_{u_B}=2$，图 7-9（a）显示从 u_A 到 u_B 的有向相似性为 $s_{BA}=1/8$，而图 7-9（b）显示从 u_B 到 u_A 的有向相似性为 $s_{AB}=1/4$，因而可以得知，u_B 到 u_A 的相似性 s_{AB} 大于 u_A 到 u_B 的相似性 s_{BA}。在协同过滤推荐算法中，系统是根据邻居用户的选择喜好来预测进而确定目标用户的兴趣的。因此，在得到用户相似性的矩阵之后，邻居用户到目标用户的相似性就被用来评价预测打分。对于用户 u_i 和 u_j，他们之间的相似性可以表示如下。

从用户 u_j 到用户 u_i 的相似性为

$$s_{ij}=\frac{1}{k_{u_j}}\sum_{l=1}^{m}\frac{a_{li}a_{lj}}{k_{o_l}}$$

从用户 u_i 到用户 u_j 的相似性为

$$s_{ji}=\frac{1}{k_{u_i}}\sum_{l=1}^{m}\frac{a_{li}a_{lj}}{k_{o_l}} \tag{7-21}$$

因此有以下结论：

$$\frac{s_{ij}}{s_{ji}}=\frac{k_{u_i}}{k_{u_j}} \tag{7-22}$$

从式（7-22）可以看出，如果$k_{u_i}>k_{u_j}$，则有$s_{ij}>s_{ji}$；反之亦然。在图7-9中，用户u_A的度为$k_{u_A}=4$且用户u_B的度为$k_{u_B}=2$，图7-9（a）显示从u_A到u_B的有向相似性为$s_{BA}=1/8$，而图7-9（b）显示从u_B到u_A的有向相似性为$s_{AB}=1/4$，且$k_{u_A}/k_{u_B}=0.25/0.125$。因而可以得知，用户$u_B$到$u_A$的相似性$s_{AB}$大于用户$u_A$到$u_B$的相似性$s_{BA}$。对于MovieLens和Netflix数据集，它们各自的用户度分布的指数形式说明了系统中大多数用户的度很小，如图7-10所示。这表明度大用户更容易成为度小用户的朋友。那么在经典的CF算法中，度大用户喜欢的产品更广泛地被推荐到了很多度小用户的推荐列表中，从而导致系统中大多数用户的推荐列表会很相似。

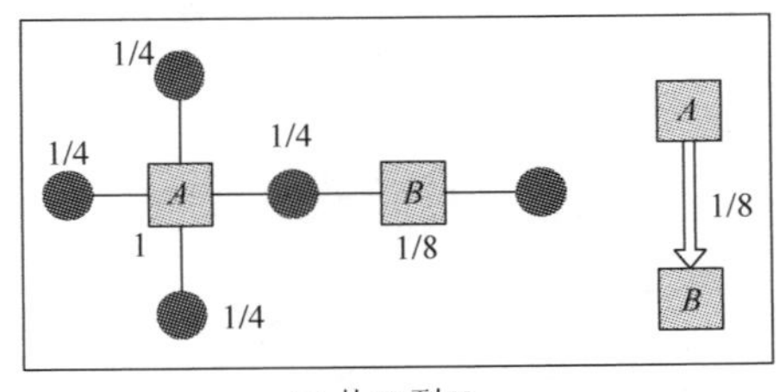

(a) 从U_A到U_B

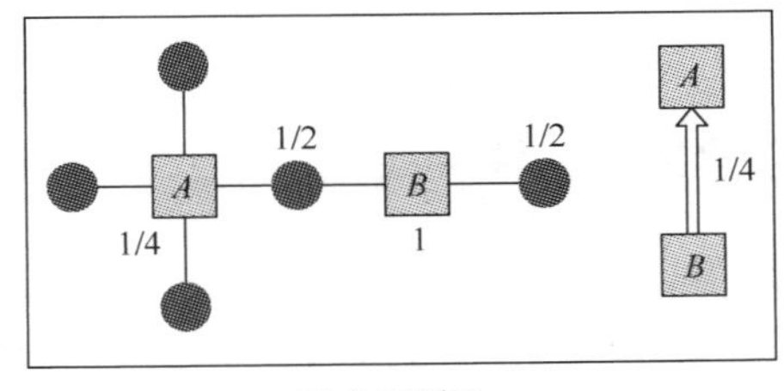

(b) 从U_B到U_A

图7-9　基于物质扩散原理的用户相似性计算方法示意图

这种方法用来度量个性化推荐算法中用户或者产品之间的相似性

为了研究用户相似性的方向性对于协同过滤推荐算法的影响，本节介绍一种新的计算用户相似性的方法，这种方法是利用邻居用户集到目标用户的随机游走原理来度量用户之间的有向相似性的，进而计算预测打分$v_{i\alpha}$。本节称这种新算法为NCF算法，新算法可以描述如下：首先，根据式（7-7）计算用户之间具有方向性的相似度，然后，计算目标用户u_i对于他为选择产品的预测打分：

$$v_{i\alpha} = \frac{\sum_{j=1}^{n} s_{ij}^{\beta} a_{\alpha j}}{\sum_{ij}^{n} s_{ij}^{\beta}} \tag{7-23}$$

其中，β 是一个用来考察相似性强度对于推荐效果影响的可调参数；s_{ij} 表示 u_j 指向 u_i 的相似性。当 $\beta=1$ 时，所有用户的相似性强度被赋予相同的权重；当 $\beta>1$ 时，相似度比较大的邻居的喜好被强化；当 $\beta<1$ 时，相似度比较小的邻居的喜好被加强。实验结果表明，改变用户相似性的方向不仅可以非常精确地找到用户的喜好兴趣，而且可以提升算法帮助用户发现更多样化产品的能力。

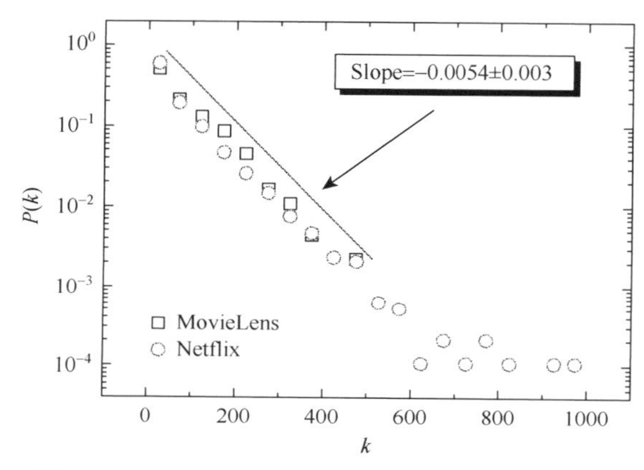

图 7-10　Netflix 和 MovieLens 数据集的度分布图

其分布图近似地呈指数分布形式且 $P(k) \sim \exp(-0.0054k \pm 0.003)$

7.7.2　基于最大相似性的 CF 算法

我们猜测，基于有向相似性的 CF 算法的性能之所以具有好的推荐效果，可能是受到相似性的方向因素的影响，但也可能是由实验数据集的统计特性决定的。也就是说，尽管 NCF 的算法性能优于 CF 算法，但是这种优势可能仅仅是由于在特定的数据集上，系统中邻居用户到目标用户的相似性大于相反方向的相似性。为了论证这一猜测，本节提出一种基于最大相似性的 CF（MCF）算法来研究相似性大小对推荐算法的影响。在 MCF 算法中，给出目标用户 u_i 对于他未选择的产品 o_α 的预测打分形式如下：

$$v_{i\alpha} = \frac{\sum_{j=1}^{n} s_{\max}^{\beta} a_{\alpha j}}{\sum_{ij}^{n} s_{\max}^{\beta}} \tag{7-24}$$

其中，$s_{\max}$ 表示从用户 u_i 到用户 u_j 和从用户 u_j 到用户 u_i 之中较大值的相似性，即

$$s_{\max} = \{s_{ij}, s_{ji}\} \tag{7-25}$$

例如，从 u_i 到 u_j 的相似性为 $s_{ji} = 0.01$，而从 u_j 到 u_i 的相似性为 $s_{ij} = 0.9$，则在对用户 u_i 推荐产品时，无论相似性的方向如何，都使用较大的相似性 0.9。

7.7.3　数值结果分析

1. 数据集稀疏度为 90%的实验结果分析

本节采用之前介绍过的 Netflix 数据集以及包含 1682 个产品（电影）、943 个用户以及 82580 条连边的 MovieLens 数据集对 NCF、CF 以及 MCF 算法的推荐性能分析比较，如表 7-4 所示。从表 7-4 中可以清楚看到，在 MovieLens 和 Netflix 数据集上，通过比较五个评价指标，包括平均排序打分 $\langle r \rangle$、多样性 S、流行性 $\langle k \rangle$、精确率 P 以及召回率 R，NCF 算法的性能表现都明显优于经典 CF 算法和 MCF 算法，其中最优参数 β 都是对应最小的平均排序打分 $\langle r \rangle$，而 S、$\langle k \rangle$、P 以及 R 都是在最优参数 β 处取值。同时，表 7-4 给出了当稀疏度 $p = 0.9$ 时，在 MovieLens 数据集上，各种 CF 算法的不同性能比较值，其中各种算法的最优参数都对应各自最小的平均排序打分 $\langle r \rangle$，并且从表 7-4 中可以看到，NCF 算法的准确性很接近混合算法[23]，而且高于采用二阶相似性的 CF 算法。在之前列出的算法中，Heter-CF 算法的推荐多样性最好，而 CB-CF 算法拥有最佳的推荐非流行性产品的能力。和 Heter-CF 和 CB-CF 两种算法相比，在不考虑任何高阶信息的情况下，NCF 算法可以达到或者接近最优的多样性，并且可以提供更加准确的推荐结果。下面分别从准确性 $\langle r \rangle$、多样性 S、流行性 $\langle k \rangle$、精确率 P 以及召回率 R 五个评价指标出发，逐一分析新算法的推荐性能。其中流行性 $\langle k \rangle$、多样性 S、精确率 P 以及召回率 R 都是对应推荐列表长度为 L=10 时的预测值。

表 7-4　各种推荐算法的性能比较

	算法	$\langle r \rangle$	$\langle k \rangle$	S	P	R
Netflix	NCF	0.0450	2506	0.8236	0.0967	0.1640
	CF	0.0497	2813	0.7001	0.0917	0.1365
	MCF	0.0477	2758	0.7378	0.0954	0.1374

续表

	算法	$\langle r\rangle$	$\langle k\rangle$	S	P	R
MovieLens	NCF	0.0864	237	0.8929	0.1502	0.2037
	CF	0.1037	275	0.8435	0.1497	0.2010
	MCF	0.0970	271	0.8434	0.1459	0.1936

当 $p=0.9$ 时，在 MovieLens 数据集上，不同推荐算法对应于不同评价指标的性能比较，这些评价指标主要有平均排序打分 $\langle r\rangle$，以及当推荐列表长度为 $L=10$ 时的产品流行性 $\langle k\rangle$ 和多样性 S。GRM 是全局排序算法；CF 是经典的基于物质扩散的协同过滤推荐算法；Heter-CF 是一种改进的 CF 算法，其用户之间的相似性是基于物质扩散的原理，并且考虑了二阶信息（$\beta_{\mathrm{opt}}=-0.82$）；CB-CF 指的是基于加权二部分网络的 CF 算法；Hybrid 是指结合了基于物质扩散和基于热传导两种推荐算法，如表 7-5 所示。

表 7-5 当 p=0.9 时，MovieLens 数据集上不同推荐算法对应于不同评价指标的性能比较

算法	平均排序打分	推荐产品的平均度	平均 Hamming 距离
GRM	0.1390	259	0.398
CF	0.1063	229	0.750
Heter-CF	0.0877	175	0.826
CB-CF	0.0914	148	0.763
Hybrid	0.0850	167	0.821
NCF	0.0864	178	0.801

图 7-11 给出了 NCF、CF 和 MCF 三种算法的准确性 $\langle r\rangle$ 随着参数 β 的变化情况。当 $\beta=1$ 时，算法退化到基于有向相似性的 CF 算法。本节提出的 NCF，也就是图中的空心圆构成的曲线，对于 Netlix 数据集，在 $\beta_{\mathrm{opt}}=2.0$ 附近，平均排序打分有明显的最小值 $\langle r\rangle=0.0450$，而对于 MoviLens 数据集，在 $\beta_{\mathrm{opt}}=3.3$ 附近，平均排序打分也有明显的最小值 $\langle r\rangle=0.086$。相比用户相似性为从邻居用户到目标用户的经典 CF 算法，在 Netflix 数据集上，NCF 算法的平均排序打分 $\langle r\rangle$ 在 Netflix 数据集上从 0.0497 减小到 0.0450；而在 MovieLens 数据集上从 0.1037 减小到 0.0864，其最优准确性在 Netflix 和 MovieLens 上分别提高了 9.9%和 16.68%。同样地，和 MCF 算法相比，NCF 算法也具有更好的推荐性能，其准确性在 Netfix 和 MovieLens 数据集上分别提高了 5.7%和 10.9%。因此，针对算法准确性的显著提高，可以合理地解释 NCF 算法性能之所以比 CF 和 MCF 算法好，是因为相似度方向性的影响而并不是因为数据特性。此外，实验结果显示，增大度小用户的

推荐强度可以同时提高推荐算法的准确性和多样性。

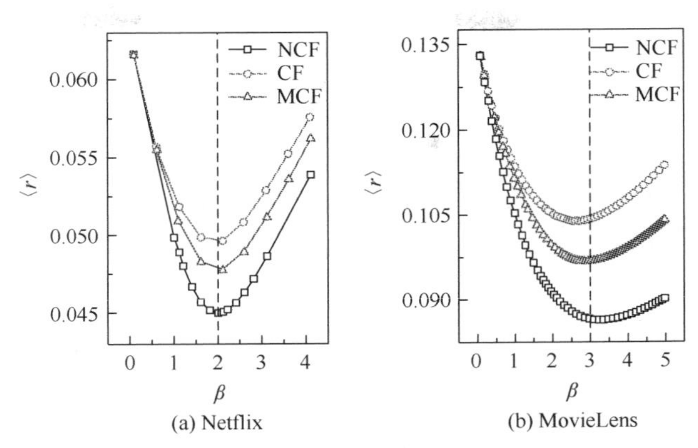

图 7-11　Netflix 和 MovieLens 数据集上，不同算法的平均排序打分 $\langle r\rangle$ 随参数 β 的变化图

平均 Hamming 距离 S 被用来度量算法提供多样化推荐列表的能力，产品的平均度被用来衡量算法帮助用户发现一些不太流行产品的能力。图 7-12 所示为当推荐列表长度为 $L=10$ 时，NCF 算法、CF 算法以及 MCF 算法中推荐产品的平均度 $\langle k\rangle$

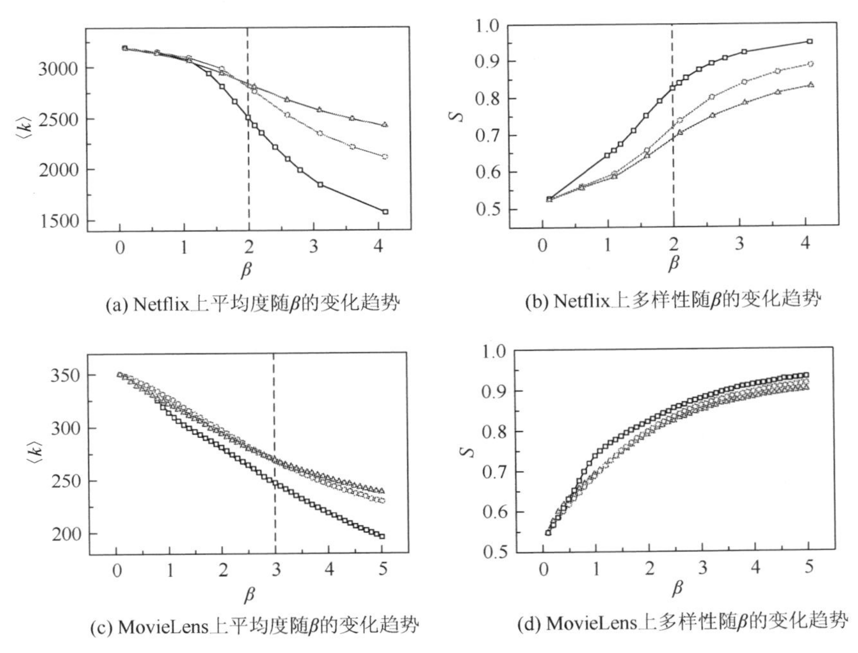

图 7-12　Netflix 和 MovieLens 数据集上，各算法对应的性能随参数 β 的变化趋势

—□— NCF；—○— CF；—△— MCF

和平均 Hamming 距离 S 分别随着参数 β 的变化情况。对于 Netflix 数据集，在最优点 $\beta_{\text{opt}}=2.0$ 处，NCF 算法的流行性为 $\langle k\rangle=2506$，多样性为 $S=0.8236$。与经典的 CF 算法比较，其流行性降低 10.9%，而多样性提高了 17.64%；相应地，对于 MovieLens 数据集，在最优点 $\beta_{\text{opt}}=3.3$ 处，NCF 算法的流行性为 $\langle k\rangle=237$，多样性为 $S=0.8929$，与经典的 CF 算法比较，其流行性降低了 13.8%，而多样性提高了 5.9%。从以上分析的结果可以得出，引入了新的有向随机游走原理的 NCF 算法可以帮助用户发现一些潜在的喜爱产品，从而提高推荐的多样性。

总的来说，NCF 算法在准确性 $\langle r\rangle$、多样性 S 以及流行性 $\langle k\rangle$ 方面都要比 CF 算法以及 MCF 算法具有明显优势。然而，在实际中，用户大多数时候都只关注排在推荐列表前面的部分产品。从图 7-13 中可以看到，与 CF 和 MCF 算法的实验结果相比较，NCF 算法的精确率 P 和召回率 R 的性能也更好。当 $L=10$ 时，在 Netflix 和 MovieLens 数据集上，对应最小平均排序打分处的最优参数，精确率 P 分别近似提高了 5.5%和 3.0%，而召回率 R 也大约分别提升了 20.15% 和 5.2%。

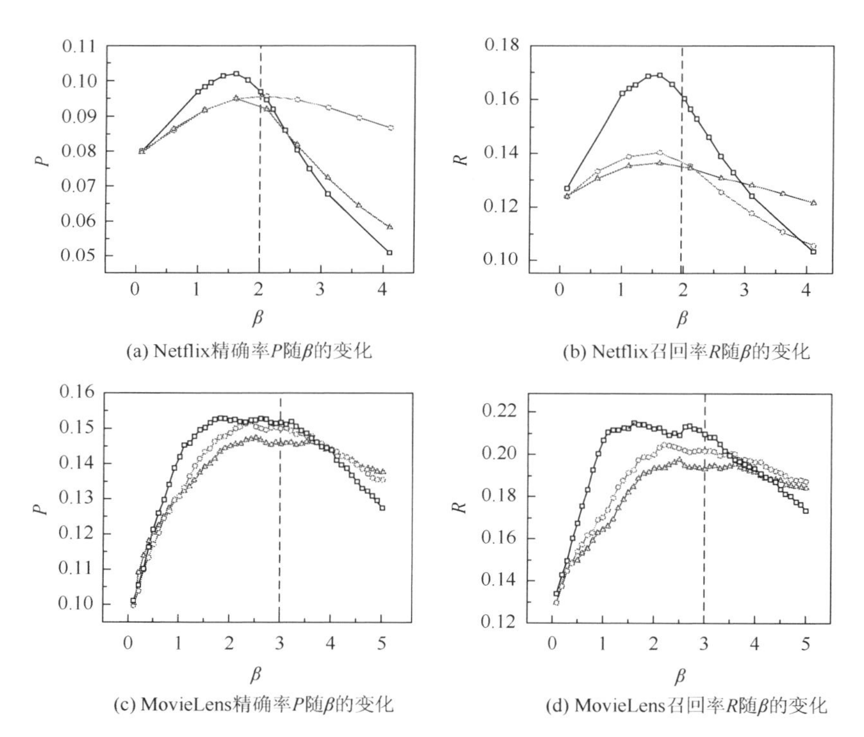

图 7-13　当 L=10 时，Netflix 和 MovieLens 数据集上各算法对应性能随 β 的变化

—□— NCF；—○— CF；—△— MCF

2. 用户之间度关系的属性分析

根据随机游走过程产生的相似性原理，度小用户到度大用户的相似性远远大于度大用户到度小用户的相似性。因此，通过实验，可知增强度小用户的推荐强度可以提供算法的推荐准确性，并且可以帮助用户发现系统中隐藏的一些特殊产品，同时提高算法的推荐多样性。图 7-14 研究了目标用户的度 k_u 与他的邻居用户的平均度 $\langle k_u^n \rangle$（n 表示目标用户的邻居个数）以及他的度的方差 $D(k_u)$ 的关系，其中目标用户的邻居用户集 U_n 定义为和目标用户至少共同选择过一件产品的用户集，邻居用户集可以通过前面介绍过的邻接矩阵 A 得到。定义用户之间的关联矩阵为 C^{user}，于是有 $C^{\text{user}} = AA^{\text{T}}$。矩阵中的元素 C_{ij}^{user} 表示用户 u_i 和用户 u_j 共同选择过并打分的产品。假设有一个矩阵 $T = \{t_{ij}\} \in \mathbf{R}^{n,n}$，其中，如果 $C_{ij}^{\text{user}} > 0$，则 $t_{ij} = 1$；而如果 $C_{ij}^{\text{user}} < 0$，则 $t_{ij} = 0$。对于任意一个目标用户 u，与他有关联的目标用户的数目可以表示为 $k_u^c = \sum_{j=1}^{n} t_{uj}$，则与用户 u 相关联的邻居用户集的平均度可以表示为

$$\langle k_u^n \rangle = \frac{1}{k_u^c} \sum_{j=1}^{n} t_{uj} k_j \tag{7-26}$$

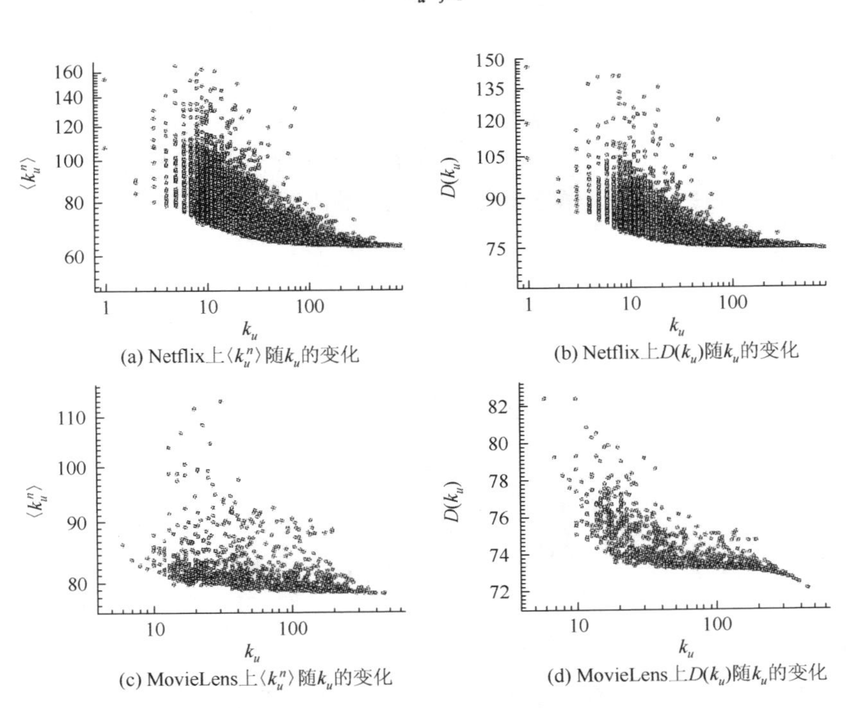

图 7-14　不同数据集上，目标用户的 $\langle k_u^n \rangle$ 和 $D(k_u)$ 随 k_u 的变化趋势

方差$D(k_u)$可以表示如下：

$$D(k_u)=\sqrt{\frac{1}{k_u^c}\sum_{j=1}^{n}\left(t_{uj}k_j-\left\langle k_u^n\right\rangle\right)^2} \tag{7-27}$$

从图 7-14 中可以看到，对于度小的用户，他的邻居用户的平均度$\langle k_u^n\rangle$和他的度的方差$D(k_u)$都很大，并且随着k_u的增大，$\langle k_u^n\rangle$和$D(k_u)$都会相应地减小。这表明，对于 Netflix 和 MovieLens 数据集，度小的用户会倾向于同时选择度小用户和度大用户选择过的产品，但是度大用户仅仅只会普遍倾向选择度小用户选择过的产品，也就是说，系统中度小用户更容易同时成为度小用户和度大用户的朋友。根据之前的分析，如果从邻居用户指向目标用户的相似性增强了，那么度小用户的偏好信息的影响将被加强，不但可以同时匹配度大用户和度小用户的共同喜好，而且可以挖掘他们各自的特殊兴趣，这也是基于物质扩散的有向相似性在推荐性能上具有很大优势的原因所在。

3. 不同稀疏度下的实验结果分析

本节研究 MovieLens 数据集，在不同数据稀疏度下，用户的有向相似性对于算法性能的影响。由于关注的是有向相似性对于 CF 算法的影响，因此选择经典 CF 算法比较推荐性能优劣。在数据实验的阶段，选取数据集的pE条边作为训练集，剩下的$(1-p)E$条边作为测试集，用p值控制数据集的稀疏度。越低的p值意味着可以用来产生推荐列表的信息量越少。MovieLens 数据集上的实验结果如图 7-15 所示，直方图中每一个点的取值都是根据最小的平均排序打分所对应的最优参数值而得到的。NCF 与 CF 算法各种提高推荐性能的函数可以定义如下：

$$f(\langle r\rangle)=\frac{\langle r\rangle_{\mathrm{CF}}-\langle r\rangle_{\mathrm{NCF}}}{\langle r\rangle_{\mathrm{CF}}} \tag{7-28}$$

同样地，有

$$f(\langle k\rangle)=\frac{\langle k\rangle_{\mathrm{CF}}-\langle k\rangle_{\mathrm{NCF}}}{\langle k\rangle_{\mathrm{CF}}} \tag{7-29}$$

$$f(S)=\frac{S_{\mathrm{NCF}}-S_{\mathrm{CF}}}{S_{\mathrm{CF}}} \tag{7-30}$$

图 7-15 中显示了随着 MovieLens 数据集稀疏度的减小，与 CF 算法比较，NCF 算法的平均排序打分$\langle r\rangle$的提高情况。从图中可以看到，随着数据集稀疏度的减小，$\langle r\rangle$的提高幅度也越来越小，这是因为数据集越稀疏，邻居用户的数量减少，可以用来预测目标用户喜好的信息量也越来越少。通过图 7-15 也可以发现，实验数据测试集越稀疏，对于推荐的准确性，NCF 算法较 CF 算法的性能也越好。并且随

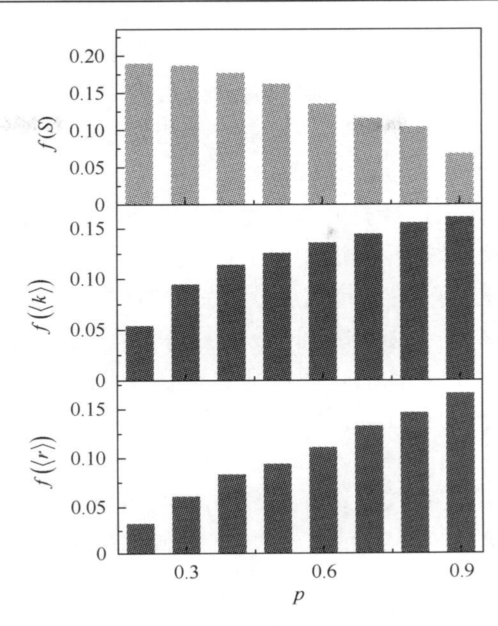

图 7-15　MovieLens 数据集上，与 CF 算法比较，NCF 算法的实验结果

着实验数据测试集的增大，多样性的提高幅度 $f(S)$ 会降低，而流行性的提高幅度 $f(\langle k\rangle)$ 会增大。以上的这些变化趋势反映了如果提供更多的已知打分信息，用户更倾向于选择系统中的流行产品。

7.8　二阶有向相似性对协同过滤推荐算法的影响

协同过滤推荐算法的一个重要的挑战就是如何在朋友或者邻居用户的帮助下更准确地向目标用户推荐他最想要的产品。在 7.7 节中提到，由于两个用户共享某些大众主流喜好时会有比较高的二阶相似性，而高的二阶相似性中会存在大量的冗余信息，因此，Liu 等[20]提出通过减弱用户、产品之间的高阶相似性，可以消除相似性度量中的冗余信息，并且可以降低主流喜好（流行产品）对用户选择趋势的影响，以此提高推荐的准确性。此外，前面已经论证，度小用户到度大用户的相似性要远远大于相反方向的相似性，加之系统中绝大多数用户的度都很小，因此，在经典的基于物质扩散算法（CF 算法）的基础上，在 7.7 节中提出了考虑有向相似性的 CF 算法。在不考虑任何附加信息的情况下，只需要改变基于物质扩散相似性的方向，就可以增强度大用户的推荐强度。这既有助于发现共同兴趣，又有利于挖掘用户独特喜好，同时提高推荐的准确性和多样性。鉴于以上两种算法在提高推荐算法性能上具有各自的优势，本节从用户-产品二部分网络映射而得到用户关联网络的统计特性出发，将考虑二阶信息的相似性计算方法和基于物质扩散的有向相似性方法结合起来，也就是通过改变用户之间二阶相似性的方向，提出了一种新的相似性度量方法——二阶有向相似性，并考察这种新的相似性对协同过滤推荐算法的影响。

在 7.7 节中已经介绍过经典的基于物质扩散的协同过滤推荐算法以及基于二阶用户相似性的协同过滤推荐算法。由于在这里要研究的是有向相似性对基于二阶相似性的 CF 算法的影响，为此重点分析高阶用户的相似性。

在个性化推荐中，两个用户之间的关联关系是他们兴趣或喜好相似的反映。那么，对于任意两个用户，他们之间特别的喜好对于他们相似性度量的贡献大于他们选择大众主流喜好的贡献，而两个用户若共享某些大众主流喜好时会具有比较高的二阶相似性。在图 7-16（c）和图 7-16（d）中，对于一个给定的用户 A，产品 1 和 3 是和他的朋友 C 共同选择的产品，其中产品 1 被用户 A 和他的朋友用户 B 以及 C 共同分享的喜好，它对这三个用户两两之间的关联关系都有贡献。而产品 3 是用户 A 和用户 C 的特定共同兴趣，它对 A 和 C 之间相似性度量的贡献大于主流喜好产品 1。同时，图 7-16（d）说明可以通过路径 $C \to B \to A$ 考虑从 C 到 A 的二阶相似性，从而确定他们的共同喜好产品 1。假设还存在一个用户 D，他和用户 A、B 和 C 共享主流产品 1，因此路径 $C \to D \to A$ 也可以用来确定产品 1。为此可以说，两个用户共享某些大众主流喜好产品时会有高的二阶相似性。因此，石

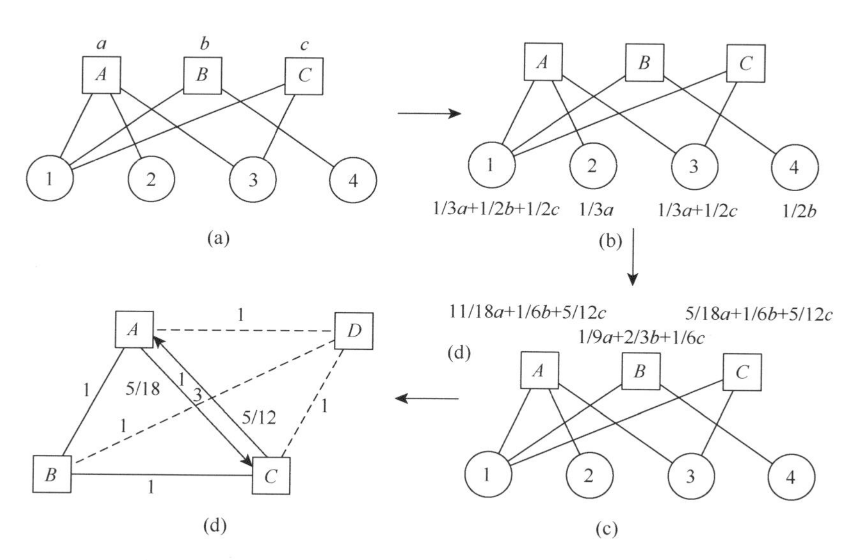

图 7-16　用户-产品二部分图中的随机游走过程示意图

整个过程分为两步：$(a) \to (b)$ 和 $(b) \to (c)$，并且整个过程可以映射为一个加权的单部图 (d)

珂瑞等[14]提出了一个有效的方法，即通过考虑二阶相似信息来降低大众主流喜好的影响。用一个线性模型来研究用户之间的二阶相似性，并且这个相似性矩阵可以表示为

$$H_{ij} = S_{ij} + \lambda S_{ij}^2 \tag{7-31}$$

其中，H_{ij} 表示目标用户 u_i 和他的邻居用户 u_j 之间的二阶相似性；s_{ij} 是一阶相似性；λ 是一个可调的参数。

根据二阶相似性 h_{ij}，有以下分析：

$$\begin{aligned} h_{ij} &= s_{ij} + \lambda \sum_u s_{iu} s_{uj} \\ &= \frac{1}{k_j} \sum_{o=1}^{m} \frac{a_{oi} a_{oj}}{k_o} + \lambda \sum_{u=1}^{n} \left(\frac{1}{k_u} \sum_{o=1}^{m} \frac{a_{oi} a_{ou}}{k_o} \right) \left(\frac{1}{k_j} \sum_{o=1}^{m} \frac{a_{ou} a_{oj}}{k_o} \right) \\ &= \frac{1}{k_j} \left[\sum_{o=1}^{m} \frac{a_{oi} a_{oj}}{k_o} + \lambda \sum_{u=1}^{n} \left(\frac{1}{k_u} \sum_{o_1=1}^{m} \sum_{o_2=1}^{m} \frac{a_{o_1 i} a_{o_1 u}}{k_{o_1}} \frac{a_{o_2 u} a_{o_2 j}}{k_{o_2}} \right) \right] \end{aligned} \tag{7-32}$$

相应地，有

$$\begin{aligned} h_{ji} &= \frac{1}{k_i} \left[\sum_{o=1}^{m} \frac{a_{oj} a_{oi}}{k_o} + \lambda \sum_{u=1}^{n} \left(\frac{1}{k_u} \sum_{o_1=1}^{m} \sum_{o_2=1}^{m} \frac{a_{o_1 j} a_{o_1 u}}{k_{o_1}} \frac{a_{o_2 u} a_{o_2 i}}{k_{o_2}} \right) \right] \\ &= \frac{1}{k_i} \left[\sum_{o=1}^{m} \frac{a_{oj} a_{oi}}{k_o} + \lambda \sum_{u=1}^{n} \left(\frac{1}{k_u} \sum_{o_1=1}^{m} \sum_{o_2=1}^{m} \frac{a_{o_1 i} a_{o_1 u}}{k_{o_1}} \right) \right] \\ &= \frac{k_j}{k_i} h_{ij} \end{aligned} \tag{7-33}$$

因此，得到如下关系式：

$$\frac{h_{ij}}{h_{ji}} = \frac{k_j}{k_i} \tag{7-34}$$

在通常情况下，$H = S + \lambda S^l$，则

$$\begin{aligned} h_{ij} &= s_{ij} + \lambda \sum_{u_1, u_2, \cdots, u_l} s_{i,u_1} s_{u_1,u_2}, \cdots, s_{u_l,j} \\ &= \frac{1}{k_j} \sum_{o=1}^{m} \frac{a_{o_i} a_{o_j}}{k_o} + \lambda \sum_{u_1,u_2,\cdots,u_l} \left(\frac{1}{k_{u_1}} \sum_{o=1}^{m} \frac{a_{oi} a_{ou_1}}{k_o} \right) \left(\frac{1}{k_{u_2}} m \sum_{o=1} \frac{a_{ou_1} a_{ou_2}}{k_o} \right) \\ &\quad \cdots \left(\frac{1}{k_j} \sum_{o=1}^{m} \frac{a_{ou_l} a_{oj}}{k_o} \right) \\ &= \frac{1}{k_j} \left\{ \sum_{o=1}^{m} \frac{a_{oi} a_{oj}}{k_o} + \lambda \sum_{u_1,u_2,\cdots,u_l} \left(\frac{1}{k_{u_1}} \sum_{o=1}^{m} \frac{a_{oi} a_{ou_1}}{k_o} \right) \cdots \left(\frac{1}{k_j} \sum_{o=1}^{m} \frac{a_{ou_l} a_{oj}}{k_o} \right) \right\} \end{aligned} \tag{7-35}$$

同样有如下关系式：

$$\frac{h_{ij}}{h_{ji}} = \frac{k_j}{k_i} \tag{7-36}$$

因此，对于任何用户之间的高阶相似性，从度小用户到度大用户的相似性大于相反方向的相似性。

根据式（7-7）和图 7-16 可以了解到，基于物质扩散的用户相似性具有方向性。在 7.7 节已经进行过讨论，尽管应用物质扩散原理可以优化用户相似性的度量，但是已有的方法都是利用目标用户到邻居用户的相似性来对目标用户进行推荐，这不符合 CF 算法的核心思想。在图 7-16（d）中，可以再次分析物质扩散的过程，有向边上的权重代表一个用户传递或者分配他的邻居用户的资源，也就是物质扩散过程定义的用户相似性大小。类似于图 7-9，从图 7-16（d）中可以看到，用户 u_A 和用户 u_C 的度分别为 $k_{u_A}=3$ 和 $k_{u_C}=2$，并且从 u_A 到 u_C 的相似性大小为 $s_{CA}=5/18$，而从 u_C 到 u_A 的相似性大小为 $s_{AC}=5/12$，从而有 $s_{AC}>s_{CA}$。此外，如图 7-10 所示，对于 MovieLens 和 Netflix 数据集，它们的用户度的指数分布显示系统中大多数用户的度都很小，经典的 CF 算法会加强度大用户向度小用户推荐的强度，从而导致推荐列表的多样性很差。因而，本节提出了基于有向物质扩散原理的 CF 算法来考察用户相似性的方向对推荐算法的影响。

7.8.1 改进的算法

既然高阶的 CF 算法和有向的 CF 算法在提高推荐算法效果方面具有各自的优势，于是本节将两种 CF 算法结合起来，提出了一种新的 CF 算法来研究二阶相似信息和有向相似性对推荐算法性能的影响，称这种新算法为 HDCF 算法。HDCF 算法可以描述如下：

（1）在用户之间高阶相似性和有向相似性的基础上，计算用户相似矩阵 $\{H_{ij}\}$，如式（7-31）所示；

（2）对任意一个用户 u_i，根据式（7-8），他对于自己未选择的产品打分；

（3）将他未选择的产品按照预测打分的降序排列，排在推荐列表前面的产品最有可能被推荐。

根据前面的分析，期待算法的性能在某一负的 λ 值处得到提高。

尽管二阶有向相似性对推荐算法性能的改善有很大影响，但是本节猜想之所以新算法的准确性高于其他 CF 算法的原因可能是特定数据集的选取，在此数据集上邻居用户到目标用户的相似性的度量较之相反方向的相似性更有效。因此，在这里提出一种基于高阶最大相似性的 CF 算法来考察高阶相似性的大小对推荐算法的影响，用户 u_i 对产品 o_α 的预测打分如下：

$$v_{i\alpha}^{m}=\frac{\sum_{j=1}^{n}H_{\max}a_{\alpha j}}{\sum_{j=1}^{n}s_{\max}} \tag{7-37}$$

其中，$H_{\max}$ 定义为从 u_i 到 u_j 和从 u_j 到 u_i 之间较大的二阶相似性，即

$$H_{\max}=\max\{H_{ij},H_{ji}\} \tag{7-38}$$

7.8.2　实验结果分析

选取数据集的 pE 条边作为训练集，剩下的 $(1-p)E$ 条边作为测试集。同前面分析用户关联网络的统计属性时一样，当 $p=0.9$ 时，选取 Netflix 数据集和包含 3592 个产品（电影）、6040 个用户以及 750000 条连边的 MovieLens 数据集对 HDCF、HCF 和 MHCF 算法进行数值结果分析。图 7-17 所示为由平均排序打分定

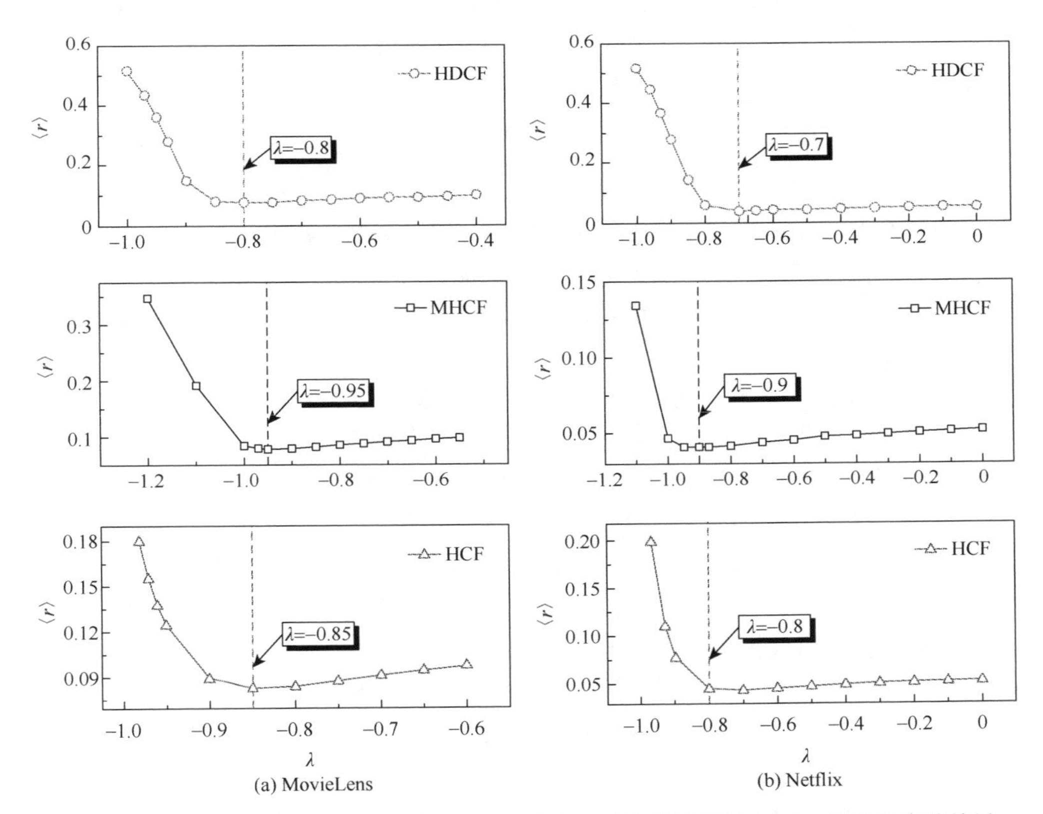

图 7-17　$p=0.9$ 时，不同数据集上，HDCF 算法、HCF 算法以及 MHCF 算法的实验结果

义的算法准确性随着参数 λ 的变化情况。在本节的新算法中，对于 MovieLens 数据集，准确性曲线（图中的圆形曲线）在 $\lambda_{\mathrm{opt}}=-0.8$ 附近达到最小值；而 Netflix 上的最优排序打分在 $\lambda_{\mathrm{opt}}=-0.7$ 附近达到最小值，与不考虑方向性的二阶 CF 算法（HCF）算法相比较，在 MovieLens 数据集上，平均排序打分 $\langle r\rangle$ 从 0.0828 减小到 0.0767；而在 Netflix 数据集上，$\langle r\rangle$ 从 0.0434 减小到 0.0402。在各自最优的 λ 处，准确性分别提高 8.4%和 7.3%。很明显，在不考虑附加的计算量和其他信息的情况下，通过考虑二阶相似性的方向性，新算法的准确性要好于经典的高阶 CF 算法。此外，与基于最大相似性的 CF 算法（MHCF）比较，HDCF 算法的准确性表现也更好。因此对于推荐算法的准确性，以上的实验结果分析强调了 HDCF 算法优于其他 CF 算法的原因确实在于相似度方向性的影响而不是数据的特性，这一分析同 7.7 节中得出的结果是一样的。另外，表 7-6 也给出了当 $p=0.9$ 时各种不同的 CF 算法在五个评价指标上的实验结果比较。其中，CF 算法是经典的基于物质扩散的协同过滤推荐算法；DCF 算法是基于有向物质扩散的 CF 算法它的相似性的度量是从邻居用户到目标用户的（在 MovieLens 上 $\beta_{\mathrm{opt}}=3.2$，在 Netflix 上 $\beta_{\mathrm{opt}}=2.0$）；HCF 算法是一个改进算法，其用户相似性基于物质扩散原理，并且考虑了用户之间的高阶关联关系（在 MovieLens 上 $\lambda_{\mathrm{opt}}=-0.85$，在 Netflix 上 $\lambda_{\mathrm{opt}}=-0.8$）；MHCF 算法是考虑用户之间高阶信息的 CF 算法，其相似性定义为两个用户之间相似性较大者（在 MovieLens 上 $\lambda_{\mathrm{opt}}=0.9$，Netflix 上 $\lambda_{\mathrm{opt}}=-0.9$）。表中显示本章提出的新算法（表中加粗数据）以最高的准确性优于其他 CF 算法。各种实验结果清楚地表明，通过降低大众主流喜好来消除冗余信息以及通过改变相似性的方向来增强度小用户的推荐强度的方式都可以获得准确度相当高的推荐结果。

平均 Hamming 距离 S 是用来度量推荐算法提供更多样化、更个性化推荐列表的性能指标，而推荐产品的平均度 $\langle k\rangle$ 的引入是为了衡量一个算法是否具有提供更新奇更新颖推荐结果的能力。图 7-18 所示为当推荐列表的长度为 $L=10$ 时，MovieLens 和 Netflix 数据集上的多样性 S 和流行性 $\langle k\rangle$ 分别随着参数 λ 的变化情况。从图 7-18（a）和图 7-18（b）中可以看到，尽管是在不同的数据集上，多样性 S 仍然均是和参数 λ 呈负相关的关系。这种现象表明了涉及方向性和高阶信息的用户相似性可以使推荐列表更加多样化。当 $L=10$ 时，对于 MovieLens 数据集，HDCF 算法在 $\lambda_{\mathrm{opt}}=-0.8$ 处的多样性为 $S=0.8707$；而对于 Netflix 数据集，HDCF 算法在 $\lambda_{\mathrm{opt}}=-0.7$ 处的多样性 $S=0.7997$。与经典的基于物质扩散的 CF 算法相比较，其多样性分别提高了 23.2%和 14.2%。图 7-18（c）和图 7-18（d）展示了流行性 $\langle k\rangle$ 和参数 λ 之间的一个正相关关系，因此降低大众主流喜好的影响可以给予系统中的非流行产品更多的被推荐机会。当 $L=10$ 时，MovieLens 数据集上的最优流行性为 $\langle k\rangle_{\text{opt}}=1545$，而 Netflix 数据集上的最优流行性为 $\langle k\rangle_{\text{opt}}=2731$，与经典的基于物质扩散的 CF 相比较，其流行性分别降低了 15%和 2.9%。所以，具有负的最优参数 λ 的新算法具有向用户提供更多样化的推荐列表以及帮助用户发现系统中某些非流行产品的能力。

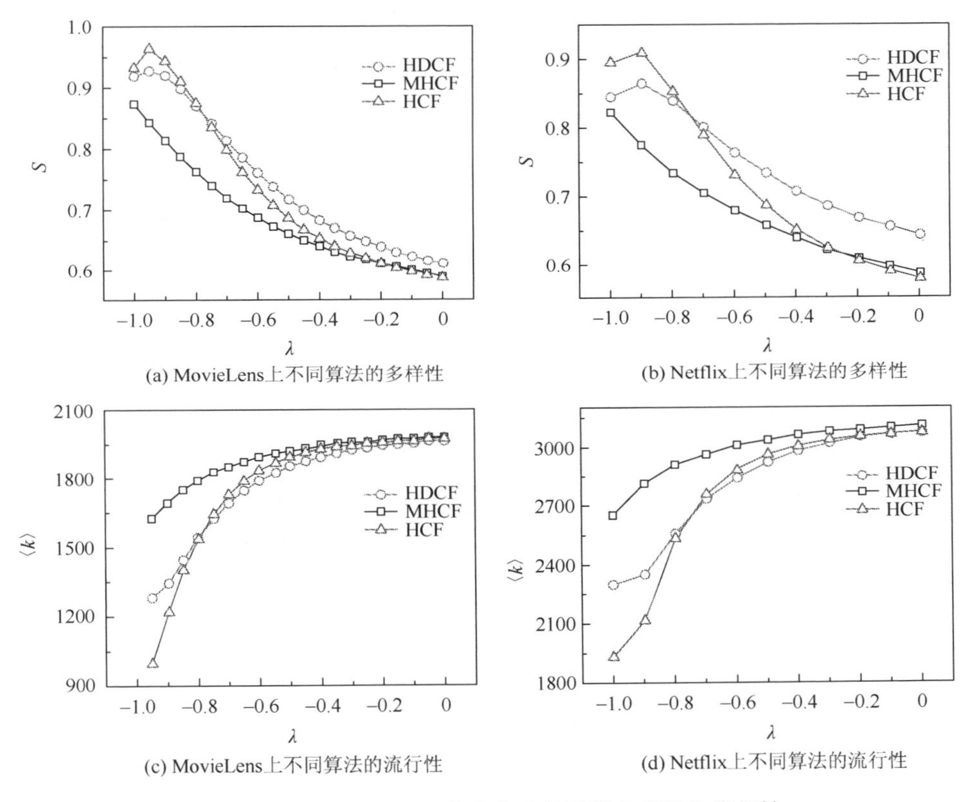

(a) MovieLens上不同算法的多样性　(b) Netflix上不同算法的多样性

(c) MovieLens上不同算法的流行性　(d) Netflix上不同算法的流行性

图 7-18　L=10 时，不同数据集上算法的多样性和流行性

由于在实际中，用户更多关注的是排在推荐列表前面的产品，从图 7-19 中可以看到，精确率 P 和召回率 R 的实验结果也非常好。当 L=10 时，根据最小的平均排序打分对应的最优参数，在 MovieLens 和 Netflix 数据集上，与经典的基于物质扩散的 CF 算法比较，精确率 P 分别大约提高了 38.7%和 32%，而召回率 R 也分别大约提高了 55.4%和 46%。

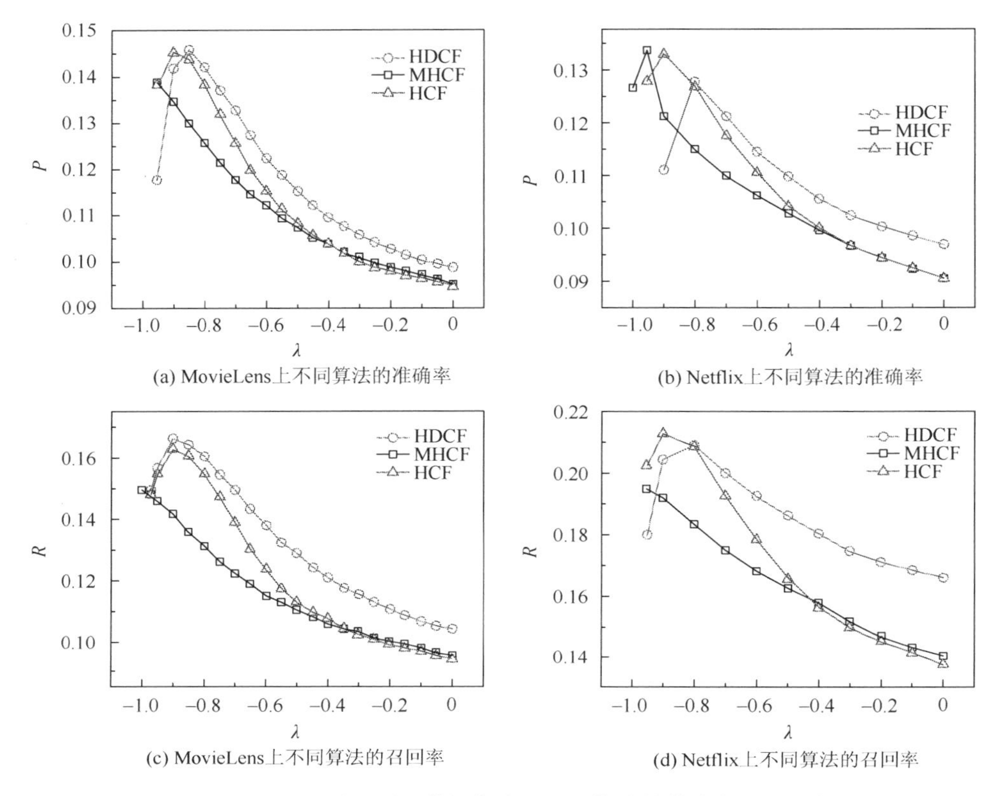

(a) MovieLens上不同算法的准确率　(b) Netflix上不同算法的准确率

(c) MovieLens上不同算法的召回率　(d) Netflix上不同算法的召回率

图 7-19　L=10 时，不同数据集上，不同算法的精确率和召回率

表 7-6　p=0.9 时，不同数据集上，各种推荐算法的性能比较

	算法	$\langle r\rangle$	$\langle k\rangle$	S	P	R
MovieLens	CF	0.1055	1818	0.7068	0.1025	0.1031
	DCF	0.0853	1259	0.9191	0.1053	0.1165
	HCF	0.0828	1397	0.9112	0.1436	0.1607
	MHCF	0.0791	1623	0.8424	0.1388	0.1456
	HDCF	**0.0767**	**1545**	**0.8707**	**0.1422**	**0.1602**
Netflix	CF	0.050	2813	0.7001	0.0917	0.1365
	DCF	0.045	2506	0.8236	0.0967	0.1640
	HCF	0.0434	2531	0.8535	0.1269	0.2083
	MHCF	0.0402	2814	0.7737	0.1210	0.1915
	HDCF	**0.0402**	**2731**	**0.7997**	**0.1211**	**0.1998**

注：表中加粗数据表示本章新提出算法的结果。

7.9　时间窗口对热传导推荐模型的影响研究

7.9.1　基于局部信息的用户相似性指标

第 5 章介绍过几种度量相似性的指标，这里简要回顾一下。

Adamic-Adar（AA）指标：对于任意一个用户 u_i，他选择过的产品集合可以用 $\Gamma(u_i)$ 表示。这个指标只考虑了被两个用户共同选择过的产品，并且赋予度小的产品以更大的权重，可以定义为

$$s_{ij} = \sum_{z\in \Gamma(u_i)\cap \Gamma(u_j)} \frac{1}{\lg k_z} \tag{7-39}$$

其中，k_z 代表被用户 u_i 和 u_j 共同选择过的产品 o_z 的度。

共同邻居（CN）指标：如果任意两个用户 u_i 和 u_j 共同选择过的产品很多，也就意味着他们极有可能具有相似的兴趣，因此这个指标可以表示为

$$s_{ij} = \left|\Gamma(u_i)\cap \Gamma(u_j)\right| \tag{7-40}$$

大度节点有利（HPI）指标：这一指标最初被提出是用来定量地刻画新陈代谢网络中每对反应物的拓扑相似程度，即

$$s_{ij} = \frac{\left|\Gamma(u_i)\cap \Gamma(u_j)\right|}{\min\{k_{u_i}, k_{u_j}\}} \tag{7-41}$$

Jaccard（JAC）指标：这个指标是 Jaccard 在 100 多年前提出的，其定义为

$$s_{ij} = \frac{\left|\Gamma(u_i)\cap \Gamma(u_j)\right|}{\left|\Gamma(u_i)\cup \Gamma(u_j)\right|} \tag{7-42}$$

Leicht-Holme-Newman（LHN）指标：这个指标使得拥有更多共同邻居的节点对具有更高的相似性，而且是相对于期望的邻居数目而言，具体可以表示为

$$s_{ij} = \frac{\left|\Gamma(u_i)\cap \Gamma(u_j)\right|}{k_{u_i} k_{u_j}} \tag{7-43}$$

Sorensen（SOR）指标：这个指标主要应用于衡量生态系统中的数据，其定义为

$$s_{ij} = \frac{\left|\Gamma(u_i)\cap \Gamma(u_j)\right|}{k_{u_i} + k_{u_j}} \tag{7-44}$$

Salton（SAL）指标：这个指标也被称为余弦相似性，可以表示为

$$s_{ij}=\frac{\left|\Gamma(u_i)\cap\Gamma(u_j)\right|}{\sqrt{k_{u_i}k_{u_{uj}}}} \tag{7-45}$$

基于随机游走（RW）指标：其基本思想是假设用户 u_j 携带一定的资源，用户 u_j 对 u_i 的相似性 s_{ij} 指的就是用户 u_j 愿意分配给 u_i 的资源配额[15]，因此这个指标被定义为

$$s_{ij}=\frac{1}{k_{u_j}}\sum_{l=1}^{m}\frac{a_{li}a_{lj}}{k_{o_l}} \tag{7-46}$$

基于局部热传导算法（HC）指标：在计算用户 u_j 对 u_i 的相似性时，假设用户 u_j 被看做一个热源，且携带 1 个单位的热量，那么这些热量可以通过用户 u_j 选择过的产品，最终传递给用户 u_i 。那么最终用户 u_i 所接收到的热量可以表示为

$$s_{ij}=\frac{1}{k_{u_i}}\sum_{l=1}^{m}\frac{a_{li}a_{lj}}{k_{o_l}} \tag{7-47}$$

基于热传导算法改进（IHC）指标：考虑到产品的度信息对热传导算法的影响，对产品的度设置一个参数，并提出了一种基于热传导算法的改进指标[13]，即

$$s_{ij}=\frac{1}{k_{u_i}}\sum_{l=1}^{m}\frac{a_{li}a_{lj}}{k_{ol}^2} \tag{7-48}$$

7.9.2 实证结果分析

1. 数据描述

本节分别采用了两个标准数据集 MovieLens 和 Netflix 来研究时间窗口对于热传导推荐模型的影响，选取了上述十种基于局部信息的指标来计算用户之间的相似性。学者在研究个性化推荐算法时经常使用 MovieLens 和 Netflix 这两个数据集。

本节采用的 Netflix 数据集是在 www.netflix.com 网站上从 2001 年 2 月至同年 5 月收集得到的，包括 8609 名用户对 5081 个产品（电影）的 419247 条打分记录。首先将所有的打分记录按照时间降序排列，这样就可以利用用户的历史记录来预测其未来的需求。然后选择最近产生的前 10%的记录作为测试集，另外按照不断扩大时间窗口的方法，划分出一系列训练集。在剩余的 377323 条打分记录中，最晚的时间是 2001 年 4 月 30 日，记为 t_0 。这里假设时间间隔 $\Delta t=2$ 天，在时间标 $T\in[t_0-\eta\Delta t, t_0]$ 这一范围内的记录就构成了第 η 个训练集，其中 $\eta=1, 2, 3,\cdots, 45$ 。

而本节采用的 MovieLens 数据集是从 www.movielens.umn.edu 网站上收集得到的，包含了 5547 名用户对 5850 部电影的 698054 条打分记录。同样地，选择最近产生的前 10%的记录作为测试集，另外剩余的 628249 条打分记录中，最晚的时间单

位为 893286638，记为t_0。这里假设时间间隔$\Delta t = 1$周（604800s），那么在时间标$T \in [t_0 - \eta \Delta t, t_0]$这一范围内的记录就构成了第$\eta$个训练集，其中$\eta = 1,2,3,\cdots,55$。需要注意的是，随着$\eta$值的不断增大，训练集中所包含的数据量也在不断增大，但是测试集却保持不变。本节每一个训练集都作为已知的数据，来预测用户对未选择产品的喜好程度，然后利用测试集中的数据来检验算法的表现。

2. 准确性比较

本节研究了时间窗口对于推荐算法准确性的影响。这里采用准确率以及召回率来衡量推荐系统的准确性。其中准确率P代表了用户对系统所推荐的产品感兴趣的概率，也就是系统推荐的L个产品中用户喜欢的产品所占的比例，具体的计算过程如式（5-5）所示。通常来说，当推荐列表长度L给定时，准确率越高，就说明系统推荐的效果越好。召回率R则表示用户喜欢的产品被推荐的概率，具体的计算过程如式（5-6）所示。同样地，召回率越大表明推荐结果越准确。

图 7-20 表示了在 MovieLens 和 Netflix 两个数据集下，分别采用基于 10 种用户相似性指标的热传导推荐算法所得到的准确率与召回率随η增大的变化情况。从图 7-20（a）和（b）可以看出，这 10 种算法的准确率和召回率都基本上呈现出一种先上升后下降的趋势。另外，只需要考虑$5/45 \approx 11.11\%$的用户近期的历史记录，所得到的推荐结果准确度可以平均被提升 33.16%。在数据集 MovieLens 上的实验结果先上升再基本上保持不变。另外，要保证推荐结果的准确率不会降低，系统只需要采用$6/55 \approx 10.91\%$的用户近期历史记录。在 MovieLens 和 Netflix 这两个数据集上的实验结果能够很清楚地表明，并不是用户的历史记录越多，推荐系统对用户需求的预测越好。只考虑用户部分的近期记录，反而能够得到更加准确的推荐结果。产生这种现象的主要原因可能在于用户的兴趣偏好是一个动态变化的过程，考虑用户的早期行为可能会干扰推荐结果的准确性。由于最初训练集中的数据量太少，因此不能准确地反映出用户的兴趣偏好。然而，随着时间窗口不断增大，当训练集中的数据达到一定数量时，已知的数据量越多反而会影响推荐结果的准确度。换句话说，只考虑部分的用户历史记录反而可以得到一个更准确的推荐结果。

为了更清楚与采用全部用户记录相比，采用部分数据得到的推荐准确度被提高的比率，本节绘制了表 7-7 用于说明时间窗口对基于 10 种用户相似性指标的热传导推荐算法的影响。其中，$\overline{p}$和$\overline{r}$分别代表第 10 到第 20 个训练集所得到的平均准确率和召回率。另外，Δp代表$\overline{p}$与采用最大的训练集所得到的准确率p_l相比较所提高的比率，这里最大的训练集包含了全部已知的用户历史数据，具体的计算公式为

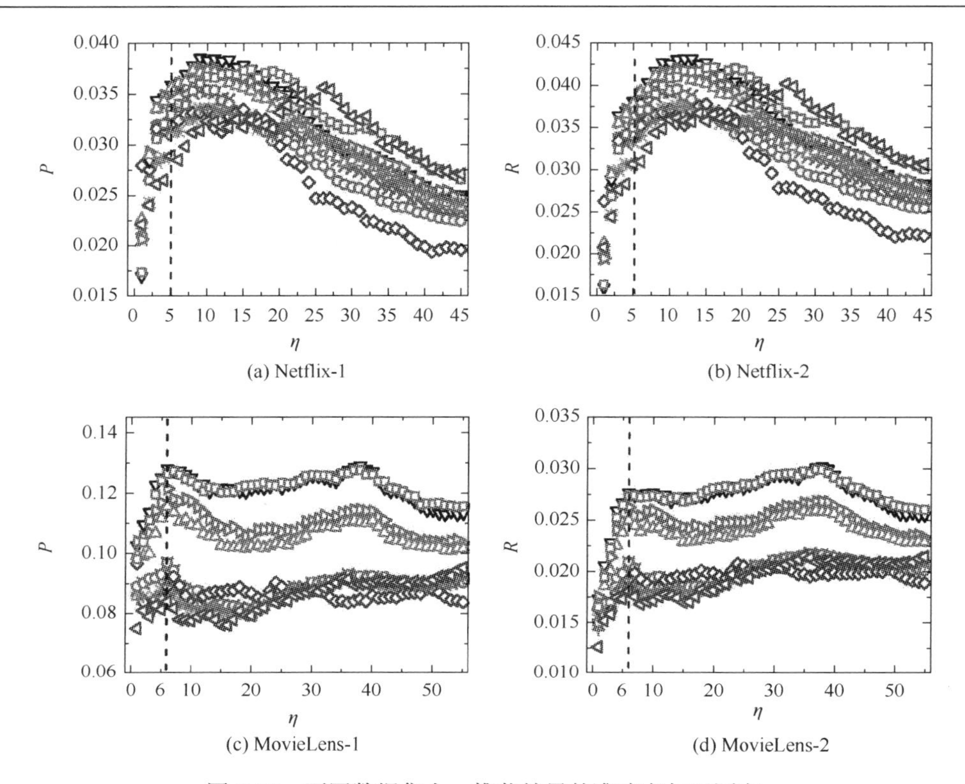

图 7-20　不同数据集上，推荐结果的准确率与召回率

AA；CN；HPI；JAC；LHN；SOR；SAL；RW；HC；IHC

$$\Delta p = (\overline{p} - p_l) / p_l \tag{7-49}$$

相似地，与采用最大的训练集所得到的召回率 r_l 相比，$\overline{r}$ 所能提高的比率可以用 Δr 来表示，即

$$\Delta r = (\overline{r} - r_l) / r_l \tag{7-50}$$

Δp 和 Δr 的值越大，说明与采用全部的用户历史记录相比，采用部分数据所得到的推荐准确度被提高的比率就越大。从表 7-7 可以看出，考虑时间窗口的方法对于这 10 种推荐算法的影响程度存在差异。这一现象产生的原因可能在于，不同的用户相似性指标所涉及的影响因素也不同。这 10 种基于局部信息的相似性指标大致可以分为 3 组。第一组包含了共同邻居指标和 Jaccard 指标，因为它们都只考虑了被用户 u_i 和 u_j 选择过的产品集合。第二组包括了 4 个指标，分别是 HPI 指标、LHN 指标、SOR 指标以及 SAL 指标。这些指标的共同特征是不仅考虑了用

户选择过的产品数目，还涉及了用户的度。第三组是由 RW 指标、HC 指标和 IHC 指标构成的，除了第二组考虑到的两个因素外，还涉及了产品的度。从实验结果来看，采用第一组指标所得到的推荐结果最好，而第三组中的指标则不太适合本章提出的方法。但是所有这些指标都体现了相似的现象，即采用部分用户的历史数据所得到的推荐结果的准确率与召回率都会被提高。这一现象恰好与常识相反，人们通常认为用户的历史记录越多，推荐系统对用户需求的预测就会越准确。这证实了只需要采用一部分的用户近期记录就可以得到更准确的推荐结果。更重要的是，这一方法能够很好地降低推荐系统在实际应用中的计算复杂度。下面从推荐列表多样性的角度，研究采用本章的方法是否也可以得到更好的推荐结果。

表 7-7　在数据集 Netflix 和 MovieLens 上，10 种相似性指标的表现情况

	Netflix				MovieLens			
	$\bar{p}$	Δp	$\bar{r}$	Δr	$\bar{p}$	Δp	$\bar{r}$	Δr
AA	0.0324	33.65%	0.0364	32.97%	0.0903	−1.20%	0.0212	2.68%
CN	0.0332	41.74%	0.0373	41.02%	0.0914	0.12%	0.0214	3.95%
HPI	0.0309	46.42%	0.0369	45.71%	0.0915	1.43%	0.0214	6.45%
JAC	0.0323	64.80%	0.0363	64.04%	0.0853	1.76%	0.0200	5.78%
LHN	0.0373	49.00%	0.0419	48.28%	0.1264	11.6%	0.0296	15.98%
SOR	0.0363	46.44%	0.0407	45.67%	0.1128	9.23%	0.0264	13.50%
SAL	0.0355	49.13%	0.0399	48.37%	0.1096	7.84%	0.0257	12.09%
RW	0.0370	39.13%	0.0415	38.49%	0.1261	9.23%	0.0295	13.53%
HC	0.0324	33.71%	0.0364	33.03%	0.0904	−1.18%	0.0212	2.71%
IHC	0.0321	18.62%	0.0361	18.06%	0.0896	−5.87%	0.0210	−2.16%

3. 多样性比较

Onnela 等[21]对 Facebook 上的数据进行分析发现，在线社会网络中的用户除了共同兴趣以外，还拥有某些特定的兴趣偏好，这样会导致用户的选择行为具有多样性。另外，Liu 等[20]也发现 MovieLens 和 Netflix 上的用户兴趣可以大致分为两类，即共同兴趣和特定兴趣。因此本节不仅考虑了推荐结果的准确性，还研究了考虑时间窗口的方法对推荐列表多样性的影响。这里采用平均 Hamming 距离 $S=\langle H_{ij}\rangle$ 来衡量推荐系统对不同用户推荐不同产品的能力，具体定义见式（5-4）。最大值 $S=1$ 表示两个推荐列表没有任何重叠产品，也就代表推荐系统的多样性最高。反之，如果 $S=0$，就说明两个推荐列表完全一致。如图 7-21 所示，在数据集 Netflix 上的实验结果表明，与采用全部用户记录相比，采用大约 11.11%的近期历史记录所得到的多样性结果可以被平均提高 30.62%。另外，在数据集 MovieLens 上的实验结果也大致相似。因此，没有必要为了生成一个多样的推荐结果而采用用户-产品二部分网络中的全部数据。

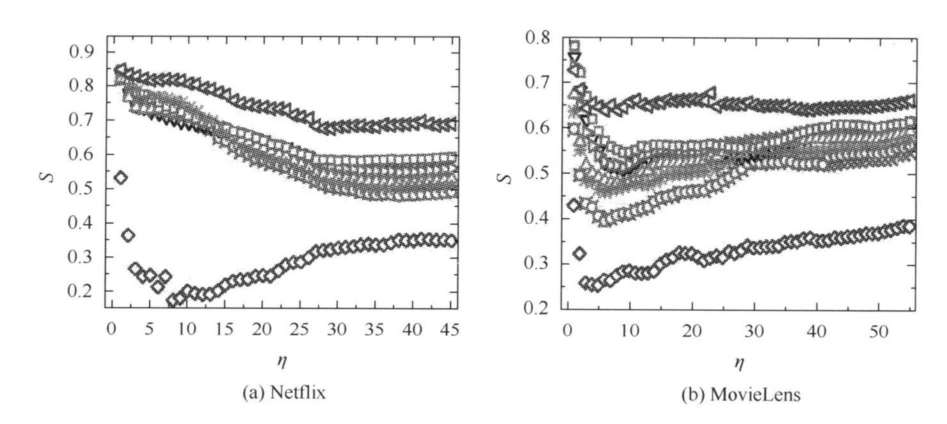

图 7-21　在 MovieLens 和 Netflix 两个数据集下，推荐结果的平均 Hamming 距离 S 随 η 增大的变化情况

AA；CN；HPI；JAC；LHN；SOR；SAL；RW；HC；IHC

随着互联网上信息爆炸现象的产生，人们提出了许多推荐算法来克服这一难题。本节采用的热传导模型是把一个用户选择过的产品当做热源，并且假设它可以在用户-产品二部分网络中传递热量[7]。在这个过程中，传统的做法是采用全部的用户历史记录来预测其未来的需求。然而，本节发现采用部分的用户近期数据，反而能够提高推荐结果的准确性和多样性。本节首先选择最近发生的前 10%的打分记录作为测试集，再通过不断扩大时间窗口的方法生成一系列训练集，并且对每一个训练集都采用基于 10 种用户相似性指标的热传导推荐算法，来研究推荐结果的变化情况。在标准数据集 Netflix 和 MovieLens 上的实验结果表明，分别采用 11.11%和 10.91%的用户近期历史记录，就能够同时保证推荐算法的准确性与多样性不会降低。本书的发现在理论及应用上都具有一定价值。在理论上，对于深入理解时间窗口对个性化推荐算法的影响很有帮助；在应用中，可以极大地降低大规模数据所带来的计算复杂性，并且缩小数据存储空间。

7.10　考虑负面评价的个性化推荐算法研究

7.10.1　基于物质扩散模型

1. 用户负面评价信息

一个实际的推荐系统一般都会向用户提供一个统一的评价体系，方便用户对产品进行评价的同时，还可以使评分数据标准化、统一化。几乎所有系统的评分数据都可以大致分为好评和差评两类，好评数据集合了所有得到用户好评的产品信息，隐含了用户的偏好特征，差评数据集合了所有用户差评的产品信息，隐含了用户不喜欢的产品的特征。用户的不喜欢产品列表对用户没有直接的推荐作用，却可以避免系统向用户推荐用户不喜欢产品列表中的产品，因此可以用目标用户不喜欢的产品列表过滤他喜欢的产品列表，去除用户的喜欢产品列表中可能存在的不符合用户兴趣的产品，避免推荐那些可能引起用户不满情绪的产品。如果利用用户不喜欢产品列表的全部信息过滤推荐产品列表，大部分的产品都将被删除，因此难以保证推荐的准确性和推荐列表多样性。基于此，引入阈值 $\tau_c \in (0,1)$ 控制用户不喜欢产品列表中用于过滤用户喜欢产品列表的产品信息数量，以便度量不喜欢产品列表长度对结果的影响。对不喜欢产品列表中的项目按物质扩散算法运行后所得资源的分值进行降序排列，分值越大说明用户对其可能的厌恶程度更甚。通过引入用户厌恶程度阈值 τ_c，用分值高于阈值 τ_c，即用户厌恶程度高于 τ_c 的那些产品信息过滤用户的喜欢产品列表，去除喜欢产品列表中存在的用户不喜欢程度高于 τ_c 的产品。τ_c 为 0.0 表示采用不喜欢产品列表中的全部产品信息过滤喜欢列表，τ_c 为 1.0 则表示不利用不喜欢列表中的信息，直接使用喜欢产品列表的推荐结果。

2. 数值实验

MovieLens 标准数据库是由 GroupLens（http: //www.grouplens.org）研究小组收集的用户对其看过电影的评分数据，其中 1 分描述为 Awful，即用户认为电影很糟糕；2 分描述为 Fairly bad，表示用户认为电影较差；3 分描述为 It’s OK，用户认为电影还行；4 分描述为 Will enjoy，表示用户推荐；5 分 Must see，表示用户极力推荐。本节采用 MovieLens 中数量为 10^5 的数据集进行测试，该数据集包含了 943 个用户和 1682 部电影，假设分数大于等于 3 表示用户喜欢这部电影，分数小于 3 则表示用户不喜欢这部电影，据此分别建立二部分图。其中表示用户不喜欢的二部分图包含 17480 条边，用来预测用户对未选择产品的厌恶程度，表示用户喜欢的二部分图包含 82520 条边。为了能够量化算法的准确度，并且度量算法其他方面的表现，把表示用户喜欢的数据按 9∶1 随机地划分为训练集和测试集两个部分。用训练集运行推荐算法预测用户对未选择产品的喜欢程度，测试集作为对照用来评价训练得到的推荐结果。

1）准确度

一个好的推荐算法会将用户喜欢的产品排在推荐列表的前面。因此，用平均排序分数 $\langle r\rangle$ 来度量推荐算法的准确度，具体定义如下：对于一个目标用户 u_i，假设他在测试集中收集了产品 o_j，计算 o_j 在预测的推荐列表中的位置 r_{ij}。如果训练集中用户未选择的产品有 1000 个，测试集中用户喜欢的某个产品在推荐列表中排名第 100，那么这个产品的排序分数就是 r_{ij}=100/1000=0.1。平均排序分 $\langle r\rangle$ 是衡量推荐算法准确度的一个重要指标，测试集中用户喜欢的所有产品的排序分数的平均值越小，就说明推荐算法趋向于把用户喜欢的产品排在前面，推荐算法的准确度越高。图 7-22 给出了训练集为数据集的 90%，测试集为数据集的 10%情况下的算法准确度表现。从图中可以看出，当厌恶程度 τ_c <0.2 时，改进后的算法可以大幅提高推荐系统的准确度。相比经典的基于物质扩散的算法，改进算法最多可以使平均排序分 $\langle r\rangle$ 从 0.103 降低到 0.077，准确度提高了 25.24%。也就是说，假如训练集中用户未选择的产品有 1000 个，测试集中存在用户喜欢的某产品，经典的物质扩散推荐算法预测它在用户推荐列表中排序为 103，而改进的算法预测它在用户推荐列表中排序为 77，说明改进的算法确实可以有效去除不好的推荐结果从而提高推荐准确度。

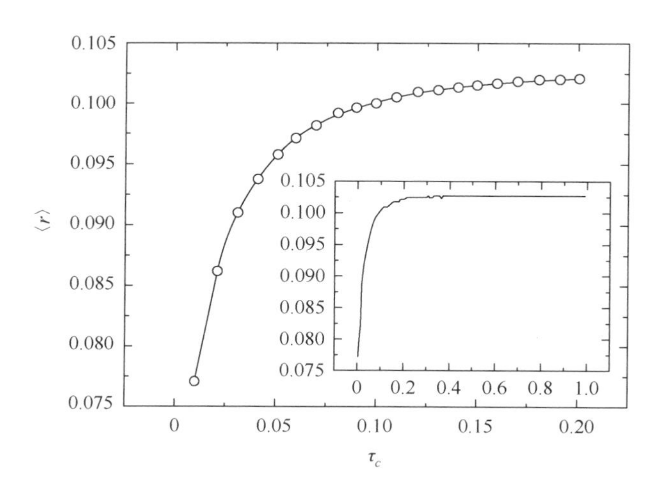

图 7-22　算法平均排序分数随不喜欢列表厌恶程度阈值变化情况

2）推荐产品流行性和推荐列表多样性

除了准确度之外，推荐产品的流行性和推荐列表的多样性也是评价推荐系统性能的重要指标，它们代表着推荐列表个性化特征的不同方面。本节通过推荐产品的平均度$\langle k\rangle$和推荐列表的平均 Hamming 距离$\langle H\rangle$来分别考察推荐产品的流行性和推荐列表的多样性。一个产品的度 k 就是这个产品被收藏的次数，产品的度越大说明越流行。如果推荐系统趋向于向用户推荐流行的产品，忽略相对冷门、粉丝较少的产品，那么推荐产品的平均度就会很高，也就意味着推荐列表可能不能满足不同用户的个性化需求。相反地，推荐产品的平均度越小也就越不流行，这些相对冷门、鲜为人知的产品也许正好符合某些用户的独特需求，因此可以用所有用户推荐列表的产品平均度$\langle k\rangle$来考察推荐产品的流行性。一般而言，推荐列表的产品平均度$\langle k\rangle$越小的系统，用户满意度相对更好。图 7-23 给出了在不同长度的推荐列表下，产品的平均度$\langle k\rangle$与推荐准确度$\langle r\rangle$的关系，其中$\langle r\rangle$较大的曲线右端为原物质扩散推荐算法结果，曲线从右至左为逐渐增加不喜欢产品列表

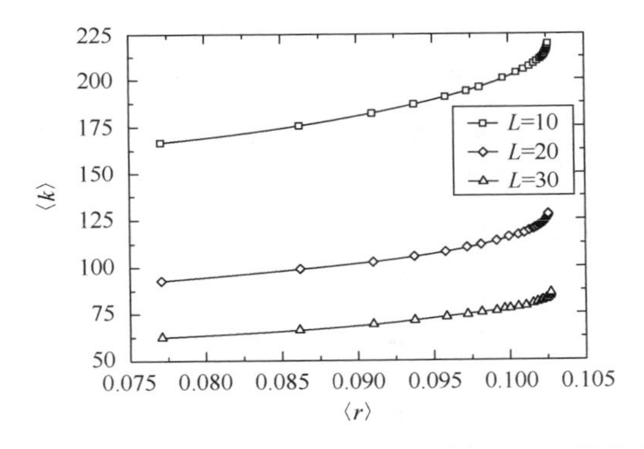

图 7-23　不同长度的推荐列表，推荐产品的平均度$\langle k\rangle$随平均排序分$\langle r\rangle$的变化情况

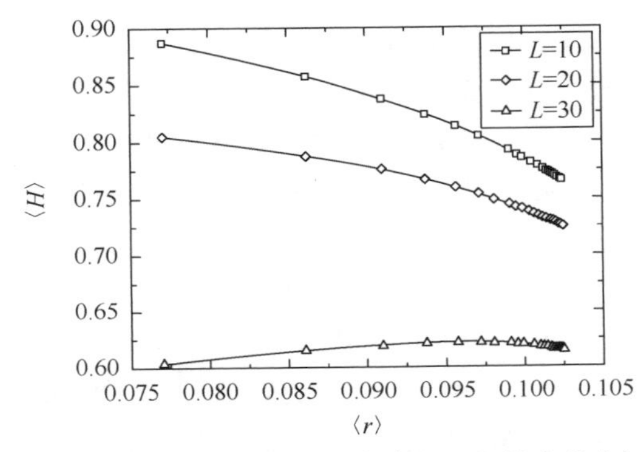

图 7-24　不同长度推荐列表的多样性$\langle H\rangle$随平均排序分$\langle r\rangle$的变化情况

的信息数量，过滤喜欢列表的改进算法结果。从图中可以看出，推荐列表长度 L=10，20，30 时，用不喜欢产品列表中的全部产品信息过滤喜欢列表的改进算法使产品的平均度 $\langle k\rangle$ 分别降低了 23.85%，26.65%，26.86%，与平均排序分 $\langle r\rangle$ 都呈现出明显的正相关关系。也就是说改进的算法在提高推荐准确度的同时还能明显降低推荐产品流行性，能够为用户提供更为独特的产品，系统的推荐效果进一步得到了改善。对不同用户推荐的产品需要表现出相当的多样性，而准确度高的推荐算法不一定能照顾到不同用户的不同需求。因此，可以利用平均 Hamming 距离度量推荐系统中推荐列表的多样性。系统中所有用户的推荐列表的多样性为推荐列表两两所有 Hamming 距离的平均值 $\langle H\rangle$。$\langle H\rangle$ 值最大为 1，即所有用户的推荐列表完全不同，最小值为 0，即所有用户的推荐列表都完全一致。图 7-24 描述了不同长度推荐列表的多样性。当 L=10，20 时，随着不喜欢产品列表过滤信息数量的增加，推荐列表的多样性也逐步提高，当用不喜欢产品列表中的全部产品信息过滤喜欢列表时，改进算法使原算法的多样性最多可提高 16.08%和 11.01%。当 L=30 时，随着不喜欢列表过滤信息的增加，多样性先小幅提高后又降低，提高和降低的最大幅度分别为 1.06%和 1.65%，然而总体变化幅度不大，并且都在比较低的值域内。本节认为这是由于不喜欢列表过滤信息增加到一定程度时，用户的喜欢列表中被去除的信息也越来越多，导致本来排在喜欢列表后面但流行性较高的产品大量前移到 30 个产品的推荐列表范围内，因此导致不同用户的推荐列表趋于一致，多样性降低。总之，当 L=30 时，算法的多样性表现欠佳是由于列表的长度设置造成的，综合对比 L=10, 20 时的结果，改进算法在推荐多样性方面的表现还是非常可观的，可以大幅度提升原算法的多样性。

3）推荐新信息能力

一个好的推荐系统，不仅需要具有非常高的准确率和相对丰富的推荐结果，还需要具有向用户推荐新信息的能力。例如，一个电影推荐系统，如果这个系统只考虑用户喜欢的演员信息，向用户推荐他喜欢的演员表演的电影，而不推荐其他演员表演的电影，那么这样的推荐结果和用户的喜好相似，有较高的准确率，对用户来说是一个好的新鲜的推荐，但是这样的推荐结果不能扩展用户当前可预测的兴趣范围，对用户来说并不是一个意外的推荐。保守的预测能够增加用户对推荐系统的信心，却不能挖掘出用户潜在的兴趣，帮助用户发现更多他可能喜欢的产品，因此，一个好的推荐系统还需要具有向用户推荐意外产品的能力。对于一个产品 x，它被任意用户选择的概率为 k_x/N，它的自信息量 $I_x=\log_2(N/k_x)$，由此可以计算所有用户前 L 个推荐产品的平均信息量 $I(L)$ 来量化推荐结果的意外性，平均信息量 $I(L)$ 越大，说明每一个推荐结果对用户的效用越大，意味着推荐结果传递的新信息更多，带给用户的意外感更强。图 7-25 给出了不同推荐列表长度下，推荐新信息能力 $I(L)$与平均排序分$\langle r\rangle$的关系。其中$\langle r\rangle$较大的曲线右端为原算法结果，曲线从右到左为逐渐增加不喜欢产品列表的信息数量，过滤喜欢列表的改进算法的结果。显示本节的算法在提高推荐准确度的同时，还能改善推荐结果带给用户的意外性，当 L=10, 20, 30 时，推荐结果的平均信息量最多分别提高 28.83%，21.32%，12.78%，系统向用户推荐新信息的能力得到显著加强。

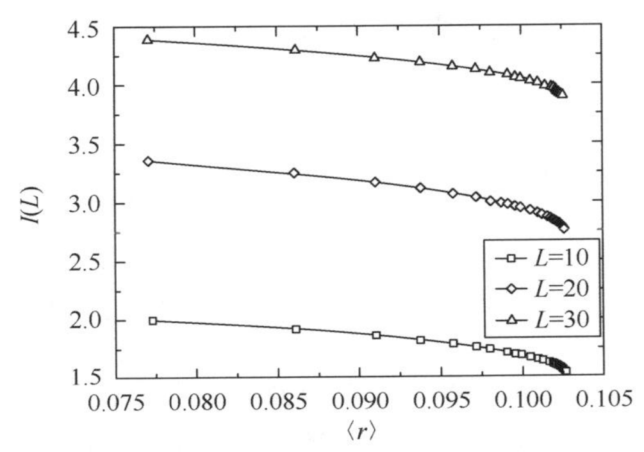

图 7-25　不同长度的推荐列表，推荐新信息能力 $I(L)$随平均排序分$\langle r\rangle$的变化情况

4）降低冗余度

冗余优化和设计是任何复杂系统的共同课题。推荐系统的冗余度指推荐列表中用户不喜欢的无效的推荐结果所占的比例。系统的冗余度越低说明系统有效的推荐信息所占比例越大，推荐列表的质量也就越高。一个好的推荐系统不仅需要向用户提供优质的推荐结果，还需要有高效的运行速度，能够及时响应用户的交互操作，优化用户体验。这就要求作为推荐系统核心的推荐算法有比较低的计算复杂度，并且能提供精练且质量高的推荐结果，而这正是本节改进算法的特点，利用了不喜欢列表精练推荐结果。图 7-26 描述了降低冗余度比例 R 与推荐准确度$\langle r\rangle$之间的关系。其中，R 为减少的冗余信息量占未精练的用户喜欢列表信息量的比例，$\langle r\rangle$较大的曲线右端为原算法结果，曲线从右至左为逐渐增不喜欢列表的信息数量，过滤喜欢列表的改进算法的结果。从图中可以看到，改进算法提高推荐准确度时还使得推荐列表的冗余信息同步减少。本节的实验通过训练集中的 74255 条好评数据得到所有用户的喜欢产品信息约达 139 万条，当使用不喜欢产品列表中的全部产品信息过滤喜欢列表，改进算法准确度达到最高点 0.077 时，可去除冗余信息 266103 条，推荐列表的冗余度可以降低 19.15%，系统冗余得到明显优化。

本节通过考虑用户评价打分的好坏差异性，提出了一个改进的个性化推荐算法。具体过程为：把用户对产品的好评数据和差评数据分别运行物质扩散推荐算法，得到用户的喜欢产品列表和不喜欢产品列表，进而用不喜欢产品列表过滤喜欢

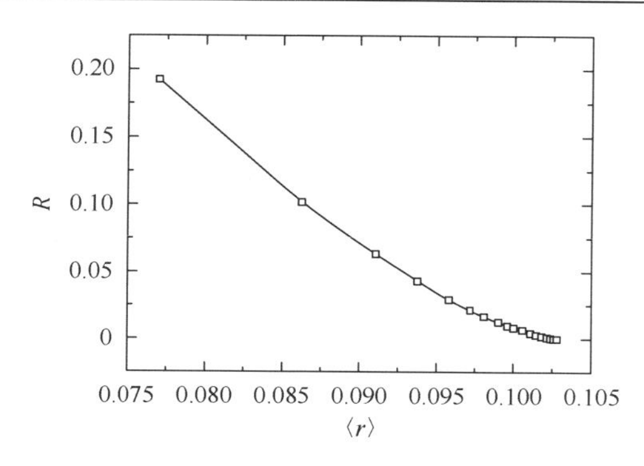

图 7-26　降低推荐列表冗余度比例与算法准确度的关系

产品列表中用户可能不喜欢的产品，精练得到最终推荐列表。在标准数据集MovieLens上的实验结果表明，改进算法可以显著提高物质扩散推荐算法的准确度、推荐列表多样性、推荐新信息能力等指标。当训练集的比例为 90%，推荐列表的长度为 10 时，可以提高准确度 25.24%，降低推荐产品流行性 23.85%，提高推荐列表多样性 16.08%，提升系统推荐新信息能力 28.83%。该算法是迄今准确度表现最好的推荐算法，并且推荐结果的个性化表现以及带给用户的意外性也得到了明显的改善。改进算法的核心在于利用用户的不喜欢产品信息精练推荐结果，因此在提高推荐性能的同时还大大降低推荐列表冗余度，最高达19.15%，显著优化了系统冗余，节省存储空间。本节进一步发现，推荐系统中的差评信息相比好评信息能更贴切、更真实地反映出用户的兴趣特征。充分地利用这些差评信息可以更精确地捕捉到用户的兴趣点，大幅度提高了算法的准确度，避免向用户推荐一些欠佳的产品时所引发用户对系统的不满情绪和信任危机。下一步工作将进一步关注如何利用区分用户正面评价和负面评价的打分信息改进推荐算法。

（1）正面评价与负面评价的平衡问题。本节认为负面评价应该引起研究者的关注，因为负面评价对个性化推荐算法各方面指标的改善是有贡献的，但同时本节也认为负面评价的影响不应该大于正面评价的影响，因为个性化推荐系统的最终目标是预测用户喜欢的产品而不是他们不喜欢什么。因此如何平衡正面评价和负面评价的权重，研究合适的模型控制负面评价对系统的影响是未来的工作方向之一。

（2）用户评价的主观特性影响。受到情绪或打分习惯的影响，有些用户喜欢给出较低的评分。例如，有的用户总是给予产品非常低的评价，这种情况下，3 或 4 分已经是非常正面的评价。而有的用户则更倾向于给出很高的评价，这时 3 分可能就是很负面的评价。因此，如何考虑用户的打分习惯定义正面、负面评价将是下一步工作的重点。同时，如何通过用户的正面、负面评价研究用户的兴趣变化趋势，进而构建可随时间变化的自适应推荐算法也是未来工作的重点之一。

（3）负面评价中的错误信息。本节利用负面评价去除推荐列表中不好的推荐结果，但是没有考虑负面评价信息中可能存在的不准确信息会造成错误删除的情况。下一步会对错误删除的情况进行统计，并研究避免错误删除情况发生的优化方法。

未来可做的工作还有很多，区分用户正面评价和负面评价的推荐算法改进思想应该也可以在其他的推荐算法框架中实现，希望本书可以给予个性化推荐算法研究领域的工作者一些新的启发。

7.10.2　基于热传导模型

1. 基于负面评价信息的协同过滤算法模型

在基于用户相似性的 HC 模型中，用户得到的推荐结果是从用户已经购买或者评价的感兴趣的产品信息中获得的，这也就意味着用户的负面评价信息在进行个性化推荐时被忽略掉。例如，Netflix 的推荐系统在推荐时只考虑 3, 4, 5 星的打分信息，而 1, 2 星的打分信息则被忽略，这对于个性化推荐来说无疑是对数据和用户潜在兴趣点的浪费。因此，本节将用户的信息分为用户正面回馈的正面信息和用户负面回馈的负面信息，然后在此基础上通过基于用户相似度的 HC 模型分别得到用户的推荐列表和厌恶列表，接着用厌恶列表中的产品去过滤推荐列表，最终得到推荐给用户的产品列表。

根据前面介绍的对 HC 模型的定义，基于负面评价信息的协同过滤推荐算法（NHC）可以表示如下：

（1）根据用户的正面评价数据集和负面评价数据集，分别计算两个数据集中的各用户之间的相似度 S_{lj}^{P} 和 S_{lj}^{N}；

（2）对于每一个用户 u_j，根据与其他用户的正面相似度 s_{lj}^{p} 和负面相似度 s_{lj}^{n} 分别计算对未选择产品的正面预测分数 v_{ji}^{p} 和负面预测分数 v_{ji}^{n}；

（3）对于每一个用户 u_j，将其未选择产品的正面预测分数 v_{ji}^{p} 进行降序排列，得到每一个用户的推荐列表；

（4）对于目标用户 u_j 和其未选择产品 o_i，定义如下公式来过滤和精练用户的推荐列表：

$$\frac{v_{ji}^{p}}{v_{ji}^{n}} \geqslant \tau_c \tag{7-51}$$

其中，τ_c 是一个可控变量。如果 $v_{ji}^p \geqslant \tau_c v_{ji}^n$，那么此时对于未选择产品 o_i，则有 $v_{ji}^p = -v_{ji}^p$，即将其从推荐列表中过滤。运用此种方式，所有用户的推荐列表都会得到精练和过滤。

2. 数值结果分析

在基于负面评价信息的协同过滤推荐算法（NHC）的基础上，将已经介绍的 AA 指数、CN 指数、HPI 指数、JAC 指数、LHN 指数、SOR 指数、SAL 指数、RW 指数以及 HC 指数共九种用户相似度的计算方法应用于新算法的用户相似度的计算，来验证新算法的效果。在大量数值模拟实验的基础上，本节发现如果用负面评价列表中的所有产品来过滤推荐列表，那么几乎所有的推荐列表中的产品都会被过滤掉。因此，设定过滤公式中的 $\tau_c \in [1,10^4]$，通过 τ_c 值的变动，来研究和分析 NHC 算法在各个数据集的表现。

实验中采用两个数据集，分别是先前介绍过的包含 943 个用户、1682 个产品以及 100000 条边的 MovieLens 数据集和包含 10000 个用户、6000 个产品以及 824802 条边的 Netflix 数据集。为了能够在数据集上测试 NHC 算法的效果，将这两个数据集 E 划分为正面评价的数据集和负面评价的数据集，即 $E = E_p \cup E_n$ 分别产生推荐列表和用于过滤的厌恶列表。与此同时，E_p 被随机地分为训练集和测试集两部分，即 $E_p = E_p^T \cup E_p^P$，其中 E_p^T 为训练集，它包含比例为 q 的数据集 E_p 的评分信息并在实验中作为已知信息，而 E_p^P 为测试集，它包含剩余的比例为 $1-q$ 的信息并在实验中作为对照，不参与预测[22, 23]。

实验中的评价指标包括平均排序分数 $\langle r \rangle$、多样性 $\langle H \rangle$、自信息量 $I(L)$ 和去冗余能力 R。在 $q = 0.9$ 的情形下，本节总结了基于用户相似性的协同过滤推荐算法（UHC）和新算法（NHC）在 MovieLens 和 Netflix 数据集上通过九种相似性计算方法得到的各评价指标的表现情况，见表 7-8。通过表中两个算法的比较，不难看出，无论哪种相似度的计算方法，新提出的 NHC 算法在平均排序分数 $\langle r \rangle$、多样性 $\langle H \rangle$、意外推荐能力 $I(L)$ 和去冗余能力 R 四个指标上都较大幅度地优于传统的基于用户相似度的协同过滤推荐算法。同时发现，当 $\tau_c = 10^4$ 时，NHC 算法会无限接近 UHC 算法。相比 UHC 算法，NHC 算法能够提供更准确、更多样、更意外的推荐，同时能够通过过滤降低系统的冗余度。下面将从平均排序分数 $\langle r \rangle$、多样性 $\langle H \rangle$、意外推荐能力 $I(L)$ 和去冗余能力 R 四个评价指标出发，逐一介绍新算法的性能和效果。

表 7-8　q=0.9 时 UHC 和 NHC 算法在 MovieLens 和 Netflix 数据集上 τ_c 取得最优值时各评价指标的表现比较

数据集		评价指标	AA	CN	HPI	JAC	LHN	SEA	SAL	RW	HC
MovieLens	UHC	$\langle r\rangle$	0.1165	0.1178	0.1163	0.1108	0.1109	0.1123	0.1133	0.1105	0.1025
		$\langle H\rangle$	0.6788	0.6735	0.6600	0.7333	0.6908	0.7201	0.7017	0.7055	0.7359
		$I(L)$	0.8852	0.8821	0.8441	0.9075	0.8841	0.8933	0.8760	0.9071	0.9319
	NHC	$\langle r\rangle$	**0.0946**	**0.0928**	**0.0884**	**0.0677**	**0.0594**	**0.0691**	**0.0749**	**0.0911**	**0.0570**
		$\langle H\rangle$	**0.9009**	**0.9002**	**0.9003**	**0.9122**	**0.9113**	**0.9108**	**0.9058**	**0.9057**	**0.9186**
		$I(L)$	**1.5370**	**1.5339**	**1.5194**	**1.5777**	**1.5849**	**1.5691**	**1.5485**	**1.5552**	**1.6221**
		R	**0.4538**	**0.4602**	**0.4770**	**0.5949**	**0.6220**	**0.5845**	**0.5439**	**0.4553**	**0.6189**
Netflix	UHC	$\langle r\rangle$	0.0577	0.0586	0.0585	0.0568	0.0571	0.0572	0.0576	0.0520	0.0494
		$\langle H\rangle$	0.5659	0.5652	0.5770	0.6238	0.6145	0.6177	0.5999	0.5797	0.6418
		$I(L)$	1.0179	1.0167	1.0138	1.0256	1.0347	1.0231	1.0163	1.0328	1.0397
	NHC	$\langle r\rangle$	**0.0574**	**0.0582**	**0.0574**	**0.0457**	**0.0423**	**0.0459**	**0.0507**	**0.0491**	**0.0362**
		$\langle H\rangle$	**0.6638**	**0.6626**	**0.6814**	**0.7419**	**0.7380**	**0.7283**	**0.7000**	**0.7043**	**0.7565**
		$I(L)$	**1.1579**	**1.1580**	**1.1629**	**1.2553**	**1.2730**	**1.2342**	**1.2005**	**1.1746**	**1.2894**
		R	**0.0883**	**0.0912**	**0.1024**	**0.3006**	**0.3317**	**0.2895**	**0.1829**	**0.1057**	**0.3136**

注：表中加粗数据表示 UHC 与 NHC 在相同指标对比中较大的值。

1）推荐的准确性

图 7-27 给出了在 MovieLens 和 Netflix 数据集上 NHC 算法的平均排序分数 $\langle r\rangle$

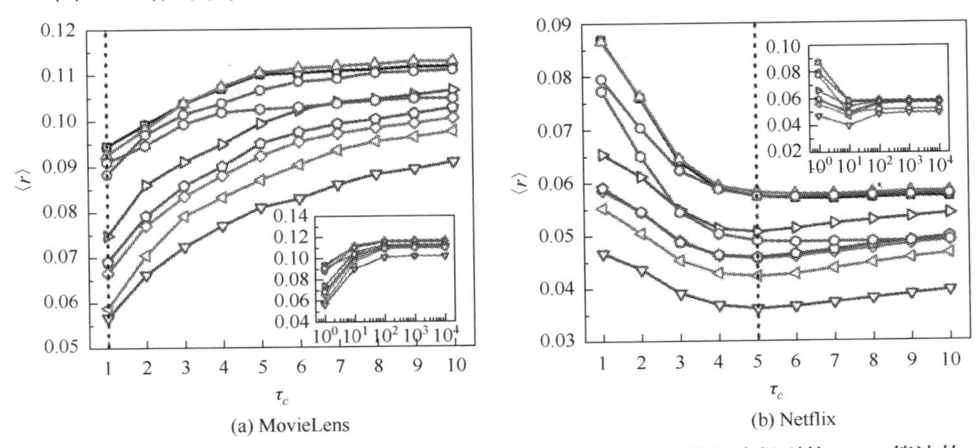

图 7-27　MovieLens 和 Netflix 数据集上通过九种用户相似度计算方法得到的 NHC 算法的平均排序分数 $\langle r\rangle$ 随 τ_c 的变化情况

—□— AA；—△— CN；—○— HPI；—◇— JAC；—◁— LHN；—⬡— SEA；—▷— SAL；—○— RW；—▽— HC

随 τ_c 的变化情况。可以看到代表九种相似性算法的九种线条很明显地对于 MovieLens 和 Netflix 数据集分别在 $\tau_c^{\text{opt}}=1$ 和 $\tau_c^{\text{opt}}=5$ 时有平均排序分数 $\langle r\rangle$ 的最小值，相比于 $\tau_c^{\text{opt}}=10^4$ 时几乎不进行过滤的 UHC 算法的平均排序分数，NHC 算法在两个数据集上都大幅度地提高了推荐的准确性。例如，基于局部热传导的 NHC 算法在 MovieLens 数据集上，$\tau_c^{\text{opt}}=1$ 时，使 $\langle r\rangle$ 从 0.1025 降低到 0.0570，在 Netflix 数据集上，$\tau_c^{\text{opt}}=5$ 时，使 $\langle r\rangle$ 从 0.049 降低到 0.036，分别降低了 44.39%和 26.53%，这意味着负面信息的应用较大幅度地提高了原推荐算法的准确性。

2）多样性和意外推荐的能力

图 7-28 分别所示为在 MovieLens 和 Netflix 数据集上推荐列表长度 $L=10$ 时 NHC 算法的多样性 $\langle H\rangle$ 和意外推荐能力 $I(L)$ 随 τ_c 的变化情况。可以看到 NHC 算法在两个数据集上都较大幅度地提高了推荐的多样性和意外性。例如，基于局部热传导的 NHC 算法在 MovieLens 数据集上，$\tau_c^{\text{opt}}=1$ 时，使得 $\langle H\rangle=0.9186$ 和

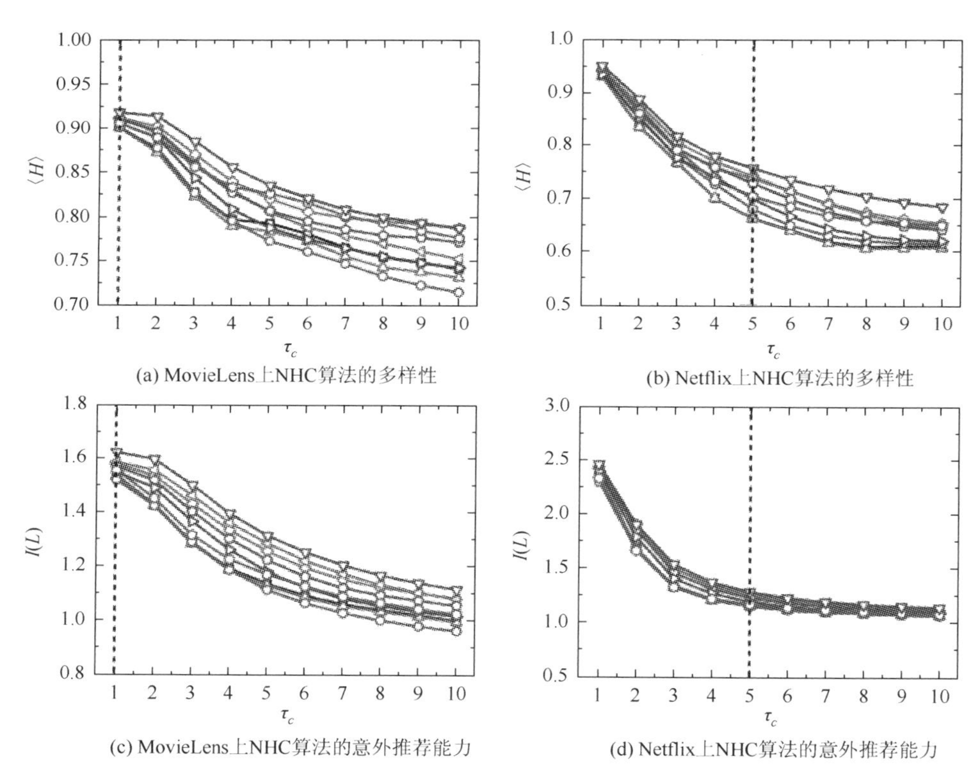

(a) MovieLens上NHC算法的多样性　　(b) Netflix上NHC算法的多样性

(c) MovieLens上NHC算法的意外推荐能力　　(d) Netflix上NHC算法的意外推荐能力

图 7-28　MovieLens 和 Netflix 数据集上推荐列表长度 L=10 时 NHC 算法的多样性 $\langle H\rangle$、意外推荐能力 $I(L)$ 随 τ_c 的变化情况

AA；CN；HPI；JAC；LHN；SEA；SAL；RW；HC

$I(L)=1.6221$，相比于 UHC 算法分别提高了 24.84%和 74.06%。而在 Netflix 数据集上，$\tau_c^{\mathrm{opt}}=5$ 时，NHC 算法使得 $\langle H\rangle=0.7565$ 和 $I(L)=1.17$，分别提升了 17.87%和 14.71%。从中不难看出，NHC 算法在向用户作出更为多样化推荐的同时，也可以给用户时不时地带来一些意外的推荐。

3）去冗余能力

图 7-29 分别所示为在 MovieLens 和 Netflix 数据集上推荐列表长度 $L=10$ 时 NHC 算法的去冗余能力 R 随 τ_c 的变化情况。从图中可以看到，NHC 算法在两个数据集上都能较大幅度地过滤掉推荐中的冗余信息，进而提高推荐的准确性、多样性和意外性。例如，基于局部热传导的 NHC 算法在 MovieLens 数据集上，$\tau_c^{\mathrm{opt}}=1$ 时，使得 $R=0.6189$；而在 Netflix 数据集上，$\tau_c^{\mathrm{opt}}=5$ 时，NHC 算法使得 $R=0.3136$，较大程度地提升了系统去冗余的能力。不难看出，NHC 算法能够较大幅度去除系统冗余，提升系统运行效率。

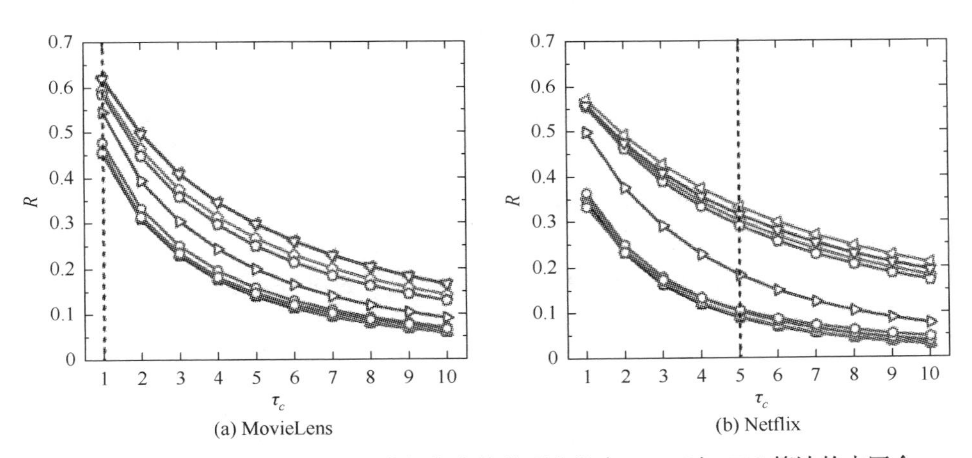

图 7-29　MovieLens 和 Netflix 数据集上推荐列表长度 L=10 时 NHC 算法的去冗余能力 R 随 τ_c 的变化情况

AA；CN；HPI；JAC；LHN；SEA；SAL；RW；HC

本节考虑用户在购买或者评价产品时的负面信息，研究了用户负面评价信息在基于用户相似度的协同过滤推荐算法中的影响。相比于其他大部分推荐算法忽视或者同化用户负面打分信息，本节使用了九种用户相似性的计算方法，基于用户相似性的协同过滤推荐算法产生了用户的推荐列表和潜在的厌恶列表，然后设定一定阈值来控制过滤用户推荐列表中可能存在的用户不喜欢的产品，最后将经过过滤的用户推荐列表推荐给用户。数值模拟显示，新的 NHC 算法能较大幅度地提升原 UHC 算法的推荐准确性、多样性，并能在去除一些冗余的同时给用户带来一些意外的小惊喜，这也证明 NHC 算法具有良好的推荐效果。以基于局部热传导的 NHC 算法为例，当 $q=0.9$ 时，在 MovieLens 和 Netflix 数据集上，当 $\tau_c^{\text{opt}}=1$ 和 $\tau_c^{\text{opt}}=5$ 时，平均排序分数 $\langle r\rangle$ 分别降低了 26.53%和 44.39%。而当 $L=10$ 时，在 MovieLens 数据集上，$\tau_c^{\text{opt}}=1$ 时的多样性 $\langle H\rangle$、意外推荐能力 $I(L)$ 和去冗余能力 R 分别提升了 24.84%、74.06%和 61.89%。同样，在 Netflix 数据集上，$\tau_c^{\text{opt}}=5$ 时的多样性 $\langle H\rangle$、意外推荐能力 $I(L)$ 和去冗余能力 R 分别提升了 17.87%、14.71%和 31.36%。数据表明，NHC 算法在各项指标上和原 UHC 算法相比都有了较大程度的提高。

7.11　一种改进的混合推荐算法研究

Zhang 等[5]通过考虑用户对产品的打分信息，实现了基于热传导的推荐算法。Zhou 等[2]利用用户-产品二部分网络提出了基于资源分配的推荐算法。进一步，Zhou 等[7]基于物质扩散与热传导原理提出了一种混合推荐算法（HHM）。

虽然 HHM 算法能够同时提高算法的准确性与多样性，但是必须采用全部的用户信息[24]。然而用户的早期行为不能反映他目前的兴趣偏好，也就是说，应该考虑时间信息对于推荐算法效果的影响。近年来，许多学者致力于将时间因素融入算法中来提升推荐效果。例如，Liu 等[25]提出了一种基于时间因素的推荐算法。另外，Zhang 等[26]将基于时间和拓扑结构的两类策略混合起来，提出了一种用于抽取在线系统中信息骨架的方法。虽然该方法只需要处理部分数据，但是却缺乏对于时间窗口和推荐效果之间关系的研究，而此研究对于降低计算复杂性至关重要。本节提出了一种基于有限的时间窗口改进的混合推荐算法。本节采用标准数据集 Netflix，通过逐渐增大时间窗口的方法生成一系列训练集，然后将每个训练集作为已知的数据来预测用户未来的兴趣偏好，最后利用测试集来检验推荐结果的表现情况。实验结果表明，采用部分用户的近期记录能够提升推荐系统的准确性和多样性。另外还发现，改进的新算法适用于不同活跃程度的用户。

7.11.1　模型与方法

1. 基于二部分网络的混合推荐算法

一个用户-产品二部分网络包含一组由集合 $U=\{u_1,u_2,\cdots,u_n\}$ 表示的用户节点，一组由集合 $O=\{o_1,o_2,\cdots,o_m\}$ 表示的产品节点，以及连接这两组节点的连边，由集合 $E=\{e_1,e_2,\cdots,e_p\}$ 表示。其中，如果用户 u_j 选择过产品 o_i，就在 u_j 和 o_i 之间连接一条边，即 $a_{ij}=1$，否则 $a_{ij}=0$。

标准的热传导算法[5]在推荐列表多样性上具有优势，但是由于对冷门产品分配过多的资源导致推荐准确性很差。而物质扩散算法[1]由于更加关注流行产品，因此表现出很高的准确性，但多样性表现不足。为了综合上述两种方法的优势，Zhou 等[7]提出了一种混合推荐算法，可以同时提高结果的准确性和多样性。其资源转移矩阵可以表示为

$$W_{\alpha\beta}^{\mathrm{HHM}}=\frac{1}{k_{o_\alpha}^{1-\lambda}k_{o_\beta}^{\lambda}}\sum_{j=1}^{n}\frac{a_{\alpha j}a_{\beta j}}{k_{u_j}} \tag{7-52}$$

其中，当 $\lambda=0$ 时，该式代表标准的热传导算法；而当 $\lambda=1$ 时，则表示物质扩散算法。当混合参数 λ 调节到一个合适的值时，该算法在准确性和多样性两方面都可以得到一个更好的推荐结果。

2. 改进的混合推荐算法

本节介绍一种基于有限的时间窗口的改进的混合推荐算法，可以同时提高推荐结果的准确性和多样性。首先，通过采用标准的 HHM 算法，可以得到一个最优的混合参数使得推荐结果最好，记为 λ_{opt}。然后选择最近发生的用户记录的前 10%作为测试集，剩下的用户记录中最大的时间信息记为 t_0。假设在时间标 $T\in[t_0-\eta\Delta t,t_0]$ 范围内的记录为第 η 个训练集，其中 Δt 代表时间间隔，η 则表示训练集的编号。η 的最小值为 1，代表第一个训练集，它包含从时间标 t_0 向前倒推了一个单位时间间隔内的全部记录。η 的上界是原始训练集的生命周期与 Δt 的比值。需要注意的是，随着 η 的值不断增大，训练集中所包含的数据量也在不断增大，但是测试集却保持不变。另外，将每一个训练集作为已知的数据，来预测用户对未选择产品的喜好程度。这里采用改进的混合推荐算法[28]，其资源转移矩阵表示为

$$W_{\alpha\beta,H}^{\eta}=\frac{1}{(k_{o_\alpha}^{\eta})^{1-\lambda}(k_{o_\beta}^{\eta})^{\lambda}}\sum_{j=1}^{n}\frac{a_{\alpha j}^{\eta}a_{\beta j}^{\eta}}{k_{u_j}^{\eta}} \tag{7-53}$$

其中，$k_{o_\alpha}^{\eta}$、$k_{o_\beta}^{\eta}$ 和 $k_{u_j}^{\eta}$ 分别代表第 η 个训练集中产品 o_α、o_β 以及用户 u_j 的度。最后采用准确率、召回率和平均 Hamming 距离来衡量新算法的表现。

7.11.2　实证结果分析

1. 实验数据

本节采用了标准数据集 Netflix 来检验新算法的推荐效果。Netflix 的数据是由 Netflix.com 网站从 2001 年 2 月至 5 月收集得到的，其中包含 8609 个用户对 5081 部电影的打分情况。根据本节介绍的方法，最近发生的 41924 条记录就构成了测试集。假设划分训练集的时间间隔 $\Delta t=2$ 天，那么可以得到 45 个训练集。

经过实验，可以得到对于 Netflix 数据集，最优的混合参数 λ_{opt} 为 0.51，如图 7-30 所示。

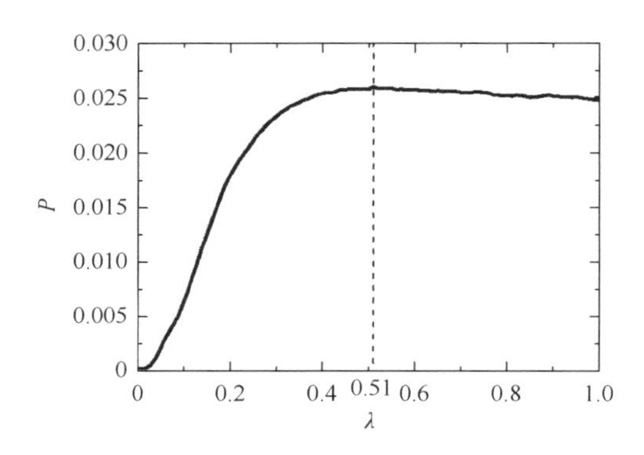

图 7-30　混合参数 λ 与准确率 P 的关系

2. 实证分析

本节利用准确率和召回率来衡量推荐算法的准确性，而平均 Hamming 距离则被用来衡量推荐列表的多样性。图 7-31 表示这三种指标随着 η 增大的变化情况。对于数据集 Netflix，准确率和召回率基本上都呈现出先上升后下降的趋势，而多样性基本呈下降趋势，也就是说只采用部分近期数据就可以得到一个更准确且多样的推荐结果。从图 7-31 中可以看出，只考虑 $14/45 \approx 31.11\%$ 的用户近期记录，所得到的推荐准确度可以平均被提升 4.22%，而多样性可以被提升 13.74%。由此可见，没有必要为了生成一个更好的推荐结果而采用用户-产品二部分网络中的全部数据。产生这一现象的原因可能在于用户的兴趣偏好是一个动态变化的过程，考虑用户的早期行为会干扰推荐结果的表现。由于最初训练集中的数据量太少，因此不能准确地反映出用户的兴趣偏好。然而，随着时间窗口不断增大，当训练集中的数据达到一定数量时，已知的数据量越多反而会影响推荐结果的表现。换句话说，只考虑部分的用户近期记录反而可以得到一个更好的推荐结果。

3. 不同活跃程度的用户准确性

用户的活跃程度可以用他们的度来衡量。从 Netflix 数据集中用户的度分布情况来说，可以看出近似呈现幂律分布[27]。也就是说，非常活跃的用户数量很少，而绝大部分都是度小的用户。为了研究该方法对不同活跃程度的用户是否都适用，本节按照用户的度将他们分为 5 类，分别是从 1～10，11～20，21～50，51～100 和超过 100。图 7-32 表示上述五类用户的准确率随 η 增大的变化情况。从实验结

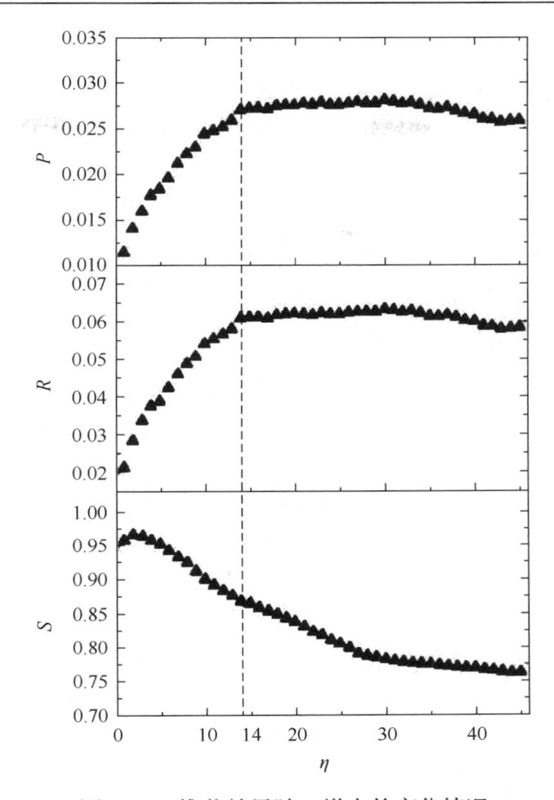

图 7-31 推荐效果随η增大的变化情况

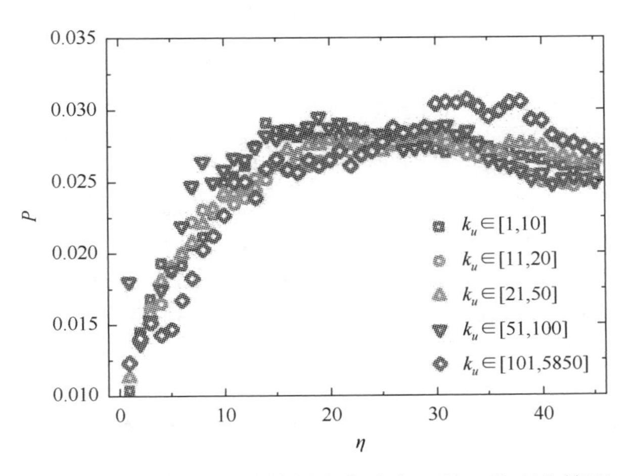

图 7-32 不同活跃程度的用户准确率P随η的变化情况

果可以看出，对于不同活跃程度的用户，他们的准确率P随着η的增大基本上呈现出先上升后下降的趋势。也就是说，对于不同活跃程度的用户，改进的新算法准确性都得到了提高。特别是对新用户[28]来说，这里假设度不超过 10 的用户为新用户。我们只需要考虑 31.11%的用户近期记录，准确率均可提高 11%。因此从提高推荐准确性的角度来看，改进的混合推荐算法能够适用于不同活跃程度的用户。

基于热传导和物质扩散原理的混合推荐算法[7]能够同时提高推荐列表的准确性和多样性。经典的做法是采用用户-产品二部分网络中的全部数据，却忽略了时间窗口对于推荐算法效果的影响。因此本节着重研究了时间窗口对于混合推荐算法的影响，并且提出了一种基于有限的时间窗口改进的混合推荐算法，可以同时提高推荐结果的准确性和多样性。本节采用标准数据集 Netflix，通过逐渐扩大时间窗口的方法生成一系列训练集，然后将每个训练集作为已知的数据来预测用户未来的兴趣偏好，最后利用测试集来检验推荐结果的表现。在 Netflix 数据集上的实验结果表明只采用 31.11%的近期数据，所得到的推荐准确性可以平均被提升 4.22%，而多样性可以被提升 13.74%。此外，该算法还适用于不同活跃程度的用户。本节的方法在理论及应用上都具有一定价值。在理论上，对于深入理解时间窗口对于混合推荐算法的影响很有帮助；在实践中，可以极大地降低大规模数据所带来的计算复杂性，并且缩小数据存储空间。然而，对于不同的数据集如何找到合适的时间窗口，以及如何建立一个合适的理论模型来解释采用部分近期数据所得到的推荐效果更好，是一个未来的工作方向。

参 考 文 献

[1] Zhou T，Ren J，Medo M，et al. Bipartite network projection and personal recommendation[J]. Physical Review E，2007，76（4）：046115.

[2] Zhou T，Jiang L L，Su R Q，et al. Effect of initial configuration on network-based recommendation[J]. Europhysics Letters，2008，81（5）：58004.

[3] Huang Z，Chen H，Zeng D. Applying associative retrieval techniques to alleviate the sparsity problem in collaborative filtering[J]. ACM Transactions on Information Systems，2004，22（1）：116-142.

[4] Huang Z，Zeng D D，Chen H. Analyzing consumer-product graphs：Empirical findings and applications in recommender systems[J]. Management Science，2007，53（7）：1146-1164.

[5] Zhang Y C，Blattner M，Yu Y K. Heat conduction process on community networks as a recommendation model[J]. Physical Review Letters，2007，99（15）：154301.

[6] Zhang Y C，Medo M，Ren J，et al. Recommendation model based on opinion diffusion[J]. Europhysics Letters，2007，80（6）：68003.

[7] Zhou T，Kuscsik Z，Liu J G，et al. Solving the apparent diversity-accuracy dilemma of recommender systems[J]. Proceedings of the National Academy of Sciences，2010，107（10）：4511-4515.

[8] Zhang Z K，Zhou T，Zhang Y C. Personalized recommendation via integrated diffusion on user–item–tag tripartite graphs[J]. Physica A：Statistical Mechanics and its Applications，2010，389（1）：179-186.

[9] Zhou T，Su R Q，Liu R R，et al. Accurate and diverse recommendations via eliminating redundant correlations[J]. New Journal of Physics，2009，11（12）：123008.

[10] Liu J G，Zhou T，Che H A，et al. Effects of high-order correlations on personalized recommendations for bipartite networks[J]. Physica A：Statistical Mechanics and its Applications，2010，389（4）：881-886.

[11] Liu J G，Wang Z T，Dang Y Z. Optimization of scale-free network for random failures[J]. Modern Physics Letters B，2006，20（14）：815-820.

[12] Liu J G，Xuan Z G，Dang Y Z，et al. Weighted network properties of Chinese nature science basic research[J]. Physica A：Statistical Mechanics and its Applications，2007，377（1）：302-314.

[13] Zhou T，Lü L，Zhang Y C. Predicting missing links via local information[J]. The European Physical Journal B，2009，71（4）：623-630.

[14] 石珂瑞，刘建国. 二阶有向相似性对协同过滤算法的影响研究. 上海理工大学学报，2014，36（1）：31-33.

[15] Herlocker J L，Konstan J A，Borchers A，et al. An algorithmic framework for performing collaborative filtering[C]//Proceedings of the 22nd Annual International ACM SIGIR Conference on Research and Development in Information Retrieval. Berkeley：ACM，1999：230-237.

[16] Sarwar B，Karypis G，Konstan J，et al. Item-based collaborative filtering recommendation algorithms[C]// Proceedings of the 10th International Conference on World Wide Web. Hong Kong：ACM，2001：285-295.

[17] Gao M，Wu Z，Jiang F. Userrank for item-based collaborative filtering recommendation[J]. Information Processing Letters，2011，111（9）：440-446.

[18] Chen Y L，Cheng L C. A novel collaborative filtering approach for recommending ranked items[J]. Expert Systems with Applications，2008，34（4）：2396-2405.

[19] Yang M H，Gu Z M. Personalized recommendation based on partial similarity of interests[C]//Advanced Data Mining and Applications. Xi’an：Springer，2006：509-516.

[20] Liu J G，Guo Q，Zhang Y C. Information filtering via weighted heat conduction algorithm[J]. Physica A：Statistical Mechanics and its Applications，2011，390（12）：2414-2420.

[21] Onnela J D，Reed-Tsochas F. Spontaneous emergence of social influence in onlion systems[J]. PNAS，2010，107（43）：18375-18380.

[22] 吕金虎. 复杂网络的同步：理论，方法，应用与展望[J]. 力学进展，2008，38（6）：713-722.

[23] 方锦清，汪小帆，刘曾荣. 略论复杂性问题和非线性复杂网络系统的研究[J]. 科技导报，2004，(2)：9-12.

[24] Zeng A，Yeung C H，Shang M S，et al. The reinforcing influence of recommendations on global diversification[J]. Europhysics Letters，2012，97（1）：18005.

[25] Liu J，Deng G. Link prediction in a user-object network based on time-weighted resource allocation[J]. Physica A：Statistical Mechanics and its Applications，2009，388（17）：3643-3650.

[26] Zhang Q M，Zeng A，Shang M S. Extracting the information backbone in online system[J]. PloS One，2013，8（5）：e62624.

[27] Lü L，Medo M，Yeung C H，et al. Recommender systems[J]. Physics Reports，2012，519（1）：1-49.

[28] Lam X N，Vu T，Le T D，et al. Addressing cold-start problem in recommendation systems[C]//Proceedings of the 2nd International Conference on Ubiquitous Information Management and Communication. Suwon：ACM，2008：208-211.

第 8 章　基于内容的推荐算法研究

历史上，最初的基于内容的推荐（content-based recommendation）是协同过滤技术的延续与发展，它不需要依据用户对项目的评价意见，而是依据用户已经选择的产品内容信息计算用户之间的相似性，进而进行相应的推荐。随着机器学习等技术的完善，当前的基于内容的推荐系统可以分别对用户和产品建立配置文件，通过分析已经购买（或浏览）过的内容，建立或更新用户的配置文件。系统可以比较用户与产品配置文件的相似度，并直接向用户推荐与其配置文件最相似的产品。例如，在电影推荐中，基于内容的系统首先分析用户已经看过的打分比较高的电影的共性（演员、导演、风格等），再推荐与这些用户感兴趣的电影内容相似度高的其他电影。基于内容的推荐算法的根本在于信息获取[1, 2]和信息过滤[3]。因为在文本信息获取与过滤方面的研究较为成熟，现有很多基于内容的推荐系统都是通过分析产品的文本信息进行推荐。

在信息获取中，表征文本最常用的方法就是 TF-IDF 方法[2]。该方法的定义如下：设有 N 个文本文件，关键词 k 在 n_i 个文件中出现，设 f_{ij} 为关键词 k_i 在文件 d_j 中出现的次数，那么 k_i 在 d_j 中的词频 TF_{ij} 定义为

$$\mathrm{TF}_{ij} = \frac{f_{ij}}{\max_z f_{zj}} \tag{8-1}$$

其中，分母的最大值可以通过计算 d_j 中所有关键词 k_z 的频率得到。在许多文件中同时出现的关键词对于表示文件的特性，区分文件的关联性是没有贡献的。因此 TF 与这个关键词在文件中出现数的逆（IDF）一起使用，IDF 的定义为

$$\mathrm{IDF}_i = \lg \frac{N}{n_i} \tag{8-2}$$

那么，一个文件 d_j 可以表示为向量 $d_j = (w_{1j}, w_{2j}, \cdots, w_{kj})$，其中

$$w_{ij} = \frac{f_{ij}}{\max_z f_{zj}} \lg \frac{N}{n_i} \tag{8-3}$$

设 Content(s)为产品 s 的配置文件，也就是一些描述产品 S 特性的词组集合。通常 Content(s)可以从产品的特征描述中提取计算得到。在大多数的基于内容的推荐系统中，产品的内容常常被描述成关键词——Fab 系统[4]就是一个典型的例子。Fab 是一个网页推荐系统，系统中用一个网页中最重要的 100 个关键词来表征这

个网页。Syskill 和 Webert 系统[5]用 128 个信息量最多的词表示一个文件。基于内容的系统推荐与用户过去喜欢的产品最为相似的产品[4-6]给用户，即不同候选产品与用户已经选择的产品进行对比，推荐匹配度最好的产品，或者直接向用户推荐与用户配置文件最为相似的产品。设 UserProfile（c）为用户 C 的配置文件，UserProfile（c）可以用向量$(w_{c1}, w_{c2}, \cdots, w_{ck})$表示，其中每个分量 w_{ci} 表示关键词 k_i 对用户 c 的重要性。用户和产品都可以利用 TF-IDF 公式表示为 w_c 和 w_s，在基于内容的系统中，用户 c 对产品 s 的打分 $r_{c,s}$ 常被定义为

$$r_{c,s} = \text{score}(\text{UserProfile}(c), \text{Content}(s)) \tag{8-4}$$

其中，$r_{c,s}$ 可以利用向量 w_c 和 w_s 表示成一个值，如夹角余弦方法：

$$r_{c,s} = \cos(w_c, w_s) = \frac{w_c \cdot w_s}{\|w_c\|_2 \times \|w_s\|_2} \tag{8-5}$$

除了传统的基于信息获取的推荐方法之外，一些实际系统中还采用了其他技术，如贝叶斯分类[5-7]、聚类分析[17]、决策树[18]、人工神经网络[6]等。这些算法不同于基于信息获取方法的地方在于，算法不是基于一个函数公式来进行推荐，而是利用统计学习和机器学习技术从已有的数据中通过分析得到模型，基于模型进行推荐。例如，利用贝叶斯分类器对网页进行分类。这种分类器可以用来估计一个网页 P_j 属于某个类 C_i 的概率。给出这个网页中的关键词 $k_{1j}, k_{2j}, \cdots, k_{nj}$，得到这些关键词属于 C_i 类的概率。虽然关键词彼此相互独立的假设条件很不切实际，但是这种分类方法在实际系统中仍然有高的分类准确率[6]。

在基于内容的推荐系统中，用户的配置文件构建与更新是其中最为核心的部分之一，也是目前研究人员关注的焦点。例如，Somlo 和 Howe[8]以及 Zhang 等[9]提出了利用自适应过滤技术更新用户配置文件。首先，利用用户的喜好信息构建配置文件，把用户的兴趣点归纳为几个主题文件。进而，在连续的 Web 文件流中依次对比 Web 的文本内容与主题文件的相似度，选择性地把相似度较高的 Web 展示给用户并更新用户的配置文件。进一步地，Robertson 和 walker[10]以及 Zhang 等[11]在自适应过滤的基础上提出了最佳匹配度阈值设定算法。方法为：在用户的配置文件中建立一些问题集，系统利用已有数据与用户配置文件相似度的概率分布确定一个最佳阈值，使得系统可以最大程度地区分与用户的配置文件相关和不相关的文件。只有与用户配置文件的相似度大于最佳阈值的文件才能影响到用户配置文件的更新。这种方法不仅可以进一步提高算法的精确性，而且可以大大提高系统的运行效率。

通常用户的配置文件都是由一些关键词表示，如果利用图论的索引方法可以节约存储空间。然而，当用户的兴趣爱好发生改变时，配置文件更新的代价是很

大的。Chang 等[12]通过区分长期感兴趣与短期感兴趣的关键词，赋予短期感兴趣的关键词更高的权重，在此基础上建立新的关键词更新树，从而大大减少了更新配置文件的代价。Degemmis 等[13]代替传统的基于关键词的方法，利用 WordNet 构建基于语义学（semasiology）的用户配置文件，配置文件通过机器学习和文本分类算法得到，里面包含了用户喜好的语义信息，而不仅仅是一个个关键词。在基于内容的协同过滤推荐系统上的实验结果表明，这种方法建立的配置文件可以大大提高推荐的准确性。AdROSA 广告推荐系统[14]利用用户注册信息构建配置文件，并且加入用户的 IP 地址、浏览习惯等信息。该配置文件与 Web 的内容信息进行匹配分析，相似性最高的 Web 被推荐给用户。

自动获取或更新用户配置文件的方法需要在配置文件的准确性和易更新性方面找到平衡。准确地捕捉用户喜好信息需要大量的计算资源，更新速度相应也慢很多。反过来，如果更新速度快，就要牺牲其准确性。人机交互的方法是解决这个问题的方法之一。Ricci 等[15]设计了一个手机在线旅行推荐系统，通过简单的交互式问题获取用户的喜好信息，进而给用户推荐相应的旅游线路或旅行产品。用户在开始的时候可能对自己的喜好也不是很清楚，因此利用交互式提问的方式是获取用户喜好信息的便捷方法之一。

不同语言构成的配置文件无法兼容也是基于内容的推荐系统面临的又一个大问题。Martinez 等[16]提出一个柔性语言表示方法，可以用不同语言的词语构成用户的配置文件，从而可以在多语种环境中进行推荐。

总结起来，基于内容推荐的优点包括如下。

（1）可以处理新用户和新产品问题（冷启动）。由于新用户没有选择信息，新产品没有被选信息，因此协同过滤推荐系统无法处理这类问题。但是基于内容的推荐系统可以根据用户和产品的配置文件进行相应的推荐。

（2）实际系统中用户对产品的打分信息非常少，由于协同过滤推荐系统打分稀疏度问题，受到很大的限制。基于内容的推荐系统可以不受打分稀疏度问题的约束。

（3）能推荐新出现的产品和非流行的产品，能够发现隐藏的“暗信息”。

（4）通过列出推荐项目的内容特征，可以解释为什么推荐这些产品。使用户在使用系统的时候具有很好的用户体验。

基于内容的推荐系统不可避免地受到信息获取技术的约束，例如，自动提取多媒体数据（图形、视频流、声音流等）的内容特征具有技术上的困难，这方面的相关应用受到了很大限制。第 9 章将介绍基于用户-产品二部分网络结构的推荐算法，该算法不仅可以不受信息挖掘技术的制约，而且可以解决协同过滤推荐系统中打分稀疏度和算法可扩展性等问题，但此类算法仍然难以从根本上解决冷启动问题。

参 考 文 献

[1] Baeza-Yates R，Ribeiro-Neto B. Modern Information Retrieval[M]. New York：ACM Press，1999.

[2] Salton G，Buckley C. Term-weighting approaches in automatic text retrieval[J]. Information Processing & Management，1988，24（5）：513-523.

[3] Belkin N J，Croft W B. Information filtering and information retrieval：Two sides of the same coin?[J]. Communications of the ACM，1992，35（12）：29-38.

[4] Balabanović M，Shoham Y. Fab：Content-based，collaborative recommendation[J]. Communications of the ACM，1997，40（3）：66-72.

[5] Pazzani M，Billsus D. Learning and revising user profiles：The identification of interesting web sites[J]. Machine Learning，1997，27（3）：313-331.

[6] Mooney R J，Bennett P N，Roy L. Book recommending using text categorization with extracted information[C]. Proceedings Recommender Systems Papers from 1998 Workshop，Madison，1998.

[7] Park H S，Yoo J O，Cho S B. A context-aware music recommendation system using fuzzy bayesian networks with utility theory[C]//International Conference on Fuzzy Systems and Knowledge Discovery. Berlin：Springer，2006：970-979.

[8] Somlo G L，Howe A E. Adaptive lightweight text filtering[C]. International Symposiun on Intelligent Data Analysis. Berlin：Springer，2001：319-329.

[9] Zhang Y，Callan J，Minka T. Novelty and redundancy detection in adaptive filtering[C]//Proceedings of the 25th Annual International ACM SIGIR Conference on Research and Development in Information Retrieval. Tampere：ACM，2002：81-88.

[10] Robertson S，Walker S. Threshold setting in adaptive filtering[J]. Journal of Documentation，2000，56（3）：312-331.

[11] Zhang Y，Callan J. Maximum likelihood estimation for filtering thresholds[C]//Proceedings of the 24th Annual International ACM SIGIR Conference on Research and Development in Information Retrieval. New Orleans：ACM，2001：294-302.

[12] Chang Y I，Shen J H，Chen T I. A data mining-based method for the incremental update of supporting personalized information filtering[J]. Journal of Information Science & Engineering，2008，24（1）：129-142.

[13] Degemmis M，Lops P，Semeraro G. A content-collaborative recommender that exploits wordnet-based user profiles for neighborhood formation[J]. User Modeling and User-Adapted Interaction，2007，17（3）：217-255.

[14] Kazienko P，Adamski M. AdROSA—Adaptive personalization of web advertising[J]. Information Sciences，2007，177（11）：2269-2295.

[15] Ricci F，Nguyen Q N. Acquiring and revising preferences in a critique-based mobile recommender system[J]. IEEE Intelligent Systems，2007，22（3）：22-29.

[16] Martínez L，Pérez L G，Barranco M. A multigranular linguistic content-based recommendation model[J]. International Journal of Intelligent Systems，2007，22（5）：419-434.

[17] Eisen M B，Spellman P T，Brown P O，et al. Cluster analysis and display of genome-wide expression patterns[J]. Proceedings of the National Academy of Sciences，1998，95（25）：14863-14868.

[18] Kohavi R. Scaling up the accuracy of naïve-Bayes classifiers：A decision-tree hybrid[C]. KDD，1996，96：202-207.

第 9 章　混合推荐算法研究

协同过滤、基于内容和基于网络结构的推荐算法在投入实际运营的时候各有其优缺点[1-7]，因此实际的推荐系统大多结合不同的推荐算法，提出了混合推荐算法。针对实际数据的研究显示这些混合推荐系统具有比上述独立的推荐系统更好的准确率[8-13]。目前，最常见的混合推荐系统是基于协同过滤和基于内容的，同时发展出了其他类型的组合，下面简单进行介绍。

（1）独立系统相互结合的推荐系统

建立混合推荐系统的方法之一即独立地应用协同过滤、基于内容和基于网络结构的算法进行推荐。然后将两种或多种系统的推荐结果结合起来，利用预测打分的线性组合进行推荐[2, 3]。或者，只推荐某一时刻在某一个评价指标下表现更好的算法的结果。例如，Daily Learner 系统[14]就选择在某一时刻更可信的结果进行推荐。而文献[9]选择一个与用户过去的打分相一致的结果进行推荐。

（2）在协同过滤推荐系统中加入基于内容的算法

包括 Fab[15]在内的一些混合推荐系统都是基于内容的协同过滤推荐算法。即利用用户的配置文件进行传统的协同过滤推荐计算。用户的相似度通过基于内容的配置文件计算而得，而非通过共同打过分的产品的信息[3]。这样可以克服协同过滤推荐系统中的稀疏度问题。这个方法的另一个好处就是不仅当产品被配置文件相似的用户打了分才能被推荐，如果产品与用户的配置文件很相似也会被直接推荐[16]。Good 等[10]用不同过滤器（filterbots）的变化给出了一个相似性计算方法，应用一种特殊的内容分析代理作为协同过滤的一个补充。Melville 等[11]利用基于文本分析的方法在协同过滤推荐系统中用户的打分向量上增加一个附加打分。附加分高的用户的信息优先推荐给其他用户。Yoshii 等[12]利用协同过滤推荐算法和音频分析技术进行音乐推荐。Girardi 和 Marinho[13]把领域本体（domain ontology）技术加入协同过滤推荐系统中进行 Web 推荐。另外，把内容分析结合到基于网络的推荐算法中，也是大有可为的。例如，大量的网站都采用标签（tag）和关键词（keyword），因此研究如何把标签[17]或关键词[18]与基于网络的推荐算法结合起来是很有意义的。

（3）其他混合推荐系统研究进展

Basu 等[3]以基于内容和协同过滤推荐算法为工具建立用户和电影构成的二维关联关系，其中用户数组利用协同过滤推荐算法收集了共同喜欢某些电影的用户信息，而电影数组包括了这些电影共有的类型或流派特征。把用户与电影的关系分类为喜欢和不喜欢。通过这种分类，预测新用户对不同类型电影的喜好与否。Popescul 等[19]和 Schein 等[6]基于概率浅层语义分析提出了一个结合基于内容和协同过滤推荐算法的统一概率方法。该方法把用户感兴趣的信息通过浅层语义分析表示成一些主题，利用全概率公式对用户的感兴趣主题进行预测。实验证明，这种基于概率的方法对稀疏数据非常有效。Condliff 等[20]提出贝叶斯混合效用回归模型对未知产品进行估计和预测。模型综合考虑用户的打分信息、用户和产品的配置文件。建立用户模型之后，利用回归分析，研究用户对某个产品特性的喜好程度，进而把具有这些特性的产品推荐给用户。Christakou 等[21]构建了基于神经网络的混合推荐系统。还有一些混合推荐系统利用基于知识（knowledge based）的方法进行推荐[18, 22, 23]，如基于事例推理的推荐系统。为了增加推荐准确性，Burke[22]利用事例的领域知识，给饭店的客户推荐菜肴和食品，包括推荐其他饭店。Quickstep 和 Foxtrot 系统[23]利用主体本体信息给用户推荐在线科技论文。Velasquez 等[24]提出基于知识的 Web 推荐系统。系统首先抽取 Web 的内容信息，利用用户浏览行为建立用户浏览规则，对用户下一步感兴趣的内容进行推荐。再根据用户的反馈信息，进行规则的修正。Aciar 等[25]利用文本挖掘技术分析用户对产品的评论信息，提出基于知识和协同过滤的混合推荐系统。Felfernig 等[26]提出基于知识的自动问答系统 CWAdvisor。系统通过自动抽取与用户的对话中用户感兴趣的内容，把具有相关特性的产品推荐给用户。Mirzadeh 等[27]利用交互式咨询管理进行个性化推荐。Wang 等[28]构建了基于虚拟研究群体的知识推荐系统，利用基于内容和协同过滤推荐算法向用户推荐显性知识（有用的期刊文件）和隐性知识（可以讨论问题的领域专家）。基于知识的系统的主要缺点就是需要知识获取——这正是许多人工智能应用中的瓶颈。然而，基于知识的系统已经在一些领域得到了很好的发展。这些领域的知识可以从结构化的机器读取格式中获取，如 XML 格式和本体。

参 考 文 献

[1] Ungar L H，Foster D P. Clustering methods for collaborative filtering[C]. AAAI Workshop on Recommendation Systems，Madison，1998：114-129.

[2] Balabanović M，Shoham Y. Fab：Content-based，collaborative recommendation[J]. Communications of the ACM，1997，40（3）：66-72.

[3] Basu C，Hirsh H，Cohen W. Recommendation as classification：Using social and content-based information in recommendation[C]. AAAI/IAAI，Madison，1998：714-720.

[4] Claypool M，Gokhale A，Miranda T，et al. Combining content-based and collaborative filters in an online newspaper[C]. Proceedings of ACM SIGIR Workshop on Recommender Systems，Berkeley，1999：60.

[5] Pazzani M J. A framework for collaborative，content-based and demographic filtering[J]. Artificial Intelligence

Review，1999，13（5/6）：393-408.

[6] Schein A I，Popescul A，Ungar L H，et al. Methods and metrics for cold-start recommendations[C]//Proceedings of the 25th Annual International ACM SIGIR Conference on Research and Development in Information Retrieval. Tampere：ACM，2002：253-260.

[7] Soboroff I，Nicholas C. Combining content and collaboration in text filtering[C]. Proceedings of the IJCAI，1999，99：86-91.

[8] Zhou T，Medo M，Cimini G，et al. Emergence of scale-free leadership structure in social recommender systems[J]. PLoS One，2011，6（7）：e20648.

[9] Tran T，Cohen R. Hybrid recommender systems for electronic commerce[C]//Proceedings Knowledge-Based Electronic Markets，Papers from the AAAI Workshop. Los Angeles：Technical Report WS-00-04、AAAI Press，2000.

[10] Good N，Schafer J B，Konstan J A，et al. Combining collaborative filtering with personal agents for better recommendations[C]. AAAI/IAAI，Orlando，1999：439-446.

[11] Melville P，Mooney R J，Nagarajan R. Content-boosted collaborative filtering for improved recommendations[C]. AAAI/IAAI，Orlando，2002：187-192.

[12] Yoshii K，Goto M，Komatani K，et al. An efficient hybrid music recommender system using an incrementally trainable probabilistic generative model[J]. IEEE Transactions on Audio，Speech，and Language Processing，2008，16（2）：435-447.

[13] Girardi R，Marinho L B. A domain model of Web recommender systems based on usage mining and collaborative filtering[J]. Requirements Engineering，2007，12（1）：23-40.

[14] Billsus D，Pazzani M J. User modeling for adaptive news access[J]. User Modeling and User-Adapted Interaction，2000，10（2/3）：147-180.

[15] Pazzani M，Billsus D. Learning and revising user profiles：The identification of interesting web sites[J]. Machine Learning，1997，27（3）：313-331.

[16] Zhang Y C，Blattner M，Yu Y K. Heat conduction process on community networks as a recommendation model[J]. Physical Review Letters，2007，99（15）：154301.

[17] Cattuto C，Loreto V，Pietronero L. Semiotic dynamics and collaborative tagging[J]. Proceedings of the National Academy of Sciences，2007，104（5）：1461-1464.

[18] Zhang Z K，Lü L，Liu J G，et al. Empirical analysis on a keyword-based semantic system[J]. The European Physical Journal B，2008，66（4）：557-561.

[19] Popescul A，Pennock D M，Lawrence S. Probabilistic models for unified collaborative and content-based recommendation in sparse-data environments[C]//Proceedings of the Seventeenth Conference on Uncertainty in Artificial Intelligence. Seattle：Morgan Kaufmann Publishers Inc.，2001：437-444.

[20] Condliff M K，Lewis D D，Madigan D，et al. Bayesian mixed-effects models for recommender systems[C]. ACM SIGIR，1999，99：23-30.

[21] Christakou C，Vrettos S，Stafylopatis A. A hybrid movie recommender system based on neural networks[J]. International Journal on Artificial Intelligence Tools，2007，16（5）：771-792.

[22] Burke R. Knowledge-based recommender systems[J]. Encyclopedia of Library and Information Systems，2000，69（Supplement 32）：175-186.

[23] Middleton S E，Shadbolt N R，de Roure D C. Ontological user profiling in recommender systems[J]. ACM Transactions on Information Systems（TOIS），2004，22（1）：54-88.

[24] Velasquez J D, Palade V. Building a knowledge base for implementing a web-based computerized recommendation system[J]. International Journal on Artificial Intelligence Tools，2007，16（5）：793-828.

[25] Aciar S，Zhang D，Simoff S，et al. Informed recommender：Basing recommendations on consumer product reviews[J]. IEEE Intelligent Systems，2001，53（9）：1375-1388.

[26] Felfernig A，Friedrich G，Jannach D，et al. An integrated environment for the development of knowledge-based recommender applications[J]. International Joural of Electronic Commerce，2006，11（2）：11-34.

[27] Mirzadeh N，Ricci F. Cooperative query rewriting for decision making support and recommender systems[J]. Applied Artificial Intelligence，2007，21（10）：895-932.

[28] Wang H C，Chang Y L. PKR：A personalized knowledge recommendation system for virtual research communities[J]. Journal of Computer Information Systems，2007，48（1）：31-41.